教育部高等学校计算机类专业教学指导委员会-华为ICT产学合作项目
数据科学与大数据技术专业系列规划教材

华为信息与网络
技术学院指定教材

Spark
编程基础

林子雨 赖永炫 陶继平 ◎ 编著

人 民 邮 电 出 版 社
北 京

图书在版编目（CIP）数据

Spark编程基础 / 林子雨，赖永炫，陶继平编著. -- 北京 : 人民邮电出版社，2018.7（2023.8 重印）
数据科学与大数据技术专业系列规划教材
ISBN 978-7-115-47598-5

Ⅰ. ①S… Ⅱ. ①林… ②赖… ③陶… Ⅲ. ①数据处理软件－教材 Ⅳ. ①TP274

中国版本图书馆CIP数据核字(2017)第322133号

内 容 提 要

本书以 Scala 作为开发 Spark 应用程序的编程语言，系统介绍了 Spark 编程的基础知识。全书共 7 章，内容包括大数据技术概述、Spark 的设计与运行原理、Spark 环境搭建和使用方法、RDD 编程、Spark SQL、Spark Streaming 和 Spark MLlib。

本书每章都安排了入门级的编程实践操作，以便使读者能更好地学习和更牢固地掌握 Spark 编程方法。本书配套官网免费提供了全套的在线教学资源，包括讲义 PPT、习题、源代码、软件、数据集、授课视频、上机实验指南等。

本书可以作为高等院校计算机、软件工程、数据科学与大数据技术等专业的进阶级大数据课程教材，用于指导 Spark 编程实践，也可供相关技术人员参考。

◆ 编　　著　林子雨　赖永炫　陶继平
责任编辑　邹文波
责任印制　沈　蓉　彭志环

◆ 人民邮电出版社出版发行　　北京市丰台区成寿寺路 11 号
邮编　100164　　电子邮件　315@ptpress.com.cn
网址　https://www.ptpress.com.cn
北京盛通印刷股份有限公司印刷

◆ 开本：787×1092　1/16
印张：12.75　　2018 年 7 月第 1 版
字数：325 千字　　2023 年 8 月北京第 7 次印刷

定价：49.80 元

读者服务热线：(010)81055256　印装质量热线：(010)81055316
反盗版热线：(010)81055315
广告经营许可证：京东市监广登字 20170147 号

教育部高等学校计算机类专业教学指导委员会-华为 ICT 产学合作项目
数据科学与大数据技术专业系列规划教材

编 委 会

丛书序一　PREFACE

毫无疑问，我们正处在一个新时代。新一轮科技革命和产业变革正在加速推进，技术创新日益成为重塑经济发展模式和促进经济增长的重要驱动力量，而“大数据”无疑是第一核心推动力。

当前，发展大数据已经成为国家战略，大数据在引领经济社会发展中的新引擎作用更加突显。大数据重塑了传统产业的结构和形态，催生了众多的新产业、新业态、新模式，推动了共享经济的蓬勃发展，也给我们的衣食住行带来根本改变。同时，大数据是带动国家竞争力整体跃升和跨越式发展的巨大推动力，已成为全球科技和产业竞争的重要制高点。可以大胆预测，未来，大数据将会进一步激起全球科技和产业发展浪潮，进一步渗透到我们国计民生的各个领域，其发展扩张势不可挡。可以说，我们处在一个“大数据”时代。

大数据不仅仅是单一的技术发展领域和战略新兴产业，它还涉及科技、社会、伦理等诸多方面。发展大数据是一个复杂的系统工程，需要科技界、教育界和产业界等社会各界的广泛参与和通力合作，需要我们以更加开放的心态，以进步发展的理念，积极主动适应大数据时代所带来的深刻变革。总体而言，从全面协调可持续健康发展的角度，推动大数据发展需要注重以下五个方面的辩证统一和统筹兼顾。

一是要注重“长与短结合”。所谓“长”就是要目标长远，要注重制定大数据发展的顶层设计和中长期发展规划，明确发展方向和总体目标；所谓“短”就是要着眼当前，注重短期收益，从实处着手，快速起效，并形成效益反哺的良性循环。

二是要注重“快与慢结合”。所谓“快”就是要注重发挥新一代信息技术产业爆炸性增长的特点，发展大数据要时不我待，以实际应用需求为牵引加快推进，力争快速占领大数据技术和产业制高点；所谓“慢”就是防止急功近利，欲速而不达，要注重夯实大数据发展的基础，着重积累发展大数据基础理论与核心共性关键技术，培养行业领域发展中的大数据思维，潜心培育大数据专业人才。

三是要注重“高与低结合”。所谓“高”就是要打造大数据创新发展高地，要结合国家重大战略需求和国民经济主战场核心需求，部署高端大数据公共服务平台，组织开展国家级大数据重大示范工程，提升国民经济重点领域和标志性行业的大数据技术水平和应用能力；所谓“低”就是要坚持“润物细无声”，推进大数据在各行各业和民生领域的广泛应用，推进大数据发展的广度和深度。

四是要注重“内与外结合”。所谓“内”就是要向内深度挖掘和深入研究大数据作为一门学科领域的深刻技术内涵，构建和完善大数据发展的完整理论体系和技术支撑体系；所谓“外”就是要加强开放创新，由于大数据涉及众多学科领域和产业行业门类，也涉及国家、社会、个人等诸多问题，因此，需要推动国际国内科技界、产业界的深入合作和各级政府广泛参与，共同研究制定标准规范，推动大数据与人工智能、云计算、物联网、网络安全等信息技术领域的协同发展，促进数据科学与计算机科学、基础科学和各种应用科学的深度融合。

五是要注重“开与闭结合”。所谓“开”就是要坚持开放共享，要鼓励打破现有体制机制障碍，推动政府建立完善开放共享的大数据平台，加强科研机构、企业间技术交流和合作，推动大数据资源高效利用，打破数据壁垒，普惠数据服务，缩小数据鸿沟，破除数据孤岛；所谓“闭”就是要形成价值链生态闭环，充分发挥大数据发展中技术驱动与需求牵引的双引擎作用，积极运用市场机制，形成技术创新链、产业发展链和资金服务链协同发展的态势，构建大数据产业良性发展的闭环生态圈。

总之，推动大数据的创新发展，已经成为了新时代的新诉求。刚刚闭幕的党的十九大更是明确提出要推动大数据、人工智能等信息技术产业与实体经济深度融合，培育新增长点，为建设网络强国、数字中国、智慧社会形成新动能。这一指导思想为我们未来发展大数据技术和产业指明了前进方向，提供了根本遵循。

习近平总书记多次强调“人才是创新的根基”“创新驱动实质上是人才驱动”。绘制大数据发展的宏伟蓝图迫切需要创新人才培养体制机制的支撑。因此，需要把高端人才队伍建设作为大数据技术和产业发展的重中之重，需要进一步完善大数据教育体系，加强人才储备和梯队建设，将以大数据为代表的新兴产业发展对人才的创新性、实践性需求渗透融入人才培养各个环节，加快形成我国大数据人才高地。

国家有关部门“与时俱进，因时施策”。近期，国务院办公厅正式印发《关于深化产教融合的若干意见》，推进人才和人力资源供给侧结构性改革，以适应创新驱动发展战略的新形势、新任务、新要求。教育部高等学校计算机类专业教学指导委员会、华为公司和人民邮电出版社组织编写的《教育部高等学校计算机类专业教学指导委员会-华为 ICT 产学合作项目——数据科学与大数据技术专业系列规划教材》的出版发行，就是落实国务院文件精神，深化教育供给侧结构性改革的积极探索和实践。它是国内第一套成专业课程体系规划的数据科学与大数据技术专业系列教材，作者均来自国内一流高校，且具有丰富的大数据教学、科研、实践经验。它的出版发行，对完善大数据人才培养体系，加强人才储备和梯队建设，推进贯通大数据理论、方法、技术、产品与应用等的复合型人才培养，完善大数据领域学科布局，推动大数据领域学科建设具有重要意义。同时，本次产教融合的成功经验，对其他学科领域的人才培养也具有重要的参考价值。

我们有理由相信，在国家战略指引下，在社会各界的广泛参与和推动下，我国的大数据技术和产业发展一定会有光明的未来。

是为序。

中国科学院院士　郑志明

2018 年 4 月 16 日

丛书序二 PREFACE

在500年前的大航海时代，哥伦布发现了新大陆，麦哲伦实现了环球航行，全球各大洲从此连接了起来，人类文明的进程得以推进。今天，在云计算、大数据、物联网、人工智能等新技术推动下，人类开启了智能时代。

面对这个以“万物感知、万物互联、万物智能”为特征的智能时代，“数字化转型”已是企业寻求突破和创新的必由之路，数字化带来的海量数据成为企业乃至整个社会最重要的核心资产。大数据已上升为国家战略，成为推动经济社会发展的新引擎，如何获取、存储、分析、应用这些大数据将是这个时代最热门的话题。

国家大数据战略和企业数字化转型成功的关键是培养多层次的大数据人才，然而，根据计世资讯的研究，2018 年中国大数据领域的人才缺口将超过 150 万人，人才短缺已成为制约产业发展的突出问题。

2018 年初，华为公司提出新的愿景与使命，即“把数字世界带入每个人、每个家庭、每个组织，构建万物互联的智能世界”，它承载了华为公司的历史使命和社会责任。华为企业 BG 将长期坚持“平台+生态”战略，协同生态伙伴，共同为行业客户打造云计算、大数据、物联网和传统 ICT 技术高度融合的数字化转型平台。

人才生态建设是支撑“平台+生态”战略的核心基石，是保持产业链活力和持续增长的根本，华为以 ICT 产业长期积累的技术、知识、经验和成功实践为基础，持续投入，构建 ICT 人才生态良性发展的使能平台，打造全球有影响力的 ICT 人才认证标准。面对未来人才的挑战，华为坚持与全球广大院校、伙伴加强合作，打造引领未来的 ICT 人才生态，助力行业数字化转型。

一套好的教材是人才培养的基础，也是教学质量的重要保障。本套教材的出版，是华为在大数据人才培养领域的重要举措，是华为集合产业与教育界的高端智力，全力奉献的结晶和成果。在此，让我对本套教材的各位作者表示由衷的感谢！此外，我们还要特别感谢教育部高等学校计算机类专业教学指导委员会副主任、北京大学陈钟教授以及秘书长、北京航空航天大学马殿富教授，没有你们的努力和推动，本套教材无法成型！

同学们、朋友们，翻过这篇序言，开启学习旅程，祝愿在大数据的海洋里，尽情展示你们的才华，实现你们的梦想！

华为公司董事、企业 BG 总裁　阎力大

2018 年 5 月

前言 FOREWORD

大数据时代的来临，给各行各业带来了深刻的变革。大数据像能源、原材料一样，已经成为提升国家和企业竞争力的关键要素，被称为“未来的新石油”。正如电力技术的应用引发了生产模式的变革一样，基于互联网技术而发展起来的大数据技术的应用，将会为人们的生产和生活带来颠覆性的影响。

目前，大数据技术正处于快速发展之中，不断有新的技术涌现，Hadoop 和 Spark 等技术成为其中的佼佼者。在 Spark 流行之前，Hadoop 俨然已成为大数据技术的事实标准，在企业中得到了广泛的应用，但其本身还存在诸多缺陷，最主要的是 MapReduce 计算模型延迟过高，无法胜任实时、快速计算的需求，因而只适用于离线批处理的应用场景。Spark 在设计上充分吸收借鉴了 MapReduce 的精髓并加以改进，同时，采用了先进的 DAG 执行引擎，以支持循环数据流与内存计算，因此，在性能上比 MapReduce 有了大幅度的提升，从而迅速获得了学术界和业界的广泛关注。作为大数据计算平台的后起之秀，Spark 在 2014 年打破了 Hadoop 保持的基准排序纪录，此后逐渐发展成为大数据领域最热门的大数据计算平台之一。

随着大数据在企业应用的不断深化，企业对大数据人才的需求日益增长。为了有效地满足不断增长的大数据人才需求，国内高校从 2016 年开始设立“数据科学与大数据技术专业”，着力培养数据科学与工程领域的复合型高技术人才。课程体系的建设和课程教材的创作，是高校大数据专业建设的核心环节。

厦门大学数据库实验室在大数据教学领域辛勤耕耘、开拓创新，成为国内高校大数据教学资源的有力贡献者。实验室在积极践行 O2O 大数据教学理念的同时，提出了“以平台化思维构建全国高校大数据课程公共服务体系”的全新服务理念，成为推进国内高校大数据教学不断向前发展的一支重要力量，在全国高校之中形成了广泛的影响。2015 年 7 月，实验室编写出版了国内高校第一本系统性介绍大数据知识的专业教材——《大数据技术原理与应用》，受到了广泛的好评，目前已经成为国内众多高校的入门级大数据课程的开课教材。同时，实验室建设了国内高校首个大数据课程公共服务平台（网址：http://dblab.xmu.edu.cn/post/bigdata-teaching-platform/），为全国高校教师和学生提供大数据教学资源一站式“免费”在线服务，包括课程教材、讲义 PPT、课程习题、实验指南、学习指南、备课指南、授课视频和技术资料等，自 2013 年 5 月建设以来，定位明确，进展顺利，目前平台每年访问量超过 100 万次，成为全国高校大数据教学的知名品牌。

《大数据技术原理与应用》定位为入门级大数据教材，以“构建知识体系、阐明基本原理、开展初级实践、了解相关应用”为原则，旨在为读者搭建起通向大数据知识空间的桥梁和纽带，为读者在大数据领域深耕细作奠定基础、指明方向。高校在开设入门级课程以后，可以根据自己的实际情况，开设进阶级的大数据课程，继续深化对大数据技术的学习，而 Spark 是目前比较理想的大数据进阶课程学习内容。因此，厦门大学数据库实验室组织具有丰富经验的一线大数据教师精心编写了本教材。

为了确保教材质量，在出版纸质图书之前，实验室已经于 2016 年 10 月通过实验室官网免费共享了简化版的 Spark 在线教程和相关教学资源，同时，该在线教程也已经用于厦门大学计算机科学系研究生的大数据课程教学，并成为全国高校大数据课程教师培训交流班的授课内容。实验室根据读者对在线 Spark 教程的大量反馈意见以及在教学实践中发现的问题，对 Spark 在线教程进行了多次修正和完善，这些前期准备工作，都为纸质图书的编著出版打下了坚实的基础。

本书共 7 章，详细介绍了 Spark 的环境搭建和基础编程方法。第 1 章介绍大数据关键技术，帮助读者对大数据技术形成总体性认识以及了解 Spark 在其中所扮演的角色；第 2 章介绍 Spark 的设计与运行原理；第 3 章介绍 Spark 的环境搭建和使用方法，为开展 Spark 编程实践铺平道路；第 4 章介绍 RDD 编程，包括 RDD 的创建、操作 API、持久化、分区以及键值对 RDD 等，这章知识是开展 Spark 高级编程的基础；第 5 章介绍 Spark 中用于结构化数据处理的组件 Spark SQL，包括 DataFrame 数据模型、创建方法和常用操作等；第 6 章介绍 Spark Streaming，这是一种构建在 Spark 上的流计算框架，可以满足对流式数据进行实时计算的需求；第 7 章介绍 Spark 的机器学习库 MLlib，包括 MLlib 的基本原理、算法、模型选择和超参数调整方法等。

本书面向高校计算机、软件工程、数据科学与大数据技术等专业的学生，可以作为专业必修课或选修课教材。本书由林子雨、赖永炫和陶继平执笔，其中，林子雨负责全书规划、统稿、校对和在线资源创作，并撰写第 1、2、4、5、6 章的内容，赖永炫负责撰写第 7 章的内容，陶继平负责撰写第 3 章的内容。在撰写过程中，厦门大学计算机科学系硕士研究生阮榕城、薛倩、魏亮、曾冠华、程璐、林哲等做了大量的辅助性工作，在此，向这些同学的辛勤工作表示衷心的感谢。同时，感谢夏小云老师在书稿校对过程中的辛勤付出。

本书配套的官方网站是 http://dblab.xmu.edu.cn/post/spark/，免费提供全部配套资源的在线浏览和下载，并接受错误反馈和发布勘误信息。同时，Spark 作为大数据进阶课程，在学习过程中会涉及大量相关的大数据基础知识以及各种大数据软件的安装和使用方法，因此，推荐读者访问厦门大学数据库实验室建设的国内高校首个大数据课程公共服务平台（http://dblab.xmu.edu.cn/post/bigdata-teaching-platform/），来获得必要的辅助学习内容。

本书在撰写过程中，参考了大量的网络资料和相关书籍，对 Spark 技术进行了系统梳理，有选择性地把一些重要知识纳入本书。由于笔者能力有限，本书难免存在不足之处，望广大读者不吝赐教。

林子雨

厦门大学计算机科学系数据库实验室

2018 年 1 月

目 录 CONTENTS

01 第1章　大数据技术概述

大数据时代的来临，给各行各业带来了深刻的变革。大数据像能源、原材料一样，已经成为提升国家和企业竞争力的关键要素，被称为“未来的新石油”。正如电力技术的应用引发了生产模式的变革一样，基于互联网技术而发展起来的大数据应用，将会对人们的生产和生活产生颠覆性的影响。

本章首先介绍大数据的概念与关键技术，然后重点介绍有代表性的大数据技术，包括 Hadoop、Spark、Flink、Beam 等，最后探讨本教程编程语言的选择，并给出与本教材配套的相关在线资源。

1.1 大数据的概念与关键技术

随着大数据时代的到来，“大数据”已经成为互联网信息技术行业的流行词汇。本节介绍大数据的概念与关键技术。

1.1.1 大数据的概念

关于“什么是大数据”这个问题，学术界和业界比较认可关于大数据的“4V”说法。大数据的4个“V”，或者说是大数据的4个特点，包含4个层面：数据量大（Volume）、数据类型繁多（Variety）、处理速度快（Velocity）和价值密度低（Value）。

（1）数据量大。根据著名咨询机构IDC（Internet Data Center）做出的估测，人类社会产生的数据一直都在以每年50%的速度增长，这被称为“大数据摩尔定律”。这意味着，人类在最近两年产生的数据量相当于之前产生的全部数据量之和。预计到2020年，全球将总共拥有35ZB的数据量，数据量将增长到2010年数据的近30倍。

（2）数据类型繁多。大数据的数据类型丰富，包括结构化数据和非结构化数据，其中，前者占10%左右，主要是指存储在关系数据库中的数据，后者占90%左右，种类繁多，主要包括邮件、音频、视频、微信、微博、位置信息、链接信息、手机呼叫信息、网络日志等。

（3）处理速度快。大数据时代的很多应用，都需要基于快速生成的数据给出实时分析结果，用于指导生产和生活实践，因此，数据处理和分析的速度通常要达到秒级响应，这一点和传统的数据挖掘技术有着本质的不同，后者通常不要求给出实时分析结果。

（4）价值密度低。大数据价值密度却远远低于传统关系数据库中已经有的那些数据，在大数据时代，很多有价值的信息都是分散在海量数据中的。

1.1.2 大数据关键技术

大数据的基本处理流程，主要包括数据采集、存储管理、处理分析、结果呈现等环节。因此，从数据分析全流程的角度来看，大数据技术主要包括数据采集与预处理、数据存储和管理、数据处理与分析、数据可视化、数据安全和隐私保护等几个层面的内容，具体如表1-1所示。

表1-1 大数据技术的不同层面及其功能

技术层面	功能
数据采集与预处理	利用ETL（Extraction-Transformation-Loading）工具将分布的、异构数据源中的数据，如关系数据、平面数据文件等，抽取到临时中间层后进行清洗、转换、集成，最后加载到数据仓库或数据集市中，成为联机分析处理、数据挖掘的基础；也可以利用日志采集工具（如Flume、Kafka等）把实时采集的数据作为流计算系统的输入，进行实时处理分析
数据存储和管理	利用分布式文件系统、数据仓库、关系数据库、NoSQL数据库、云数据库等，实现对结构化、半结构化和非结构化海量数据的存储和管理
数据处理与分析	利用分布式并行编程模型和计算框架，结合机器学习和数据挖掘算法，实现对海量数据的处理和分析
数据可视化	对分析结果进行可视化呈现，帮助人们更好地理解数据、分析数据
数据安全和隐私保护	在从大数据中挖掘潜在的巨大商业价值和学术价值的同时，构建隐私数据保护体系和数据安全体系，有效保护个人隐私和数据安全

此外，大数据技术及其代表性软件种类繁多，不同的技术都有其适用和不适用的场景。总体而言，不同的企业应用场景，都对应着不同的大数据计算模式，根据不同的大数据计算模式，可以选择相应的大数据计算产品，具体如表1-2所示。

表1–2　大数据计算模式及其代表产品

大数据计算模式	解决问题	代表产品
批处理计算	针对大规模数据的批量处理	MapReduce、Spark等
流计算	针对流数据的实时计算	Storm、S4、Flume、Streams、Puma、DStream、Super Mario、银河流数据处理平台等
图计算	针对大规模图结构数据的处理	Pregel、GraphX、Giraph、PowerGraph、Hama、GoldenOrb等
查询分析计算	大规模数据的存储管理和查询分析	Dremel、Hive、Cassandra、Impala等

批处理计算主要解决针对大规模数据的批量处理，也是我们日常数据分析工作中非常常见的一类数据处理需求。比如，爬虫程序把大量网页抓取过来存储到数据库中以后，可以使用MapReduce对这些网页数据进行批量处理，生成索引，加快搜索引擎的查询速度。代表性的批处理框架包括MapReduce、Spark等。

流计算主要是实时处理来自不同数据源的、连续到达的流数据，经过实时分析处理，给出有价值的分析结果。比如，用户在访问淘宝网等电子商务网站时，用户在网页中的每次点击的相关信息（比如选取了什么商品）都会像水流一样实时传播到大数据分析平台，平台采用流计算技术对这些数据进行实时处理分析，构建用户"画像"，为其推荐可能感兴趣的其他相关商品。代表性的流计算框架包括Twitter Storm、Yahoo! S4等。Twitter Storm是一个免费、开源的分布式实时计算系统，Storm对于实时计算的意义类似于Hadoop对于批处理的意义，Storm可以简单、高效、可靠地处理流数据，并支持多种编程语言。Storm框架可以方便地与数据库系统进行整合，从而开发出强大的实时计算系统。Storm可用于许多领域中，如实时分析、在线机器学习、持续计算、远程RPC、数据提取加载转换等。由于Storm具有可扩展、高容错性、能可靠地处理消息等特点，目前已经被广泛应用于流计算应用中。

在大数据时代，许多大数据都是以大规模图或网络的形式呈现，如社交网络、传染病传播途径、交通事故对路网的影响等。此外，许多非图结构的大数据，也常常会被转换为图模型后再进行处理分析。图计算软件是专门针对图结构数据开发的，在处理大规模图结构数据时可以获得很好的性能。谷歌公司的Pregel是一种基于BSP模型实现的图计算框架。为了解决大型图的分布式计算问题，Pregel搭建了一套可扩展的、有容错机制的平台，该平台提供了一套非常灵活的API，可以描述各种各样的图计算。Pregel作为分布式图计算的计算框架，主要用于图遍历、最短路径、PageRank计算等。

查询分析计算也是一种在企业中常见的应用场景，主要是面向大规模数据的存储管理和查询分析，用户一般只需要输入查询语句（如SQL），就可以快速得到相关的查询结果。典型的查询分析计算产品包括Dremel、Hive、Cassandra、Impala等。其中，Dremel是一种可扩展的、交互式的实时查询系统，用于只读嵌套数据的分析。通过结合多级树状执行过程和列式数据结构，它能做到几秒内完成对万亿张表的聚合查询。系统可以扩展到成千上万的CPU上，满足谷歌上万用户操作PB级的数据，并且可以在2～3秒内完成PB级别数据的查询。Hive是一个构建于Hadoop顶层的数据仓库工具，允许用户输入SQL语句进行查询。Hive在某种程度上可以看作是用户编程接口，其本身并不存储和处理数据，而是依赖 HDFS 来存储数据，依赖 MapReduce 来处理数据。Hive 作为现有比较流行的数据仓库分析工具之一，得到了广泛的应用，但是由于 Hive 采用 MapReduce 来完成批量数据处理，因此，实时性不好，查询延迟较高。Impala 作为新一代开源大数据分析引擎，支持实时计算，它提供了与 Hive 类似的功能，通过 SQL 语句能查询存储在 Hadoop 的 HDFS 和 HBase 上的 PB 级别海量数据，并在性能上比 Hive 高出 3～30 倍。

1.2 代表性大数据技术

大数据技术的发展步伐很快，不断有新的技术涌现，这里着重介绍几种目前市场上具有代表性的一些大数据技术，包括 Hadoop、Spark、Flink、Beam 等。

1.2.1 Hadoop

Hadoop 是 Apache 软件基金会旗下的一个开源分布式计算平台，为用户提供了系统底层细节透明的分布式计算架构。Hadoop 是基于 Java 语言开发的，具有很好的跨平台特性，并且可以部署在廉价的计算机集群中。Hadoop 的核心是分布式文件系统（Hadoop Distributed File System，HDFS）和 MapReduce。借助于 Hadoop，程序员可以轻松地编写分布式并行程序，将其运行在廉价的计算机集群上，完成海量数据的存储与计算。经过多年的发展，Hadoop 生态系统不断完善和成熟，目前已经包含多个子项目（见图 1-1）。除了核心的 HDFS 和 MapReduce 以外，Hadoop 生态系统还包括 YARN、Zookeeper、HBase、Hive、Pig、Mahout、Sqoop、Flume、Ambari 等功能组件。

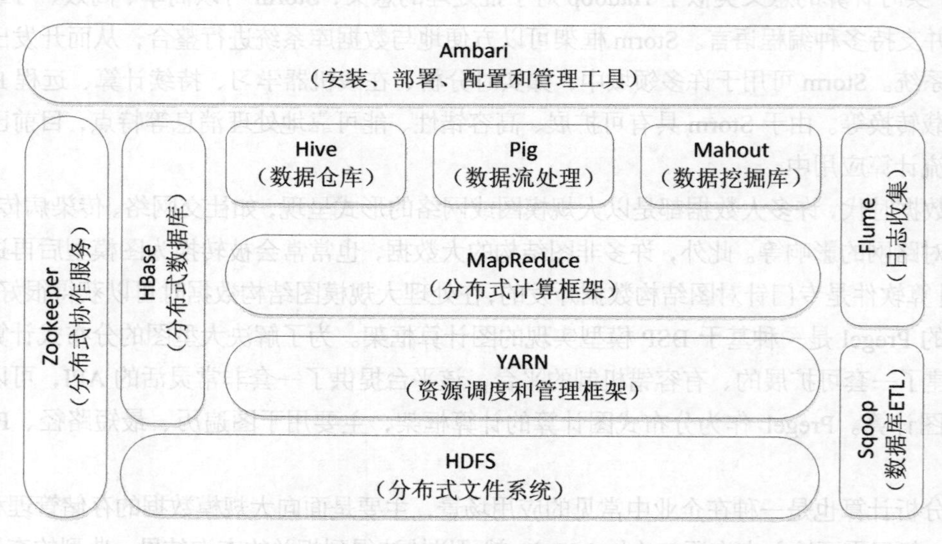

图 1-1 Hadoop 生态系统

这里简要介绍一下这些组件的功能，要了解 Hadoop 的更多细节内容，可以访问本教材官网，学习《大数据技术原理与应用》在线视频的内容。

1. HDFS

Hadoop 分布式文件系统 HDFS 是针对谷歌分布式文件系统（Google File System，GFS）的开源实现，它是 Hadoop 两大核心组成部分之一，提供了在廉价服务器集群中进行大规模分布式文件存储的能力。HDFS 具有很好的容错能力，并且兼容廉价的硬件设备，因此，可以以较低的成本利用现有机器实现大流量和大数据量的读写。

HDFS 采用了主从（Master/Slave）结构模型，一个 HDFS 集群包括一个名称节点和若干个数据节点（见图 1-2）。名称节点作为中心服务器，负责管理文件系统的命名空间及客户端对文件的访问。集群中的数据节点一般是一个节点运行一个数据节点进程，负责处理文件系统客户端的读/写请求，在名称节点的统一调度下进行数据块的创建、删除和复制等操作。

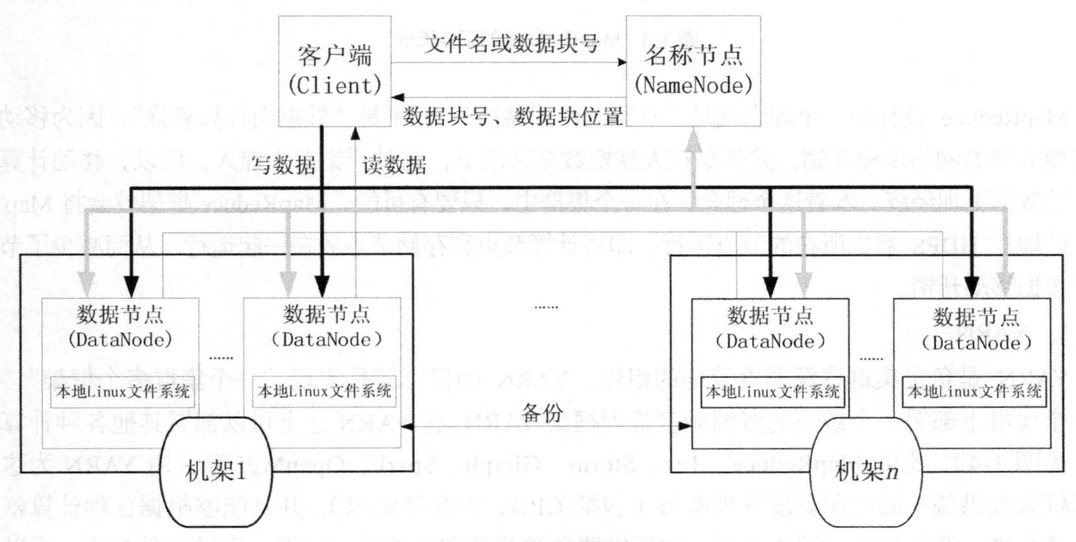

图 1-2　HDFS 的体系结构

用户在使用 HDFS 时，仍然可以像在普通文件系统中那样，使用文件名去存储和访问文件。实际上，在系统内部，一个文件会被切分成若干个数据块，这些数据块被分布存储到若干个数据节点上。当客户端需要访问一个文件时，首先把文件名发送给名称节点，名称节点根据文件名找到对应的数据块（一个文件可能包括多个数据块），再根据每个数据块信息找到实际存储各个数据块的数据节点的位置，并把数据节点位置发送给客户端，最后，客户端直接访问这些数据节点获取数据。在整个访问过程中，名称节点并不参与数据的传输。这种设计方式，使得一个文件的数据能够在不同的数据节点上实现并发访问，大大提高了数据的访问速度。

2. MapReduce

MapReduce 是一种分布式并行编程模型，用于大规模数据集（大于 1TB）的并行运算，它将复杂的、运行于大规模集群上的并行计算过程高度抽象到两个函数：Map 和 Reduce。MapReduce 极大方便了分布式编程工作，编程人员在不会分布式并行编程的情况下，也可以很容易将自己的程序运行在分布式系统上，完成海量数据集的计算。

在 MapReduce 中（见图 1-3），一个存储在分布式文件系统中的大规模数据集，会被切分成许多独立的小数据块，这些小数据块可以被多个 Map 任务并行处理。MapReduce 框架会为每个 Map 任务输入一个数据子集，Map 任务生成的结果会继续作为 Reduce 任务的输入，最终由 Reduce 任务输出最后结果，并写入分布式文件系统。

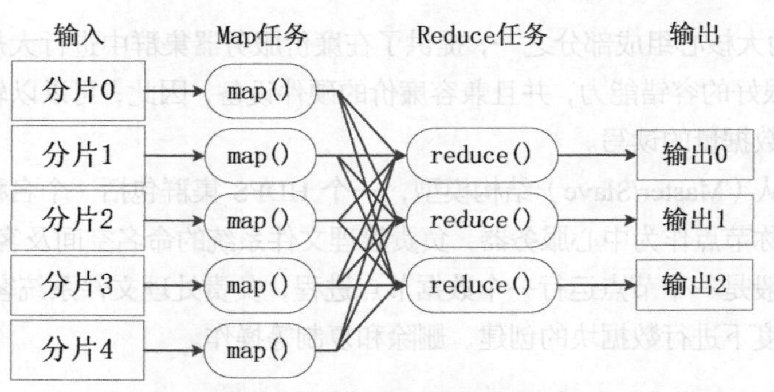

图 1-3　MapReduce 的工作流程

MapReduce 设计的一个理念就是"计算向数据靠拢"，而不是"数据向计算靠拢"，因为移动数据需要大量的网络传输开销，尤其是在大规模数据环境下，这种开销尤为惊人，所以，移动计算要比移动数据更加经济。本着这个理念，在一个集群中，只要有可能，MapReduce 框架就会将 Map 程序就近地在 HDFS 数据所在的节点运行，即将计算节点和存储节点放在一起运行，从而减少了节点间的数据移动开销。

3. YARN

YARN 是负责集群资源调度管理的组件。YARN 的目标就是实现"一个集群多个框架"，即在一个集群上部署一个统一的资源调度管理框架 YARN，在 YARN 之上可以部署其他各种计算框架（见图 1-4），比如 MapReduce、Tez、Storm、Giraph、Spark、OpenMPI 等，由 YARN 为这些计算框架提供统一的资源调度管理服务（包括 CPU、内存等资源），并且能够根据各种计算框架的负载需求，调整各自占用的资源，实现集群资源共享和资源弹性收缩。通过这种方式，可以实现一个集群上的不同应用负载混搭，有效提高了集群的利用率，同时，不同计算框架可以共享底层存储，在一个集群上集成多个数据集，使用多个计算框架来访问这些数据集，从而避免了数据集跨集群移动，最后，这种部署方式也大大降低了企业运维成本。目前，可以运行在 YARN 之上的计算框架包括离线批处理框架 MapReduce、内存计算框架 Spark、流计算框架 Storm 和 DAG 计算框架 Tez 等。和 YARN 一样提供类似功能的其他资源管理调度框架还包括 Mesos、Torca、Corona、Borg 等。

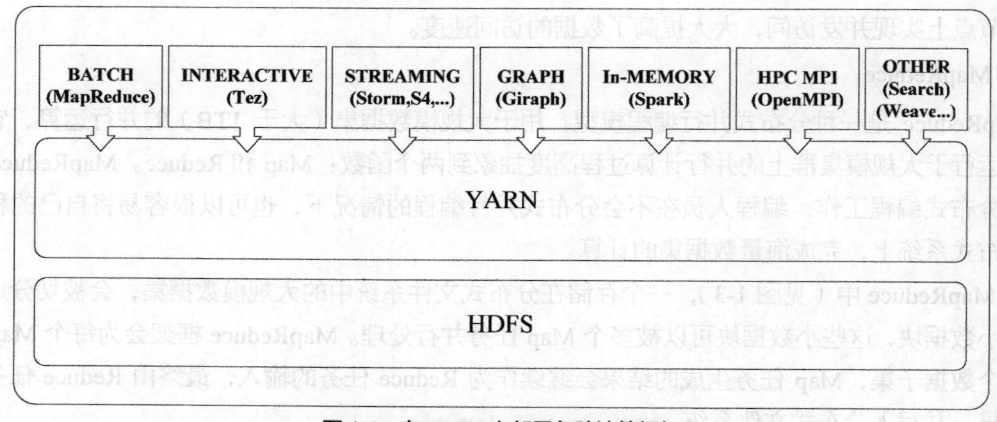

图 1-4　在 YARN 上部署各种计算框架

4. HBase

HBase 是针对谷歌 BigTable 的开源实现，是一个高可靠、高性能、面向列、可伸缩的分布式数据库，主要用来存储非结构化和半结构化的松散数据。HBase 可以支持超大规模数据存储，它可以通过水平扩展的方式，利用廉价计算机集群处理由超过 10 亿行元素和数百万列元素组成的数据表。

图 1-5 描述了 Hadoop 生态系统中 HBase 与其他部分的关系。HBase 利用 MapReduce 来处理 HBase 中的海量数据，实现高性能计算；利用 Zookeeper 作为协同服务，实现稳定服务和失败恢复；使用 HDFS 作为高可靠的底层存储，利用廉价集群提供海量数据存储能力，当然，HBase 也可以在单机模式下使用，直接使用本地文件系统而不用 HDFS 作为底层数据存储方式，不过，为了提高数据可靠性和系统的健壮性，发挥 HBase 处理大量数据等功能，一般都使用 HDFS 作为 HBase 的底层数据存储方式。此外，为了方便在 HBase 上进行数据处理，Sqoop 为 HBase 提供了高效、便捷的 RDBMS 数据导入功能，Pig 和 Hive 为 HBase 提供了高层语言支持。

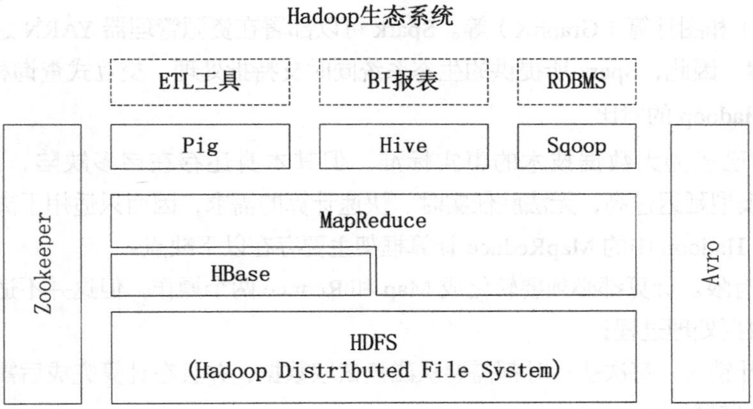

Hadoop生态系统
ETL工具
BI报表
RDBMS
Pig
Hive
Sqoop
MapReduce
HBase
HDFS
(Hadoop Distributed File System)
Zookeeper
Avro

图 1-5　Hadoop 生态系统中 HBase 与其他部分的关系

5. Hive

Hive 是一个基于 Hadoop 的数据仓库工具，可以用于对存储在 Hadoop 文件中的数据集进行数据整理、特殊查询和分析处理。Hive 的学习门槛比较低，因为它提供了类似于关系数据库 SQL 语言的查询语言——HiveQL，可以通过 HiveQL 语句快速实现简单的 MapReduce 统计，Hive 自身可以自动将 HiveQL 语句快速转换成 MapReduce 任务进行运行，而不必开发专门的 MapReduce 应用程序，因而十分适合数据仓库的统计分析。

6. Flume

Flume 是 Cloudera 公司开发的一个高可用的、高可靠的、分布式的海量日志采集、聚合和传输系统。Flume 支持在日志系统中定制各类数据发送方，用于收集数据；同时，Flume 提供对数据进行简单处理，并写到各种数据接收方的能力。

7. Sqoop

Sqoop 是 SQL-to-Hadoop 的缩写，主要用来在 Hadoop 和关系数据库之间交换数据，可以改进数据的互操作性。通过 Sqoop，可以方便地将数据从 MySQL、Oracle、PostgreSQL 等关系数据库中导入 Hadoop（比如导入到 HDFS、HBase 或 Hive 中），或者将数据从 Hadoop 导出到关系数据库，使得传统关系数据库和 Hadoop 之间的数据迁移变得非常方便。

1.2.2 Spark

1. Spark 简介

Spark 最初诞生于美国加州大学伯克利分校的 AMP 实验室，是一个可应用于大规模数据处理的快速、通用引擎，如今是 Apache 软件基金会下的顶级开源项目之一。Spark 最初的设计目标是使数据分析更快——不仅运行速度快，也要能快速、容易地编写程序。为了使程序运行更快，Spark 提供了内存计算和基于 DAG 的任务调度执行机制，减少了迭代计算时的 I/O 开销；而为了使编写程序更为容易，Spark 使用简练、优雅的 Scala 语言编写，基于 Scala 提供了交互式的编程体验。同时，Spark 支持 Scala、Java、Python、R 等多种编程语言。

Spark 的设计遵循“一个软件栈满足不同应用场景”的理念，逐渐形成了一套完整的生态系统，既能够提供内存计算框架，也可以支持 SQL 即席查询（Spark SQL）、流式计算（Spark Streaming）、机器学习（MLlib）和图计算（GraphX）等。Spark 可以部署在资源管理器 YARN 之上，提供一站式的大数据解决方案。因此，Spark 所提供的生态系统同时支持批处理、交互式查询和流数据处理。

2. Spark 与 Hadoop 的对比

Hadoop 虽然已成为大数据技术的事实标准，但其本身还存在诸多缺陷，最主要的缺陷是 MapReduce 计算模型延迟过高，无法胜任实时、快速计算的需求，因而只适用于离线批处理的应用场景。总体而言，Hadoop 中的 MapReduce 计算框架主要存在以下缺点：

- 表达能力有限。计算都必须要转化成 Map 和 Reduce 两个操作，但这并不适合所有的情况，难以描述复杂的数据处理过程；
- 磁盘 I/O 开销大。每次执行时都需要从磁盘读取数据，并且在计算完成后需要将中间结果写入到磁盘中，I/O 开销较大；
- 延迟高。一次计算可能需要分解成一系列按顺序执行的 MapReduce 任务，任务之间的衔接由于涉及 I/O 开销，会产生较高延迟。而且，在前一个任务执行完成之前，其他任务无法开始，因此，难以胜任复杂、多阶段的计算任务。

Spark 在借鉴 MapReduce 优点的同时，很好地解决了 MapReduce 所面临的问题。相比于 MapReduce，Spark 主要具有如下优点：

- Spark 的计算模式也属于 MapReduce，但不局限于 Map 和 Reduce 操作，还提供了多种数据集操作类型，编程模型比 MapReduce 更灵活；
- Spark 提供了内存计算，中间结果直接放到内存中，带来了更高的迭代运算效率；
- Spark 基于 DAG 的任务调度执行机制，要优于 MapReduce 的迭代执行机制。

如图 1-6 所示，对比 Hadoop MapReduce 与 Spark 的执行流程，可以看到，Spark 最大的特点就是将计算数据、中间结果都存储在内存中，大大减少了 I/O 开销，因而，Spark 更适合于迭代运算比较多的数据挖掘与机器学习运算。

使用 Hadoop MapReduce 进行迭代计算非常耗资源，因为每次迭代都需要从磁盘中写入、读取中间数据，I/O 开销大。而 Spark 将数据载入内存后，之后的迭代计算都可以直接使用内存中的中间结果作运算，避免了从磁盘中频繁读取数据。如图 1-7 所示，Hadoop 与 Spark 在执行逻辑斯蒂回归（Logistic Regression）时所需的时间相差巨大。

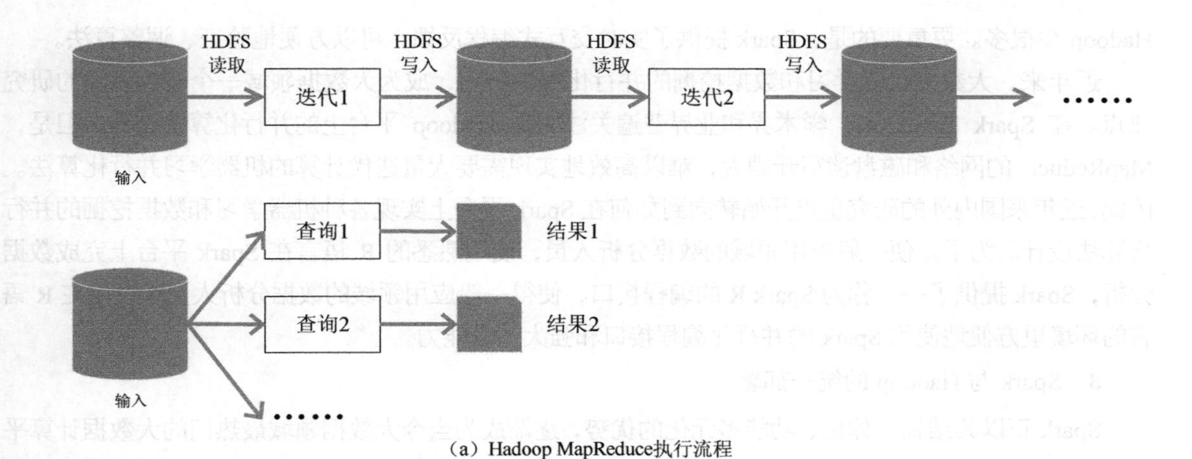

（a）Hadoop MapReduce执行流程

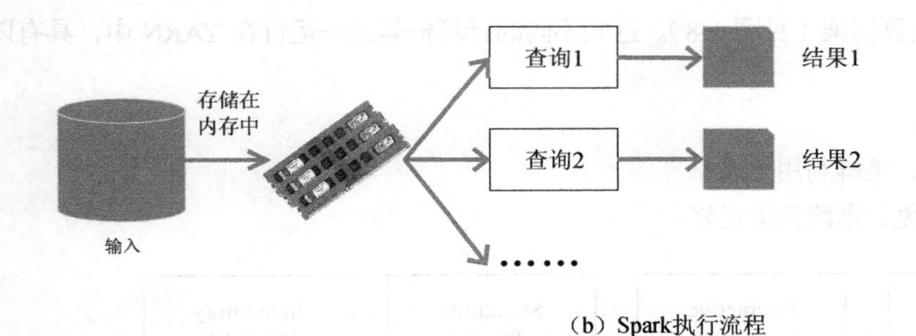

（b）Spark执行流程

图 1-6 Hadoop MapReduce 与 Spark 的执行流程对比

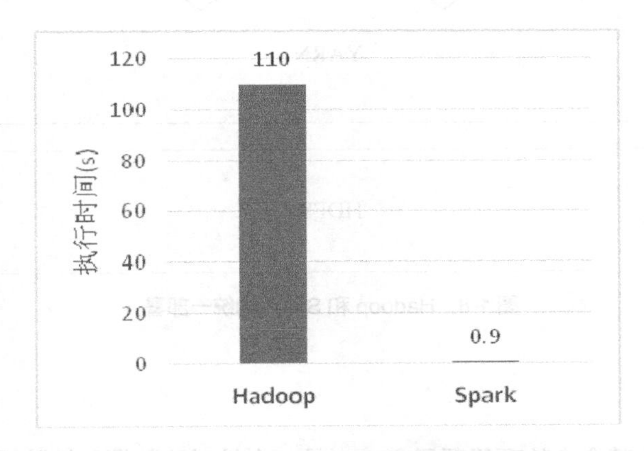

图 1-7 Hadoop 与 Spark 执行逻辑斯蒂回归的时间对比

在实际进行开发时，使用 Hadoop 需要编写不少相对底层的代码，不够高效。相对而言，Spark 提供了多种高层次、简洁的 API，通常情况下，对于实现相同功能的应用程序，Spark 的代码量要比

Hadoop 少很多。更重要的是，Spark 提供了实时交互式编程反馈，可以方便地验证、调整算法。

近年来，大数据机器学习和数据挖掘的并行化算法研究，成为大数据领域一个较为重要的研究热点。在 Spark 崛起之前，学术界和业界普遍关注的是 Hadoop 平台上的并行化算法设计。但是，MapReduce 的网络和磁盘读写开销大，难以高效地实现需要大量迭代计算的机器学习并行化算法。因此，近年来国内外的研究重点开始转向到如何在 Spark 平台上实现各种机器学习和数据挖掘的并行化算法设计。为了方便一般应用领域的数据分析人员，使用熟悉的 R 语言在 Spark 平台上完成数据分析，Spark 提供了一个称为 Spark R 的编程接口，使得一般应用领域的数据分析人员，可以在 R 语言的环境里方便地使用 Spark 的并行化编程接口和强大计算能力。

3. Spark 与 Hadoop 的统一部署

Spark 正以其结构一体化、功能多元化的优势，逐渐成为当今大数据领域最热门的大数据计算平台。目前，越来越多的企业放弃 MapReduce，转而使用 Spark 开发企业应用。但是，需要指出的是，Spark 作为计算框架，只是取代了 Hadoop 生态系统中的计算框架 MapReduce，而 Hadoop 中的其他组件依然在企业大数据系统中发挥着重要的作用。比如，企业依然需要依赖 Hadoop 分布式文件系统 HDFS 和分布式数据库 HBase，来实现不同类型数据的存储和管理，并借助于 YARN 实现集群资源的管理和调度。因此，在许多企业实际应用中，Hadoop 和 Spark 的统一部署是一种比较现实合理的选择。由于 MapReduce、Storm 和 Spark 等，都可以运行在资源管理框架 YARN 之上，因此，可以在 YARN 之上统一部署各个计算框架（见图 1-8）。这些不同的计算框架统一运行在 YARN 中，具有以下几个优点：

- 计算资源按需伸缩；
- 不用负载应用混搭，集群利用率高；
- 共享底层存储，避免数据跨集群迁移。

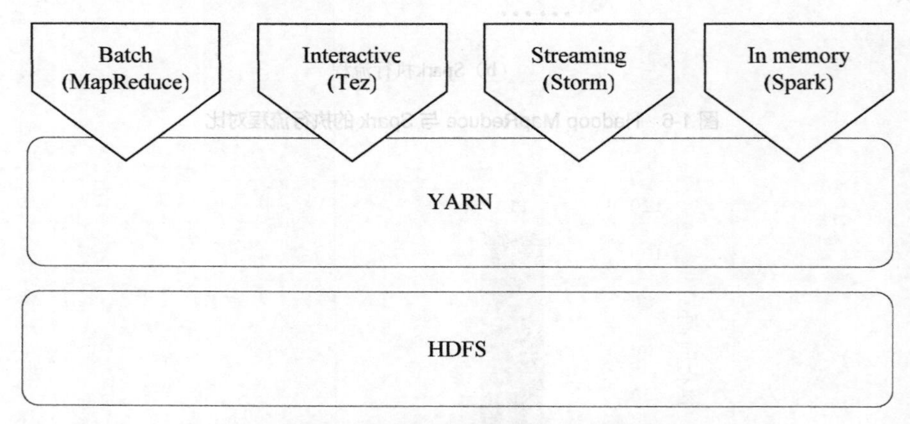

图 1-8　Hadoop 和 Spark 的统一部署

1.2.3　Flink

Flink 是 Apache 软件基金会的顶级项目之一，是一个针对流数据和批数据的分布式计算框架，设计思想主要来源于 Hadoop、MPP 数据库、流计算系统等。Flink 主要是由 Java 代码实现的，目前主要还是依靠开源社区的贡献而发展。Flink 所要处理的主要场景是流数据，批数据只是流数据的一个特例而已，也就是说，Flink会把所有任务当成流来处理。Flink可以支持本地的快速迭代以及一些环形的迭代任务。

Flink以层级式系统形式组建其软件栈（见图1-9），不同层的栈建立在其下层基础上。具体而言，Flink的典型特性如下：

- 提供了面向流处理的DataStream API和面向批处理的DataSet API。DataSet API支持Java、Scala和Python，DataStream API支持Java和Scala；
- 提供了多种候选部署方案，比如本地模式（Local）、集群模式（Cluster）和云模式（Cloud）。对于集群模式而言，可以采用独立模式（Standalone）或者YARN；
- 提供了一些类库，包括Table（处理逻辑表查询）、FlinkML（机器学习）、Gelly（图像处理）和CEP（复杂事件处理）；
- 提供了较好的Hadoop兼容性，不仅可以支持YARN，还可以支持HDFS、HBase等数据源。

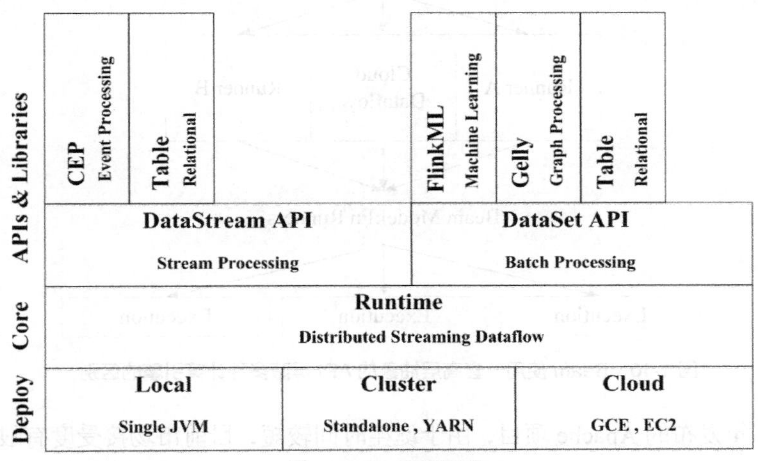

图1-9 Flink架构图

Flink和Spark一样，都是基于内存的计算框架，因此，都可以获得较好的实时计算性能。当全部运行在Hadoop YARN之上时，Flink的性能甚至还要略好于Spark，因为，Flink支持增量迭代，具有对迭代进行自动优化的功能。Flink和Spark都支持流计算，二者的区别在于，Flink是一行一行地处理数据，而Spark是基于RDD的小批量处理，所以，Spark在流式处理方面，不可避免地会增加一些延时，实时性没有Flink好。Flink的流计算性能和Storm差不多，可以支持毫秒级的响应，而Spark则只能支持秒级响应。总体而言，Flink和Spark都是非常优秀的基于内存的分布式计算框架，但是，Spark的市场影响力和社区活跃度明显超过Flink，这在一定程度上限制了Flink的发展空间。

1.2.4 Beam

Beam是由谷歌贡献的Apache顶级项目，是一个开源的统一的编程模型，开发者可以使用Beam SDK来创建数据处理管道，然后，这些程序可以在任何支持的执行引擎上运行，比如运行在Spark、Flink上。如图1-10所示，终端用户用Beam来实现自己所需的流计算功能，使用的终端语言可能是Python、Java等，Beam为每种语言提供了一个对应的SDK，用户可以使用相应的SDK创建数据处理管道，用户写出的程序可以被运行在各个Runner上，每个Runner都实现了从Beam管道到平台功能的映射。通过这种方式，Beam 使用一套高层抽象的 API 屏蔽了多种计算引擎的区别，开发者只需要编写一套代码就可以运行在不同的计算引擎之上。

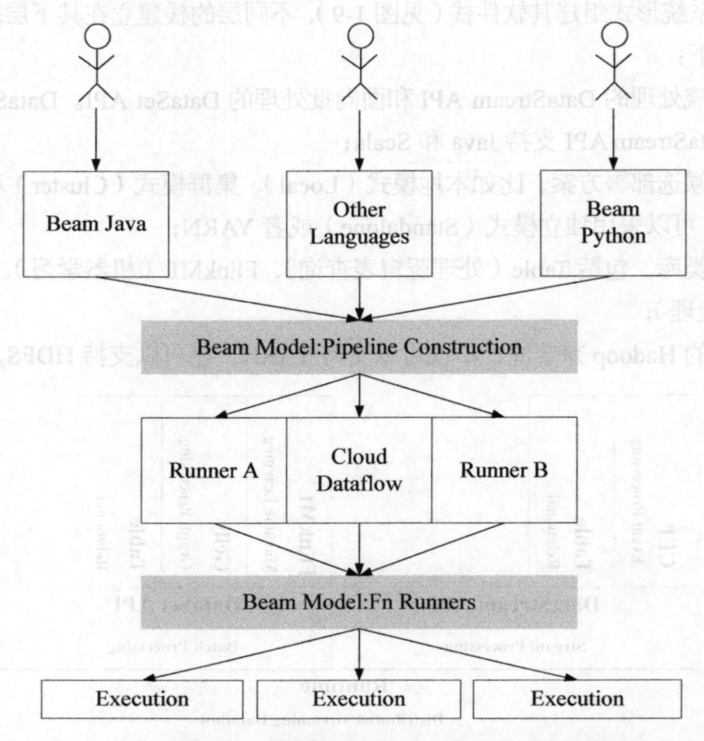

图 1-10　Beam 使用一套高层抽象的 API 屏蔽多种计算引擎的区别

Beam 是 2017 年发布的 Apache 项目，由于诞生时间较短，目前市场接受度有限，尚未形成广泛影响力，是否能够最终获得市场认可，还有待时间的检验。

1.3 编程语言的选择

大数据处理框架 Hadoop、Spark、Flink 等，都支持多种类型的编程语言。比如，Hadoop 可以支持 C、C++、Java、Python 等，Spark 可以支持 Java、Scala、Python 和 R 等。因此，在使用 Spark 等大数据处理框架进行应用程序开发之前，需要选择一门合适的编程语言。

R 是专门为统计和数据分析开发的语言，具有数据建模、统计分析和可视化等功能，简单易上手。Python 是目前国内外很多大学里流行的入门语言，学习门槛低，简单易用，开发人员可以使用 Python 来构建桌面应用程序和 Web 应用程序，此外，Python 在学术界备受欢迎，常被用于科学计算、数据分析和生物信息学等领域。R 和 Python 都是比较流行的数据分析语言，相对而言，数学和统计领域的工作人员更多使用 R 语言，而计算机领域的工作人员更多使用 Python。

Java 是目前最热门的编程语言，虽然 Java 没有 R、Python 一样好的可视化功能，也不是统计建模的最佳工具，但是，如果需要建立一个庞大的应用系统，那么 Java 通常会是较为理想的选择。由于 Java 具有简单、面向对象、分布式、安全、体系结构中立、可移植、高性能、多线程以及动态性等诸多优良特性，因此，被大量应用于企业的大型系统开发中，企业对于 Java 人才的需求一直比较旺盛。

Scala 是一门类似 Java 的多范式语言，它整合了面向对象编程和函数式编程的最佳特性。本教程采用 Scala 语言编写 Spark 应用程序，主要基于以下几个方面的考虑因素：

- Scala 具备强大的并发性，支持函数式编程，可以更好地支持分布式系统。在大数据时代，为了提高应用程序的并发性，函数式编程日益受到关注。Scala 提供的函数式编程风格，已经吸引了大量的开发者；
- Scala 兼容 Java，可以与 Java 互操作。Scala 代码文件会被编译成 Java 的 class 文件（即在 JVM 上运行的字节码）。开发者可以从 Scala 中调用所有的 Java 类库，也同样可以从 Java 应用程序中调用 Scala 的代码。此外，Java 是最为热门的编程语言，在企业中有大量的 Java 开发人员，国内高校大多数也都开设了 Java 课程。因此，学习 Scala 可以很好地实现与 Java 的衔接，让之前在 Java 方面的学习和工作成果能够得到延续；
- Scala 代码简洁优雅。Scala 语言非常精炼，实现同样功能的程序，Scala 所需的代码量通常比 Java 少一半或者更多。短小精悍的代码常常意味着更易维护，拥有其他语言编程经验的编程人员很容易读懂 Scala 代码；
- Scala 支持高效的交互式编程。Scala 提供了交互式解释器（Read-Eval-Print Loop，REPL），因此，在 spark-shell 中可进行交互式编程（即表达式计算完成就会输出结果，而不必等到整个程序运行完毕，因此，可即时查看中间结果，并对程序进行修改），这样可以在很大程度上提升开发效率；
- Scala 是 Spark 的开发语言。由于 Spark 计算框架本身就是采用 Scala 语言开发的，因此，用 Scala 语言编写 Spark 应用程序可以获得最好的执行性能。

需要说明的是，虽然本教材采用 Scala 语言开发 Spark 应用程序，但是，读者通过学习本教材熟悉了 Spark 的运行原理和编程方法以后，就能很容易地通过阅读相关工具书和网络资料，快速学习如何使用 Java 和 Python 等语言开发 Spark 应用程序。

1.4　在线资源

教材官网（http://dblab.xmu.edu.cn/post/spark/）提供了全部配套资源的在线浏览和下载，包括源代码、讲义 PPT、授课视频、技术资料、实验习题、大数据软件、数据集等（见表 1-3）。

表 1–3　　教材官网的栏目内容说明

官网栏目	内容说明
命令行和代码	在网页上给出了教材每一页内容中出现的所有命令行语句、代码、配置文件等，读者可以直接从网页中复制代码去执行，不需要自己手动输入代码
实验指南	详细介绍了教材中涉及的各种软件安装方法和编程实践细节
下载专区	包含了本教材内各个章节所涉及的软件、代码文件、讲义 PPT、习题和答案、数据集等
在线视频	包含了与本教材配套的在线授课视频
先修课程	包含了与本教材相关的先修课程及其配套资源，为更好学习本教材提供了相关大数据基础知识的补充；需要强调的是，只是建议学习，不是必须学习，即使不学习先修课程，也可以顺利完成本教材的学习
综合案例	提供了免费共享的 Spark 课程综合实验案例
大数据课程公共服务平台	提供大数据教学资源一站式“免费”在线服务，包括课程教材、讲义 PPT、课程习题、实验指南、学习指南、备课指南、授课视频和技术资料等，本教材中涉及的相关大数据技术，在平台上都有相关的配套学习资源

需要说明的是，本教材属于进阶级大数据课程，在学习本教材之前，建议（不是必须）读者具备一定的大数据基础知识，了解大数据基本概念以及 Hadoop、HDFS、MapReduce、HBase、Hive 等大数据技术。在本教材官网中提供了与本教材配套的两本入门级教材及其配套在线资源，包括《大数据技术原理与应用》和《大数据基础编程、实验和案例教程》，可以作为本课程的先修课程教材。其中，《大数据技术原理与应用》教材以“构建知识体系、阐明基本原理、开展初级实践、了解相关应用”为原则，旨在为读者搭建起通向大数据知识空间的桥梁和纽带，为读者在大数据领域深耕细作奠定基础、指明方向，教材系统论述了大数据的基本概念、大数据处理架构 Hadoop、分布式文件系统 HDFS、分布式数据库 HBase、NoSQL 数据库、云数据库、分布式并行编程模型 MapReduce、大数据处理架构 Spark、流计算、图计算、数据可视化以及大数据在互联网、生物医学和物流等各个领域的应用；《大数据基础编程、实验和案例教程》是《大数据技术原理与应用》教材的配套实验指导书，侧重于介绍大数据软件的安装、使用和基础编程方法，并提供了丰富的实验和案例。

1.5 本章小结

大数据时代已经全面开启，大数据技术正在不断发展进步。大数据技术包含了庞杂的知识体系，Spark 作为基于内存的分布式计算框架，只是其中的一种代表性技术。在具体学习 Spark 之前，建立对大数据技术体系的整体性认识是非常有必要的，了解 Spark 和其他大数据技术之间的相互关系。因此，本章从总体上介绍了大数据关键技术以及具有代表性的大数据计算框架。

与教材配套的相关资源的建设，是帮助读者更加快速、高效学习本教材的重要保障，因此，本章最后详细列出了与本教材配套的各种在线资源，读者可以通过网络免费访问。

1.6 习题

1. 请阐述大数据处理的基本流程。
2. 请阐述大数据的计算模式及其代表产品。
3. 请列举 Hadoop 生态系统的各个组件及其功能。
4. 分布式文件系统 HDFS 的名称节点和数据节点的功能分别是什么？
5. 试阐述 MapReduce 的基本设计思想。
6. YARN 的主要功能是什么？使用 YARN 可以带来哪些好处？
7. 试阐述 Hadoop 生态系统中 HBase 与其他部分的关系。
8. 数据仓库 Hive 的主要功能是什么？
9. Hadoop 主要有哪些缺点？相比之下，Spark 具有哪些优点？
10. 如何实现 Spark 与 Hadoop 的统一部署？
11. Flink 相对于 Spark 而言，在实现机制上有什么不同？
12. Beam 的设计目的是什么，具有哪些优点？

实验 1 Linux 系统的安装和常用命令

一、实验目的

（1）掌握 Linux 虚拟机的安装方法。Spark 和 Hadoop 等大数据软件在 Linux 操作系统上运行可以发挥最佳性能，因此，本教材中，Spark 都是在 Linux 系统中进行相关操作，同时，下一章的 Scala 语言也会在 Linux 系统中安装和操作。鉴于目前很多读者正在使用 Windows 操作系统，因此，为了顺利完成本教材的后续实验，这里有必要通过本实验，让读者掌握在 Windows 操作系统上搭建 Linux 虚拟机的方法。当然，安装 Linux 虚拟机只是安装 Linux 系统的其中一种方式，实际上，读者也可以不用虚拟机，而是采用双系统的方式安装 Linux 系统。本教材推荐使用虚拟机方式。

（2）熟悉 Linux 系统的基本使用方法。本教材全部在 Linux 环境下进行实验，因此，需要读者提前熟悉 Linux 系统的基本用法，尤其是一些常用命令的使用方法。

二、实验平台

操作系统：Windows 系统和 Ubuntu（推荐）。

虚拟机软件：推荐使用的开源虚拟机软件为 VirtualBox。VirtualBox 是一款功能强大的免费虚拟机软件，它不仅具有丰富的特色，性能也很优异，且简单易用。可虚拟的系统包括 Windows、Mac OS X、Linux、OpenBSD、Solaris、IBM OS2 甚至 Android 4.0 系统等操作系统。读者可以在 Windows 系统上安装 VirtualBox 软件，然后在 VirtualBox 上安装并且运行 Linux 操作系统。本次实验默认的 Linux 发行版为 Ubuntu16.04。

三、实验内容和要求

1. 安装 Linux 虚拟机

请登录 Windows 系统，下载 VirtualBox 软件和 Ubuntu16.04 镜像文件。

VirtualBox 软件的下载地址：https://www.virtualbox.org/wiki/Downloads。

Ubuntu 16.04 的镜像文件下载地址：http://www.ubuntu.org.cn/download/desktop。

或者也可以直接到本教材官网的“下载专区”的“软件”中下载 Ubuntu 安装文件“ubuntukylin-16.04-desktop-amd64.iso”。

首先，在 Windows 系统上安装虚拟机软件 VirtualBox 软件，然后在虚拟机软件 VirtualBox 上安装 Ubuntu 16.04 操作系统，具体请参考本教材官网的“实验指南”中的“在 Windows 中使用 VirtualBox 安装 Ubuntu”。

2. 使用 Linux 系统的常用命令

启动 Linux 虚拟机，进入 Linux 系统，通过查阅相关 Linux 书籍和网络资料，或者参考本教材官网的“实验指南”的“Linux 系统常用命令”，完成如下操作：

（1）切换到目录/usr/bin；

（2）查看目录/usr/local 下所有的文件；

（3）进入/usr 目录，创建一个名为 test 的目录，并查看有多少目录存在；

（4）在/usr 下新建目录 test1，再复制这个目录内容到/tmp；

（5）将上面的/tmp/test1 目录重命名为 test2；

（6）在/tmp/test2 目录下新建 word.txt 文件并输入一些字符串，保存退出；

（7）查看 word.txt 文件内容；

（8）将 word.txt 文件所有者改为 root 账号，并查看属性；

（9）找出/tmp 目录下文件名为 test2 的文件；

（10）在/目录下新建文件夹 test，然后在/目录下打包成 test.tar.gz；

（11）将 test.tar.gz 解压缩到/tmp 目录。

3. 在 Windows 系统和 Linux 系统之间互传文件

本教材大量实验都是在 Linux 虚拟机上完成，因此，需要掌握如何把 Windows 系统中的文件上传到 Linux 系统，以及如何把 Linux 系统中的文件下载到 Windows 系统中。

首先，到本教材官网的“下载专区”中的“软件”目录中，下载 FTP 软件 FileZilla 的安装文件“FileZilla_3.17.0.0_win64_setup.exe”，把 FileZilla 安装到 Windows 系统中；然后，请参考本教材官网“实验指南”栏目的“在 Windows 系统中利用 FTP 软件向 Ubuntu 系统上传文件”，完成以下操作：

（1）在 Windows 系统中新建一个文本文件 test.txt，并通过 FTP 软件 FileZilla 将 test.txt 上传到 Linux 系统中的“/home/hadoop/下载”目录下，利用 Linux 命令把该文件名修改为 test1.txt；

（2）通过 FTP 软件 FileZilla，将 Linux 系统中的“/home/hadoop/下载”目录下的 test1.txt 文件下载到 Windows 系统的某个目录下。

四、实验报告

<table>
<tr><td colspan="3">《Spark 编程基础》实验报告</td></tr>
<tr><td>题目：</td><td>姓名：</td><td>日期：</td></tr>
<tr><td colspan="3">实验环境：</td></tr>
<tr><td colspan="3">实验内容与完成情况：</td></tr>
<tr><td colspan="3">出现的问题：</td></tr>
<tr><td colspan="3">解决方案（列出遇到的问题和解决办法，列出没有解决的问题）：</td></tr>
</table>

02 第2章　Spark的设计与运行原理

Spark 最初诞生于美国加州大学伯克利分校的 AMP（Algorithms, Machines and People）实验室，是一个可应用于大规模数据处理的快速、通用引擎，如今是 Apache 软件基金会下的顶级开源项目之一。Spark 最初的设计目标是使数据分析更快——不仅运行速度快，也要能快速、容易地编写程序。为了使程序运行更快，Spark 提供了内存计算，减少了迭代计算时的 I/O 开销；而为了使编写程序更为容易，Spark 使用简练、优雅的 Scala 语言编写，基于 Scala 提供了交互式的编程体验。虽然，Hadoop 已成为大数据的事实标准，但是 MapReduce 分布式计算模型仍存在诸多缺陷，而 Spark 不仅具备 Hadoop MapReduce 的优点，而且完美地规避了 Hadoop MapReduce 的缺陷。Spark 正以其结构一体化、功能多元化的优势逐渐成为当今大数据领域最热门的大数据计算平台。

本章首先简单介绍 Spark 的起源和特性；然后讲解 Spark 的生态系统和架构设计；最后介绍 Spark 的部署方式。

2.1 概述

Spark 最初由美国加州大学伯克利分校（UC Berkeley）的 AMP 实验室于 2009 年开发，是基于内存计算的大数据并行计算框架，可用于构建大型的、低延迟的数据分析应用程序。Spark 在诞生之初属于研究性项目，其诸多核心理念均源自学术研究论文。2013 年，Spark 加入 Apache 孵化器项目后，开始获得迅猛的发展，如今已成为 Apache 软件基金会最重要的三大分布式计算系统开源项目之一（即 Hadoop、Spark、Storm）。

Spark 作为大数据计算平台的后起之秀，在 2014 年打破了 Hadoop 保持的基准排序（Sort Benchmark）纪录，使用 206 个节点在 23 分钟的时间里完成了 100TB 数据的排序，而 Hadoop 则是使用 2000 个节点在 72 分钟的时间里完成同样数据的排序。也就是说，Spark 仅使用了十分之一的计算资源，获得了 3 倍于 Hadoop 的速度。新纪录的诞生，使得 Spark 获得多方追捧，也表明了 Spark 可以作为一个更加快速、高效的大数据计算平台。

Spark 具有以下几个主要特点：

- **运行速度快**：Spark 使用先进的有向无环图（Directed Acyclic Graph，DAG）执行引擎，以支持循环数据流与内存计算，基于内存的执行速度可比 Hadoop MapReduce 快上百倍，基于磁盘的执行速度也能快十倍；
- **容易使用**：Spark 支持使用 Scala、Java、Python 和 R 语言进行编程，简洁的 API 设计有助于用户轻松构建并行程序，并且可以通过 Spark Shell 进行交互式编程；
- **通用性**：Spark 提供了完整而强大的技术栈，包括 SQL 查询、流式计算、机器学习和图算法组件，这些组件可以无缝整合在同一个应用中，足以应对复杂的计算；
- **运行模式多样**：Spark 可运行于独立的集群模式中，或者运行于 Hadoop 中，也可运行于 Amazon EC2 等云环境中，并且可以访问 HDFS、Cassandra、HBase、Hive 等多种数据源。

Spark 源码托管在 Github 中，截至 2016 年 3 月，共有超过 800 名来自 200 多家不同公司的开发人员贡献了 15000 次代码提交，可见 Spark 的受欢迎程度。从图 2-1 中也可以看出，从 2013 年至 2016 年，Spark 搜索趋势逐渐增加，Hadoop 则相对变化不大。

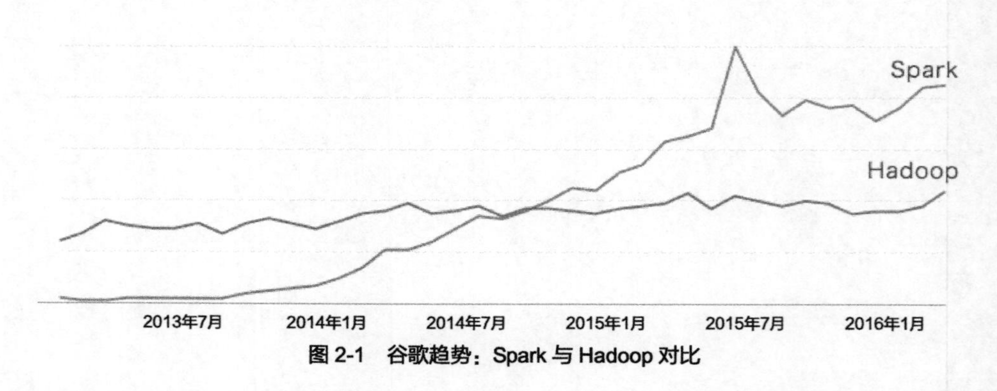

图 2-1 谷歌趋势：Spark 与 Hadoop 对比

此外，每年举办的全球 Spark 顶尖技术人员峰会 Spark Summit，吸引了使用 Spark 的一线技术公司及专家汇聚一堂，共同探讨目前 Spark 在企业的落地情况及未来 Spark 的发展方向和挑战。Spark

Summit 的参会人数从 2014 年的不到 500 人暴涨到 2017 年的 3000 多人，足以反映 Spark 社区的旺盛人气。

Spark 如今已吸引了国内外各大公司的注意，如腾讯、阿里巴巴、百度、亚马逊等公司均不同程度地使用了 Spark 来构建大数据分析应用，并应用到实际的生产环境中。相信在将来，Spark 会在更多的应用场景中发挥重要作用。

2.2　Spark 生态系统

在实际应用中，大数据处理主要包括以下 3 个类型：

- 复杂的批量数据处理：时间跨度通常在数十分钟到数小时之间；
- 基于历史数据的交互式查询：时间跨度通常在数十秒到数分钟之间；
- 基于实时数据流的数据处理：时间跨度通常在数百毫秒到数秒之间。

目前已有很多相对成熟的开源软件用于处理以上 3 种情景，比如，可以利用 Hadoop MapReduce 来进行批量数据处理，可以用 Impala 来进行交互式查询（Impala 与 Hive 相似，但底层引擎不同，提供了实时交互式 SQL 查询），对于流式数据处理可以采用开源流计算框架 Storm。一些企业可能只会涉及其中部分应用场景，只需部署相应软件即可满足业务需求，但是，对于互联网公司而言，通常会同时存在以上 3 种场景，就需要同时部署 3 种不同的软件，这样做难免会带来一些问题：

- 不同场景之间输入输出数据无法做到无缝共享，通常需要进行数据格式的转换；
- 不同的软件需要不同的开发和维护团队，带来了较高的使用成本；
- 比较难以对同一个集群中的各个系统进行统一的资源协调和分配。

Spark 的设计遵循“一个软件栈满足不同应用场景”的理念，逐渐形成了一套完整的生态系统，既能够提供内存计算框架，也可以支持 SQL 即席查询、实时流式计算、机器学习和图计算等。Spark 可以部署在资源管理器 YARN 之上，提供一站式的大数据解决方案。因此，Spark 所提供的生态系统足以应对上述 3 种场景，即同时支持批处理、交互式查询和流数据处理。

现在，Spark 生态系统已经成为伯克利数据分析软件栈 BDAS（Berkeley Data Analytics Stack）的重要组成部分。BDAS 的架构如图 2-2 所示，从中可以看出，Spark 专注于数据的处理分析，而数据的存储还是要借助于 Hadoop 分布式文件系统 HDFS、Amazon S3 等来实现的。因此，Spark 生态系统可以很好地实现与 Hadoop 生态系统的兼容，使得现有 Hadoop 应用程序可以非常容易地迁移到 Spark 系统中。

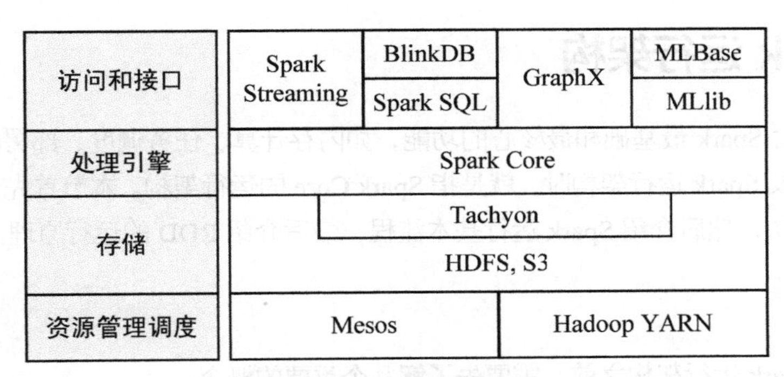

图 2-2　BDAS 架构

Spark 的生态系统主要包含了 Spark Core、Spark SQL、Spark Streaming、MLlib 和 GraphX 等组件，各个组件的具体功能如下。

- Spark Core：Spark Core 包含 Spark 最基础和最核心的功能，如内存计算、任务调度、部署模式、故障恢复、存储管理等，主要面向批数据处理。Spark Core 建立在统一的抽象 RDD 之上，使其可以以基本一致的方式应对不同的大数据处理场景；需要注意的是，Spark Core 通常被简称为 Spark。
- Spark SQL：Spark SQL 是用于结构化数据处理的组件，允许开发人员直接处理 RDD，同时也可查询 Hive、HBase 等外部数据源。Spark SQL 的一个重要特点是其能够统一处理关系表和 RDD，使得开发人员不需要自己编写 Spark 应用程序，开发人员可以轻松地使用 SQL 命令进行查询，并进行更复杂的数据分析。
- Spark Streaming：Spark Streaming 是一种流计算框架，可以支持高吞吐量、可容错处理的实时流数据处理，其核心思路是将流数据分解成一系列短小的批处理作业，每个短小的批处理作业都可以使用 Spark Core 进行快速处理。Spark Streaming 支持多种数据输入源，如 Kafka、Flume 和 TCP 套接字等。
- MLlib（机器学习）：MLlib 提供了常用机器学习算法的实现，包括聚类、分类、回归、协同过滤等，降低了机器学习的门槛，开发人员只要具备一定的理论知识就能进行机器学习方面的工作。
- GraphX（图计算）：GraphX 是 Spark 中用于图计算的 API，可认为是 Pregel 在 Spark 上的重写及优化，GraphX 性能良好，拥有丰富的功能和运算符，能在海量数据上自如地运行复杂的图算法。

需要说明的是，无论是 Spark SQL、Spark Streaming、MLlib 还是 GraphX，都可以使用 Spark Core 的 API 处理问题，它们的方法几乎是通用的，处理的数据也可以共享，不同应用之间的数据可以无缝集成。本教材将详细讲解 Spark Core、Spark SQL、Spark Streaming、MLlib 等内容，但是，GraphX 不做介绍，感兴趣的读者可以参考本教材官网的“拓展阅读”栏目学习 GraphX。

表 2-1 列出了在不同的应用场景下，可以选用的 Spark 生态系统中的组件和其他框架。

表 2-1　　Spark 的应用场景

应用场景	时间跨度	其他框架	Spark 生态系统中的组件
复杂的批量数据处理	小时级	MapReduce、Hive	Spark Core
基于历史数据的交互式查询	分钟级、秒级	Impala、Dremel、Drill	Spark SQL
基于实时数据流的数据处理	毫秒、秒级	Storm、S4	Spark Streaming
基于历史数据的数据挖掘	—	Mahout	MLlib
图结构数据的处理	—	Pregel、Hama	GraphX

2.3 Spark 运行架构

Spark Core 包含 Spark 最基础和最核心的功能，如内存计算、任务调度、部署模式、故障恢复、存储管理等，当提及 Spark 运行架构时，就是指 Spark Core 的运行架构。本节首先介绍 Spark 的基本概念和架构设计方法，然后介绍 Spark 运行基本流程，最后介绍 RDD 的运行原理。

2.3.1 基本概念

在具体讲解 Spark 运行架构之前，需要先了解几个重要的概念：

- RDD：是弹性分布式数据集（Resilient Distributed Dataset）的简称，是分布式内存的一个抽象概念，提供了一种高度受限的共享内存模型；
- DAG：是有向无环图（Directed Acyclic Graph）的简称，反映 RDD 之间的依赖关系；
- Executor：是运行在工作节点（Worker Node）上的一个进程，负责运行任务，并为应用程序存储数据；
- 应用（Application）：是用户编写的 Spark 应用程序；
- 任务（Task）：是运行在 Executor 上的工作单元；
- 作业（Job）：一个作业包含多个 RDD 及作用于相应 RDD 上的各种操作；
- 阶段（Stage）：是作业的基本调度单位，一个作业会分为多组任务，每组任务被称为“阶段”，或者也被称为“任务集”。

2.3.2 架构设计

如图 2-3 所示，Spark 运行架构包括集群资源管理器（Cluster Manager）、运行作业任务的工作节点（Worker Node）、每个应用的任务控制节点（Driver Program，或简称为 Driver）和每个工作节点上负责具体任务的执行进程（Executor）。其中，集群资源管理器可以是 Spark 自带的资源管理器，也可以是 YARN 或 Mesos 等资源管理框架。可以看出，就系统架构而言，Spark 采用“主从架构”，包含一个 Master（即 Driver）和若干个 Worker。

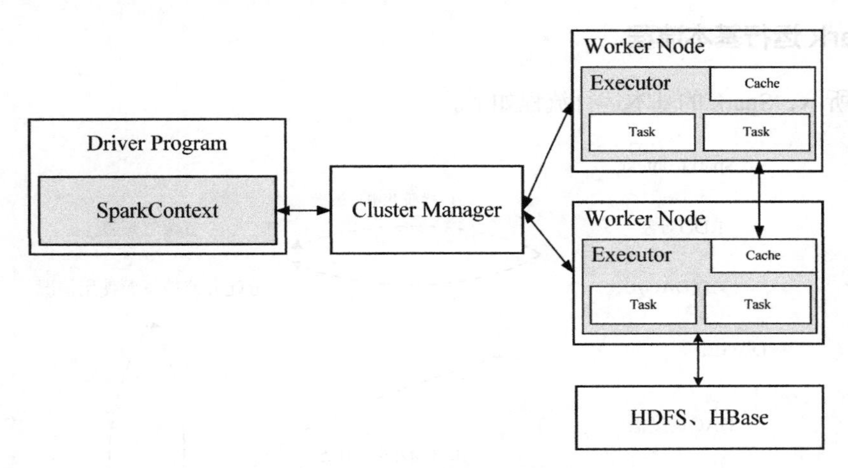

图 2-3 Spark 运行架构

与 Hadoop MapReduce 计算框架相比，Spark 所采用的 Executor 有两个优点：一是利用多线程来执行具体的任务（Hadoop MapReduce 采用的是进程模型），减少任务的启动开销；二是 Executor 中有一个 BlockManager 存储模块，会将内存和磁盘共同作为存储设备（默认使用内存，当内存不够时，会写到磁盘），当需要多轮迭代计算时，可以将中间结果存储到这个存储模块里，下次需要时，就可以直接读取该存储模块里的数据，而不需要读取 HDFS 等文件系统的数据，因而有效减少了 I/O 开销，或者在交互式查询场景下，预先将表缓存到该存储系统上，从而可以提高读写 I/O 性能。

总体而言，在 Spark 中（见图 2-4），一个应用（Application）由一个任务控制节点（Driver）和若干个作业（Job）构成，一个作业由多个阶段（Stage）构成，一个阶段由多个任务（Task）组成。

当执行一个应用时，任务控制节点 Driver 会向集群管理器（Cluster Manager）申请资源，启动 Executor，并向 Executor 发送应用程序代码和文件，然后在 Executor 上执行任务，运行结束后，执行结果会返回给任务控制节点 Driver，写到 HDFS 或者其他数据库中。

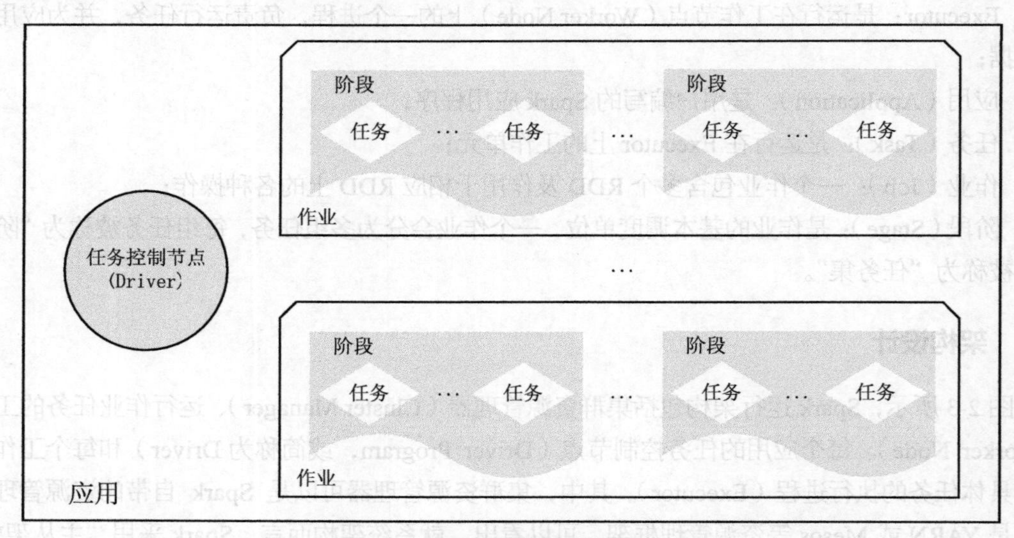

图 2-4　Spark 中各种概念之间的相互关系

2.3.3　Spark 运行基本流程

如图 2-5 所示，Spark 的基本运行流程如下。

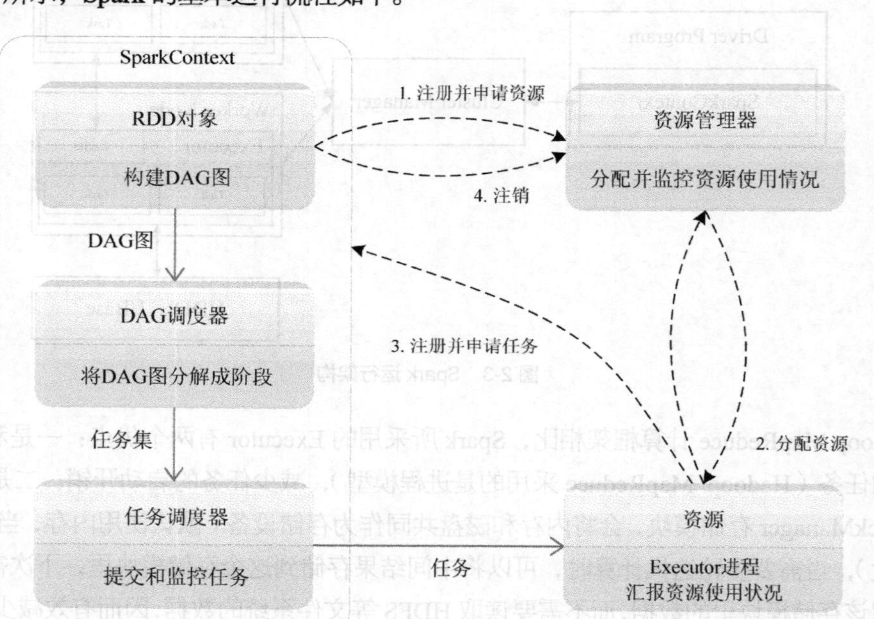

图 2-5　Spark 运行基本流程图

（1）当一个 Spark 应用被提交时，首先需要为这个应用构建起基本的运行环境，即由任务控制节点（Driver）创建一个 SparkContext 对象，由 SparkContext 负责和资源管理器（Cluster Manager）的通信以及进行资源的申请、任务的分配和监控等，SparkContext 会向资源管理器注册并申请运行 Executor 的资源，SparkContext 可以看成是应用程序连接集群的通道。

（2）资源管理器为 Executor 分配资源，并启动 Executor 进程，Executor 运行情况将随着“心跳”发送到资源管理器上。

（3）SparkContext 根据 RDD 的依赖关系构建 DAG 图，DAG 图提交给 DAG 调度器（DAGScheduler）进行解析，将 DAG 图分解成多个“阶段”（每个阶段都是一个任务集），并且计算出各个阶段之间的依赖关系，然后把一个个“任务集”提交给底层的任务调度器（TaskScheduler）进行处理；Executor 向 SparkContext 申请任务，任务调度器将任务分发给 Executor 运行，同时，SparkContext 将应用程序代码发放给 Executor。

（4）任务在 Executor 上运行，把执行结果反馈给任务调度器，然后反馈给 DAG 调度器，运行完毕后写入数据并释放所有资源。

总体而言，Spark 运行架构具有以下几个特点。

（1）每个应用都有自己专属的 Executor 进程，并且该进程在应用运行期间一直驻留。Executor 进程以多线程的方式运行任务，减少了多进程任务频繁的启动开销，使得任务执行变得非常高效和可靠。

（2）Spark 运行过程与资源管理器无关，只要能够获取 Executor 进程并保持通信即可。

（3）Executor 上有一个 BlockManager 存储模块，类似于键值存储系统（把内存和磁盘共同作为存储设备），在处理迭代计算任务时，不需要把中间结果写入到 HDFS 等文件系统，而是直接放在这个存储系统上，后续有需要时就可以直接读取；在交互式查询场景下，也可以把表提前缓存到这个存储系统上，提高读写 I/O 性能。

（4）任务采用了数据本地性和推测执行等优化机制。数据本地性是尽量将计算移到数据所在的节点上进行，即“计算向数据靠拢”，因为移动计算比移动数据所占的网络资源要少得多。而且，Spark 采用了延时调度机制，可以在更大的程度上实现执行过程优化。比如，拥有数据的节点当前正被其他的任务占用，那么，在这种情况下是否需要将数据移动到其他的空闲节点呢？答案是不一定。因为，如果经过预测发现当前节点结束当前任务的时间要比移动数据的时间还要少，那么，调度就会等待，直到当前节点可用。

2.3.4 RDD 的设计与运行原理

Spark Core 是建立在统一的抽象 RDD 之上的，使得 Spark 的各个组件可以无缝进行集成，在同一个应用程序中完成大数据计算任务。RDD 的设计理念源自 AMP 实验室发表的论文 *Resilient Distributed Datasets: A Fault-Tolerant Abstraction for In-Memory Cluster Computing*。

1. RDD 设计背景

在实际应用中，存在许多迭代式算法（比如机器学习、图算法等）和交互式数据挖掘工具，这些应用场景的共同之处是，不同计算阶段之间会重用中间结果，即一个阶段的输出结果会作为下一个阶段的输入。但是，MapReduce 框架都是把中间结果写入到 HDFS 中，带来了大量的数据复制、磁盘 I/O 和序列化开销。虽然，类似 Pregel 等图计算框架也是将结果保存在内存当中，但是，这些框架只能支持一些特定的计算模式，并没有提供一种通用的数据抽象。RDD 就是为了满足这种需求而出现的，它提供了一个抽象的数据架构，我们不必担心底层数据的分布式特性，只需将具体的应用逻辑表达为一系列转换处理，不同 RDD 之间的转换操作形成依赖关系，可以实现管道化，从而避免了中间结果的存储，大大降低了数据复制、磁盘 I/O 和序列化开销。

2. RDD 概念

一个 RDD 就是一个分布式对象集合，本质上是一个只读的分区记录集合，每个 RDD 可以分成多个分区，每个分区就是一个数据集片段，并且一个 RDD 的不同分区可以被保存到集群中不同的节点上，从而可以在集群中的不同节点上进行并行计算。RDD 提供了一种高度受限的共享内存模型，即 RDD 是只读的记录分区的集合，不能直接修改，只能基于稳定的物理存储中的数据集来创建 RDD，或者通过在其他 RDD 上执行确定的转换操作（如 map、join 和 groupBy）而创建得到新的 RDD。RDD 提供了一组丰富的操作以支持常见的数据运算，分为"行动"（Action）和"转换"（Transformation）两种类型，前者用于执行计算并指定输出的形式，后者指定 RDD 之间的相互依赖关系。两类操作的主要区别是，转换操作（如 map、filter、groupBy、join 等）接受 RDD 并返回 RDD，而行动操作（如 count、collect 等）接受 RDD 但是返回非 RDD（即输出一个值或结果）。RDD 提供的转换接口都非常简单，都是类似 map、filter、groupBy、join 等粗粒度的数据转换操作，而不是针对某个数据项的细粒度修改。因此，RDD 比较适合对于数据集中元素执行相同操作的批处理式应用，而不适合用于需要异步、细粒度状态的应用，比如 Web 应用系统、增量式的网页爬虫等。正因为这样，这种粗粒度转换接口设计，会使人直觉上认为 RDD 的功能很受限、不够强大。但是，实际上 RDD 已经被实践证明可以很好地应用于许多并行计算应用中，可以具备很多现有计算框架（比如 MapReduce、SQL、Pregel 等）的表达能力，并且可以应用于这些框架处理不了的交互式数据挖掘应用。

Spark 用 Scala 语言实现了 RDD 的 API，程序员可以通过调用 API 实现对 RDD 的各种操作。RDD 典型的执行过程如下：

- RDD 读入外部数据源（或者内存中的集合）进行创建；
- RDD 经过一系列的"转换"操作，每一次都会产生不同的 RDD，供给下一个"转换"使用；
- 最后一个 RDD 经"行动"操作进行处理，并输出到外部数据源（或者变成 Scala 集合或标量）。

需要说明的是，RDD 采用了惰性调用，即在 RDD 的执行过程中（见图 2-6），真正的计算发生在 RDD 的"行动"操作，对于"行动"之前的所有"转换"操作，Spark 只是记录下"转换"操作应用的一些基础数据集以及 RDD 生成的轨迹，即相互之间的依赖关系，而不会触发真正的计算。

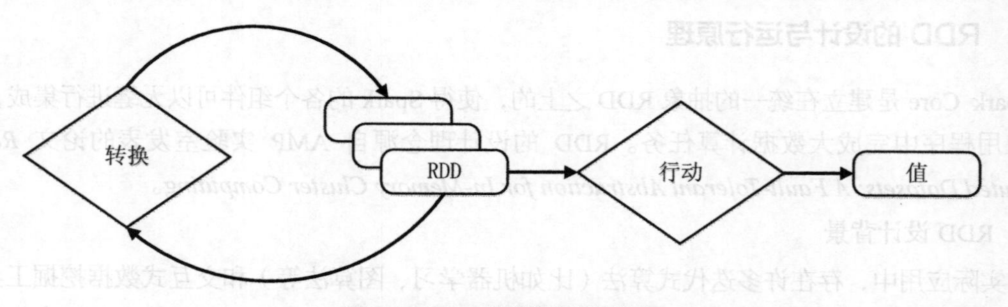

图 2-6 Spark 的转换和行动操作

例如，在图 2-7 中，从输入中逻辑上生成 A 和 C 两个 RDD，经过一系列"转换"操作，逻辑上生成了 F（也是一个 RDD），之所以说是逻辑上，是因为这时候计算并没有发生，Spark 只是记录了 RDD 之间的生成和依赖关系，也就是得到 DAG 图。当 F 要进行计算输出时，也就是当遇到针对 F 的"行动"操作的时候，Spark 才会生成一个作业，向 DAG 调度器提交作业，触发从起点开始的真正的计算。

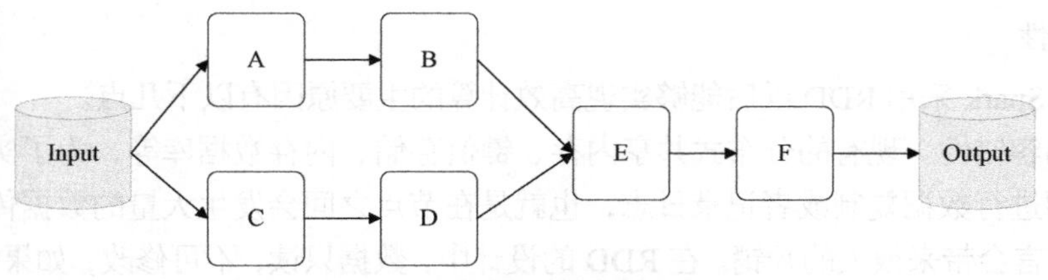

图 2-7　RDD 执行过程的一个实例

上述这一系列处理称为一个“血缘关系（Lineage）”，即 DAG 拓扑排序的结果。采用惰性调用机制以后，通过血缘关系连接起来的一系列 RDD 操作就可以实现管道化（pipeline），避免了多次转换操作之间数据同步的等待，而且不用担心有过多的中间数据，因为这些具有血缘关系的操作都管道化了，一个操作得到的结果不需要保存为中间数据，而是直接管道式地流入到下一个操作进行处理。同时，这种通过血缘关系把一系列操作进行管道化连接的设计方式，也使得管道中每次操作的计算变得相对简单，保证了每个操作在处理逻辑上的单一性；相反，在 MapReduce 的设计中，为了尽可能地减少 MapReduce 过程，在单个 MapReduce 中会写入过多复杂的逻辑。

这里以一个“Hello World”入门级 Spark 程序来解释 RDD 执行过程，这个程序的功能是读取一个 HDFS 文件，计算出包含字符串"Hello World"的行数。

```
1. import org.apache.spark.SparkContext
2. import org.apache.spark.SparkContext._
3. import org.apache.spark.SparkConf
4. object HelloWorld {
5.       def main(args: Array[String]) {
6.           val conf = new SparkConf().setAppName("Hello World"). setMaster("local[2]")
7.           val sc = new SparkContext(conf)
8.           val fileRDD = sc.textFile("hdfs://localhost:9000/examplefile")
9.           val filterRDD = fileRDD.filter(_.contains("Hello World"))
10.           filterRDD.cache()
11.           filterRDD.count()
12.   }
13. }
```

可以看出，一个 Spark 应用程序，基本是基于 RDD 的一系列计算操作。第 7 行代码用于创建 SparkContext 对象；第 8 行代码从 HDFS 文件中读取数据创建一个 RDD；第 9 行代码对 fileRDD 进行转换操作得到一个新的 RDD，即 filterRDD；第 10 行代码表示对 filterRDD 进行持久化，把它保存在内存或磁盘中（这里采用 cache 方法把数据集保存在内存中），方便后续重复使用，当数据被反复访问时（比如查询一些热点数据，或者运行迭代算法），这是非常有用的，而且通过 cache()可以缓存非常大的数据集，支持跨越几十甚至上百个节点；第 11 行代码中的 count()是一个行动操作，用于计算一个 RDD 集合中包含的元素个数。这个程序的执行过程如下：

- 创建这个 Spark 程序的执行上下文，即创建 SparkContext 对象；
- 构建起 fileRDD 和 filterRDD 之间的依赖关系，形成 DAG 图，这时候并没有发生真正的计算，只是记录转换的轨迹，也就是记录 RDD 之间的依赖关系；
- 执行到第 11 行代码时，count()是一个行动类型的操作，这时才会触发真正的“从头到尾”的计算，也就是从外部数据源加载数据创建 fileRDD 对象，执行从 fileRDD 到 filterRDD 的转换操作，并把结果持久化到内存中，最后计算出 filterRDD 中包含的元素个数。

3. RDD 特性

总体而言，Spark 采用 RDD 以后能够实现高效计算的主要原因有以下几点。

（1）高效的容错性。现有的分布式共享内存、键值存储、内存数据库等，为了实现容错，必须在集群节点之间进行数据复制或者记录日志，也就是在节点之间会发生大量的数据传输，这对于数据密集型应用而言会带来很大的开销。在 RDD 的设计中，数据只读，不可修改，如果需要修改数据，必须从父 RDD 转换到子 RDD，由此在不同 RDD 之间建立了血缘关系。所以，RDD 是一种天生具有容错机制的特殊集合，不需要通过数据冗余的方式（比如检查点）实现容错，而只需通过 RDD 父子依赖（血缘）关系重新计算得到丢失的分区来实现容错，无需回滚整个系统，这样就避免了数据复制的高开销，而且重算过程可以在不同节点之间并行进行，实现了高效的容错。此外，RDD 提供的转换操作都是一些粗粒度的操作（比如 map、filter 和 join），RDD 依赖关系只需要记录这种粗粒度的转换操作，而不需要记录具体的数据和各种细粒度操作的日志（比如对哪个数据项进行了修改），这就大大降低了数据密集型应用中的容错开销。

（2）中间结果持久化到内存。数据在内存中的多个 RDD 操作之间进行传递，不需要“落地”到磁盘上，避免了不必要的读写磁盘开销。

（3）存放的数据可以是 Java 对象，避免了不必要的对象序列化和反序列化开销。

4. RDD 之间的依赖关系

RDD 中不同的操作，会使得不同 RDD 分区之间产生不同的依赖关系。DAG 调度器（DAGScheduler）根据 RDD 之间的依赖关系，把 DAG 图划分成若干个阶段。RDD 中的依赖关系分为窄依赖（Narrow Dependency）与宽依赖（Wide Dependency），二者的主要区别在于是否包含 Shuffle 操作。

● Shuffle 操作

Spark 中的一些操作会触发 Shuffle 过程，这个过程涉及数据的重新分发，因此，会产生大量的磁盘 I/O 和网络开销。这里以 reduceByKey(func)操作为例介绍 Shuffle 过程。在 reduceByKey(func)操作中，对于所有(key,value)形式的 RDD 元素，所有具有相同 key 的 RDD 元素的 value 会被归并，得到(key,value-list)的形式，然后，对这个 value-list 使用函数 func 计算得到聚合值，比如，("hadoop",1)、("hadoop",1)和("hadoop",1)这 3 个键值对，会被归并成("hadoop",(1,1,1))的形式，如果 func 是一个求和函数，可以计算得到汇总结果("hadoop",3)。

这里的问题是，对于与一个 key 关联的 value-list 而言，这个 value-list 里面可能包含了很多的 value，而这些 value 一般会分布在多个分区里，并且是散布在不同的机器上。但是，对于 Spark 而言，在执行 reduceByKey 的计算时，必须把与某个 key 关联的所有 value 都发送到同一台机器上。如图 2-8 所示是一个关于 Shuffle 操作的简单实例，假设这里在 3 台不同的机器上有 3 个 Map 任务，即 Map1、Map2 和 Map3，它们分别从输入文本文件中读取数据执行 Map 操作得到了中间结果，为了简化起见，这里让三个 Map 任务输出的中间结果都相同，即("a",1)、("b",1)和("c",1)。现在要把 Map 的输出结果发送到 3 个不同的 Reduce 任务中进行处理，Reduce1、Reduce2 和 Reduce3 分别运行在 3 台不同的机器上，并且假设 Reduce1 任务专门负责处理 key 为"a"的键值对的词频统计工作，Reduce2 任务专门负责处理 key 为"b"的键值对的词频统计工作，Reduce3 任务专门负责处理 key 为"c"的键值对的词频统计工作。这时，Map1 必须把("a",1)发送到 Reduce1，把("b",1)发送到 Reduce2，把("c",1)发送到 Reduce3，同理，Map2 和 Map3 也必须完成同样的工作，这个过程就被称为“Shuffle”。可以看出，Shuffle 的过程（即把 Map 输出的中间结果分发到 Reduce 任务所在的机器），会产生大量的网络数据分发，带来高昂的网络传输开销。

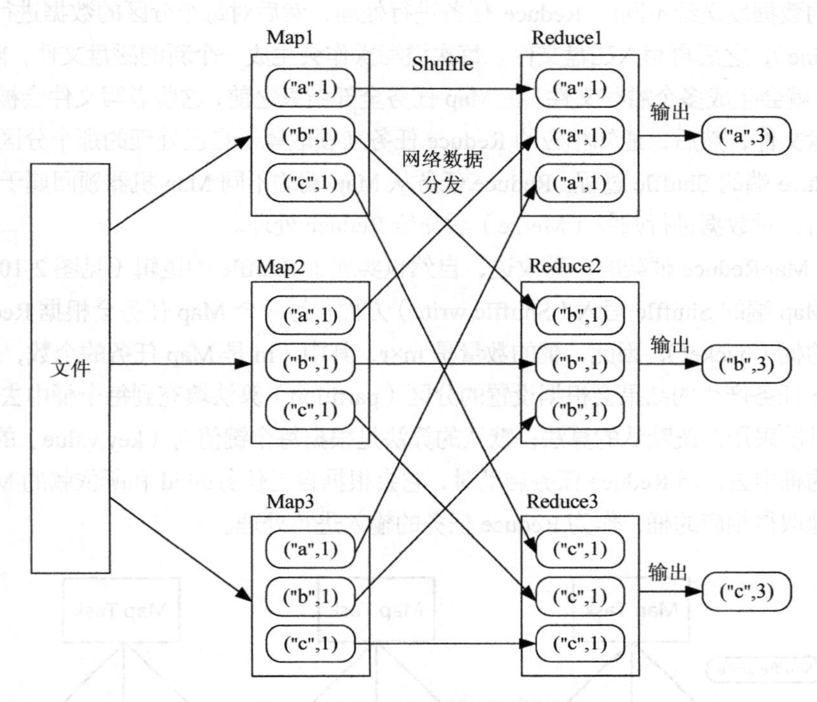

图 2-8　一个关于 Shuffle 操作的简单实例

Shuffle 过程不仅会产生大量网络传输开销，也会带来大量的磁盘 I/O 开销。Spark 经常被认为是基于内存的计算框架，为什么也会产生磁盘 I/O 开销呢？对于这个问题，这里有必要做一个解释。

在 Hadoop MapReduce 框架中，Shuffle 是连接 Map 和 Reduce 之间的桥梁，Map 的输出结果需要经过 Shuffle 过程以后，也就是经过数据分类以后再交给 Reduce 处理，因此，Shuffle 的性能高低直接影响了整个程序的性能和吞吐量。所谓 Shuffle，是指对 Map 输出结果进行分区、排序、合并等处理并交给 Reduce 的过程。因此，MapReduce 的 Shuffle 过程分为 Map 端的操作和 Reduce 端的操作，如图 2-9 所示，主要执行以下操作。

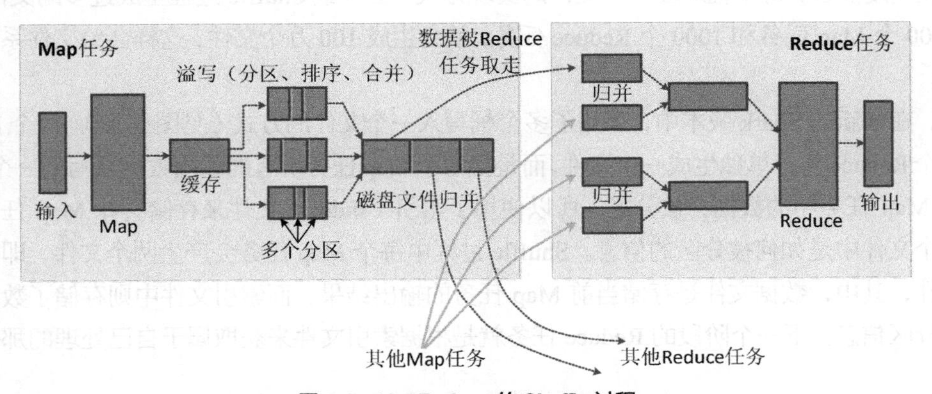

图 2-9　MapReduce 的 Shuffle 过程

（1）在 Map 端的 Shuffle 过程。Map 的输出结果首先被写入缓存，当缓存满时，就启动溢写操作，把缓存中的数据写入磁盘文件，并清空缓存。当启动溢写操作时，首先需要把缓存中的数据进行分区，不同分区的数据发送给不同的 Reduce 任务进行处理，然后对每个分区的数据进行排序（Sort）和合并（Combine），之后再写入磁盘文件。每次溢写操作会生成一个新的磁盘文件，随着 Map 任务的执行，磁盘中就会生成多个溢写文件。在 Map 任务全部结束之前，这些溢写文件会被归并（Merge）成一个大的磁盘文件，然后，通知相应的 Reduce 任务来领取属于自己处理的那个分区数据。

（2）在 Reduce 端的 Shuffle 过程。Reduce 任务从 Map 端的不同 Map 机器领回属于自己处理的那部分数据，然后，对数据进行归并（Merge）后交给 Reduce 处理。

Spark 作为 MapReduce 框架的一种改进，自然也实现了 Shuffle 的逻辑（见图 2-10）。

首先，在 Map 端的 Shuffle 写入（Shuffle write）方面。每一个 Map 任务会根据 Reduce 任务的数量创建出相应的桶（bucket），因此，桶的数量是 m×r，其中，m 是 Map 任务的个数，r 是 Reduce 任务的个数。Map 任务产生的结果会根据设置的分区（partition）算法填充到每个桶中去。分区算法可以自定义，也可以采用系统默认的算法；默认的算法是根据每个键值对（key,value）的 key，把键值对哈希到不同的桶中去。当 Reduce 任务启动时，它会根据自己任务的 id 和所依赖的 Map 任务的 id，从远端或是本地取得相应的桶，作为 Reduce 任务的输入进行处理。

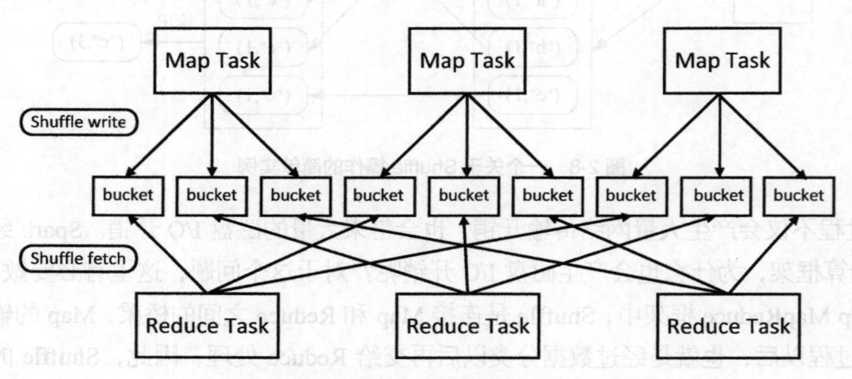

图 2-10 Spark 中的 Shuffle 过程

这里的桶是一个抽象概念，在实现中每个桶可以对应一个文件，也可以对应文件的一部分。但是，从性能角度而言，每个桶对应一个文件的实现方式，会导致 Shuffle 过程生成过多的文件。例如，如果有 1000 个 Map 任务和 1000 个 Reduce 任务，就会生成 100 万个文件，这样会给文件系统带来沉重的负担。

所以，在最新的 Spark 版本中，采用了多个桶写入一个文件的方式（见图 2-11）。每个 Map 任务不会为每个 Reduce 任务单独生成一个文件，而是把每个 Map 任务所有的输出数据只写到一个文件中。因为每个 Map 任务中的数据会被分区，所以使用了索引（Index）文件来存储具体 Map 任务输出数据在同一个文件中是如何被分区的信息。Shuffle 过程中每个 Map 任务会产生两个文件，即数据文件和索引文件，其中，数据文件是存储当前 Map 任务的输出结果，而索引文件中则存储了数据文件中的数据的分区信息。下一个阶段的 Reduce 任务就是根据索引文件来获取属于自己处理的那个分区的数据。

其次，在 Reduce 端的 Shuffle 读取（Shuffle fetch）方面。在 Hadoop MapReduce 的 Shuffle 过程中，在 Reduce 端，Reduce 任务会到各个 Map 任务那里把数据自己要处理的数据都拉到本地，并对拉过来的数据进行归并（Merge）和排序（Sort），使得相同 key 的不同 value 按序归并到一起，供 Reduce

任务使用。这个归并和排序的过程，在 Spark 中是如何实现的呢？虽然 Spark 属于 MapReduce 体系，但是对传统的 MapReduce 算法进行了一定的改进。Spark 假定在大多数应用场景中，Shuffle 数据的排序操作不是必须的，比如在进行词频统计时，如果强制地进行排序，只会使性能变差，因此，Spark 并不在 Reduce 端做归并和排序，而是采用了称为 Aggregator 的机制。Aggregator 本质上是一个 HashMap，里面的每个元素是<K,V>形式。以词频统计为例，它会将从 Map 端拉取到的每一个（key,value），更新或是插入 HashMap 中，若在 HashMap 中没有查找到这个 key，则把这个（key,value）插入其中，若查找到这个 key，则把 value 的值累加到 V 上去。这样就不需要预先把所有的（key,value）进行归并和排序，而是来一个处理一个，避免了外部排序这一步骤。但同时需要注意的是，Reduce 任务所拥有的内存，必须足以存放属于自己处理的所有 key 和 value 值，否则就会产生内存溢出问题。因此，Spark 文档中建议用户涉及这类操作的时候尽量增加分区的数量，也就是增加 Map 和 Reduce 任务的数量。增加 Map 和 Reduce 任务的数量虽然可以减小分区的大小，使得内存可以容纳这个分区。但是，在 Shuffle 写入环节，桶的数量是由 Map 和 Reduce 任务的数量决定的，任务越多，桶的数量就越多，就需要更多的缓冲区（Buffer），带来更多的内存消耗。因此，在内存使用方面，我们会陷入一个两难的境地，一方面，为了减少内存的使用，需要采取增加 Map 和 Reduce 任务数量的策略，另一方面，Map 和 Reduce 任务数量的增多，又会带来内存开销更大的问题。最终，为了减少内存的使用，只能将 Aggregator 的操作从内存移到磁盘上进行。也就是说，尽管 Spark 经常被称为“基于内存的分布式计算框架”，但是，它的 Shuffle 过程依然需要把数据写入磁盘。

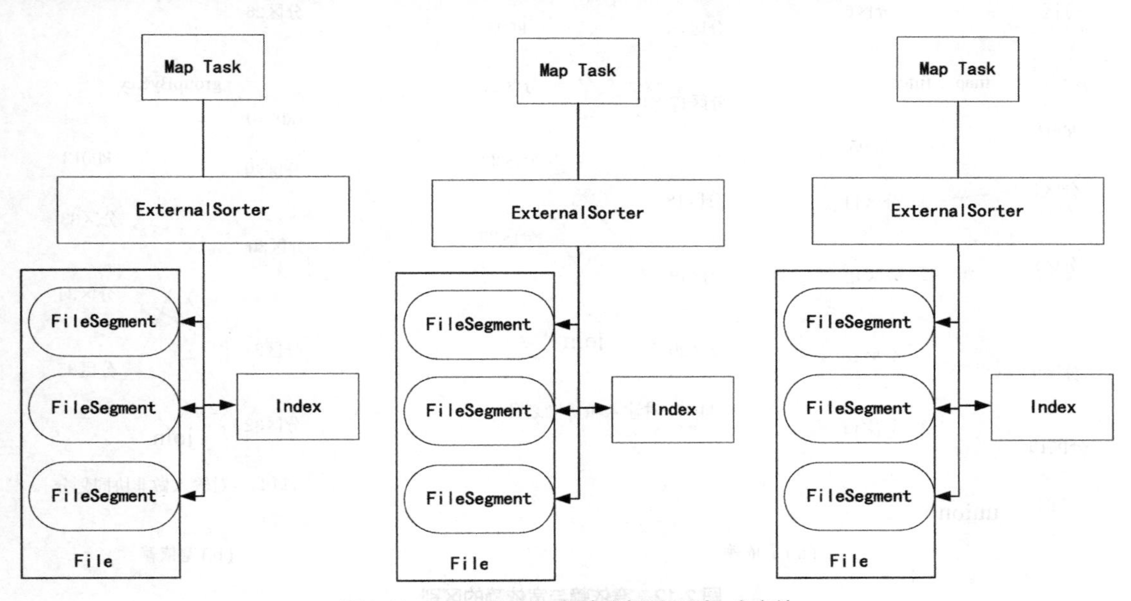

图 2-11　Spark Shuffle 把多个桶写入到一个文件

- 窄依赖和宽依赖

以是否包含 Shuffle 操作为判断依据，RDD 中的依赖关系可以分为窄依赖（Narrow Dependency）与宽依赖（Wide Dependency），其中，窄依赖不包含 Shuffle 操作，而宽依赖则包含 Shuffle 操作，图 2-12 展示了两种依赖之间的区别。

窄依赖表现为一个父 RDD 的分区对应于一个子 RDD 的分区，或多个父 RDD 的分区对应于一个子 RDD 的分区；比如图 2-12（a）中，RDD1 是 RDD2 的父 RDD，RDD2 是子 RDD，RDD1 的分区 1，对应于 RDD2 的一个分区（即分区 4）；再比如，RDD6 和 RDD7 都是 RDD8 的父 RDD，RDD6 中的分区（分区 15）和 RDD7 中的分区（分区 18），两者都对应于 RDD8 中的一个分区（分区 21）。

宽依赖则表现为存在一个父 RDD 的一个分区对应一个子 RDD 的多个分区。比如图 2-12（b）中，RDD9 是 RDD12 的父 RDD，RDD9 中的分区 24 对应了 RDD12 中的两个分区（即分区 27 和分区 28）。

总体而言，如果父 RDD 的一个分区只被一个子 RDD 的一个分区所使用就是窄依赖，否则就是宽依赖。窄依赖典型的操作包括 map、filter、union 等，不会包含 Shuffle 操作；宽依赖典型的操作包括 groupByKey、sortByKey 等，通常会包含 Shuffle 操作。对于连接（join）操作，可以分为两种情况。

（1）对输入进行协同划分，属于窄依赖（见图 2-12（a））。所谓协同划分（Co-partitioned）是指多个父 RDD 的某一分区的所有“键（key）”，落在子 RDD 的同一个分区内，不会产生同一个父 RDD 的某一分区，落在子 RDD 的两个分区的情况。

（2）对输入做非协同划分，属于宽依赖，如图 2-12（b）所示。

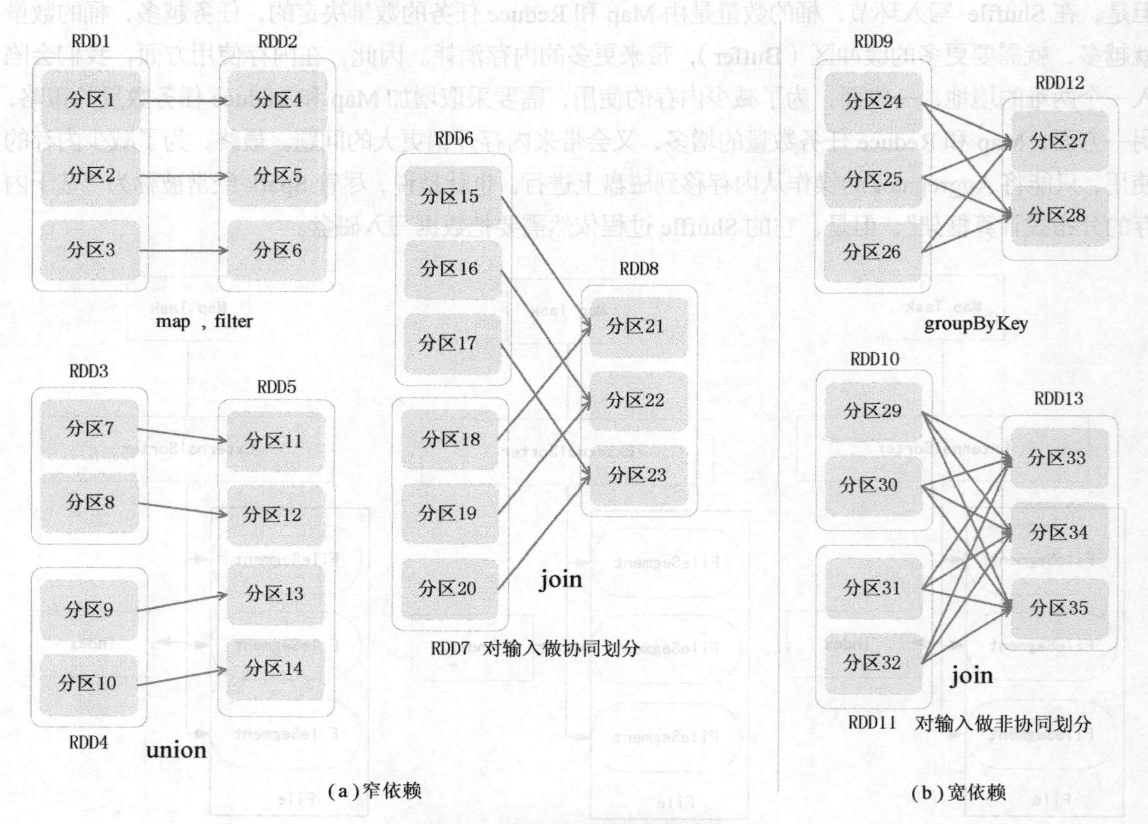

图 2-12　窄依赖与宽依赖的区别

Spark 的这种依赖关系设计，使其具有了天生的容错性，大大加快了 Spark 的执行速度。因为，RDD 数据集通过“血缘关系”记住了它是如何从其他 RDD 中演变过来的，血缘关系记录的是粗颗粒度的转换操作行为，当这个 RDD 的部分分区数据丢失时，它可以通过血缘关系获取足够的信息来重新运算和恢复丢失的数据分区，由此带来了性能的提升。相对而言，在两种依赖关系中，窄依赖的失败恢复更为高效，它只需要根据父 RDD 分区重新计算丢失的分区即可（不需要重新计算所有分区），而且可以并行地在不同节点进行重新计算。而对于宽依赖而言，单个节点失效通常意味着重新计算过程会涉及多个父 RDD 分区，开销较大。此外，Spark 还提供了数据检查点和记录日志，用于持久化中间 RDD，从而使得在进行失败恢复时不需要追溯到最开始的阶段。在进行故障恢复时，Spark 会对数据检查点开销和重新计算 RDD 分区的开销进行比较，从而自动选择最优的恢复策略。

5. 阶段的划分

Spark 根据 DAG 图中的 RDD 依赖关系，把一个作业分成多个阶段。对于宽依赖和窄依赖而言，窄依赖对于作业的优化很有利。逻辑上，每个 RDD 操作都是一个 fork/join（一种用于并行执行任务的框架），把计算 fork 到每个 RDD 分区，完成计算后对各个分区得到的结果进行 join 操作，然后 fork/join 下一个 RDD 操作。如果把一个 Spark 作业直接翻译到物理实现（即执行完一个 RDD 操作再继续执行另外一个 RDD 操作），是很不经济的。首先，每一个 RDD（即使是中间结果）都需要保存到内存或磁盘中，时间和空间开销大；其次，join 作为全局的路障（Barrier），代价是很昂贵的，所有分区上的计算都要完成以后，才能进行 join 得到结果，这样，作业执行进度就会严重受制于最慢的那个节点。如果子 RDD 的分区到父 RDD 的分区是窄依赖，就可以实施经典的 fusion 优化，把两个 fork/join 合并为一个；如果连续的变换操作序列都是窄依赖，就可以把很多个 fork/join 合并为一个，通过这种合并，不但减少了大量的全局路障（Barrier），而且无需保存很多中间结果 RDD，这样可以极大地提升性能。在 Spark 中，这个合并过程就被称为“流水线（Pipeline）优化”。

可以看出，只有窄依赖可以实现流水线优化。对于窄依赖的 RDD，可以以流水线的方式计算所有父分区，不会造成网络之间的数据混合。对于宽依赖的 RDD，则通常伴随着 Shuffle 操作，即首先需要计算好所有父分区数据，然后在节点之间进行 Shuffle，这个过程会涉及不同任务之间的等待，无法实现流水线方式处理。因此，RDD 之间的依赖关系就成为把 DAG 图划分成不同阶段的依据。

Spark 通过分析各个 RDD 之间的依赖关系生成了 DAG，再通过分析各个 RDD 中的分区之间的依赖关系来决定如何划分阶段，具体划分方法是：在 DAG 中进行反向解析，遇到宽依赖就断开（因为宽依赖涉及 Shuffle 操作，无法实现流水线化处理），遇到窄依赖就把当前的 RDD 加入到当前的阶段中（因为窄依赖不会涉及 Shuffle 操作，可以实现流水线化处理）；具体的阶段划分算法请参见 AMP 实验室发表的论文 *Resilient Distributed Datasets: A Fault-Tolerant Abstraction for In-Memory Cluster Computing*。例如，如图 2-13 所示，假设从 HDFS 中读入数据生成 3 个不同的 RDD（即 A、C 和 E），通过一系列转换操作后再将计算结果保存回 HDFS。对 DAG 进行解析时，在依赖图中进行反向解析，由于从 RDD A 到 RDD B 的转换以及从 RDD B 和 F 到 RDD G 的转换，都属于宽依赖，因此，在宽依赖处断开后可以得到 3 个阶段，即阶段 1、阶段 2 和阶段 3。可以看出，在阶段 2 中，从 map 到 union 都是窄依赖，这两步操作可以形成一个流水线操作。例如，分区 7 通过 map 操作生成的分区 9，可以不用等待分区 8 到分区 9 这个转换操作的计算结束，而是继续进行 union 操作，转换得到分区 13，这样流水线执行大大提高了计算的效率。

由上述论述可知，把一个 DAG 图划分成多个“阶段”以后，每个阶段都代表了一组关联的、相互之间没有 Shuffle 依赖关系的任务组成的任务集合。每个任务集合会被提交给任务调度器（TaskScheduler）进行处理，由任务调度器将任务分发给 Executor 运行。

6. RDD 运行过程

通过上述对 RDD 概念、依赖关系和阶段划分的介绍，结合之前介绍的 Spark 运行基本流程，这里再总结一下 RDD 在 Spark 架构中的运行过程（见图 2-14）：

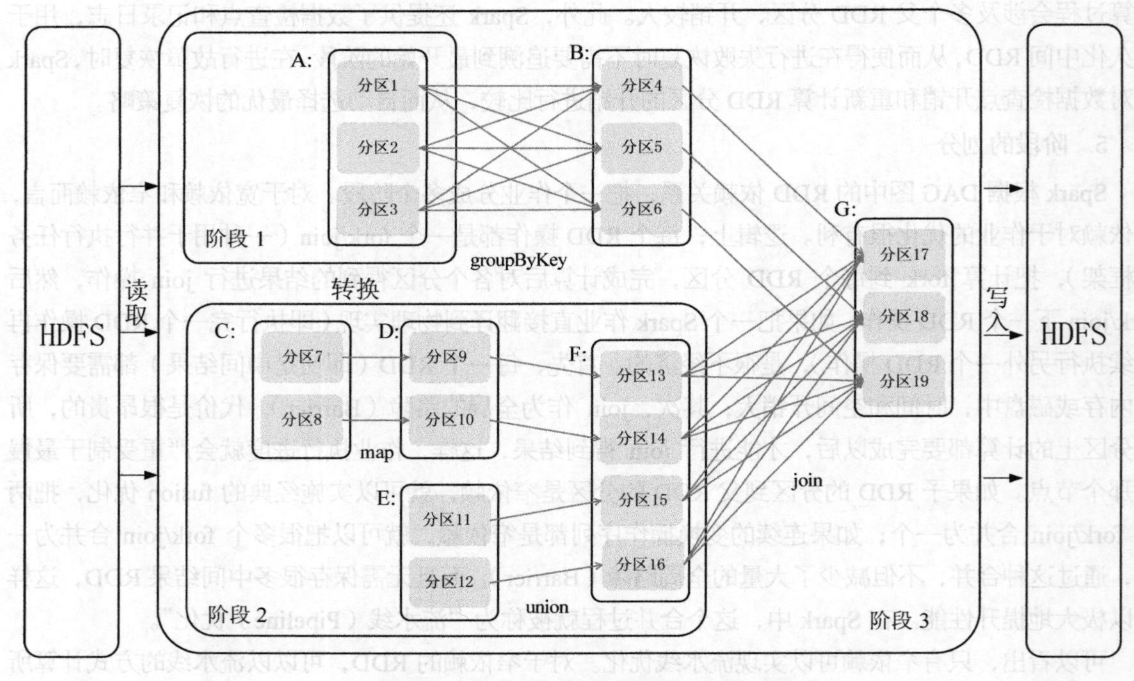

图 2-13 根据 RDD 分区的依赖关系划分阶段

（1）创建 RDD 对象；

（2）SparkContext 负责计算 RDD 之间的依赖关系，构建 DAG；

（3）DAGScheduler 负责把 DAG 图分解成多个阶段，每个阶段中包含了多个任务，每个任务会被任务调度器分发给各个工作节点（Worker Node）上的 Executor 去执行。

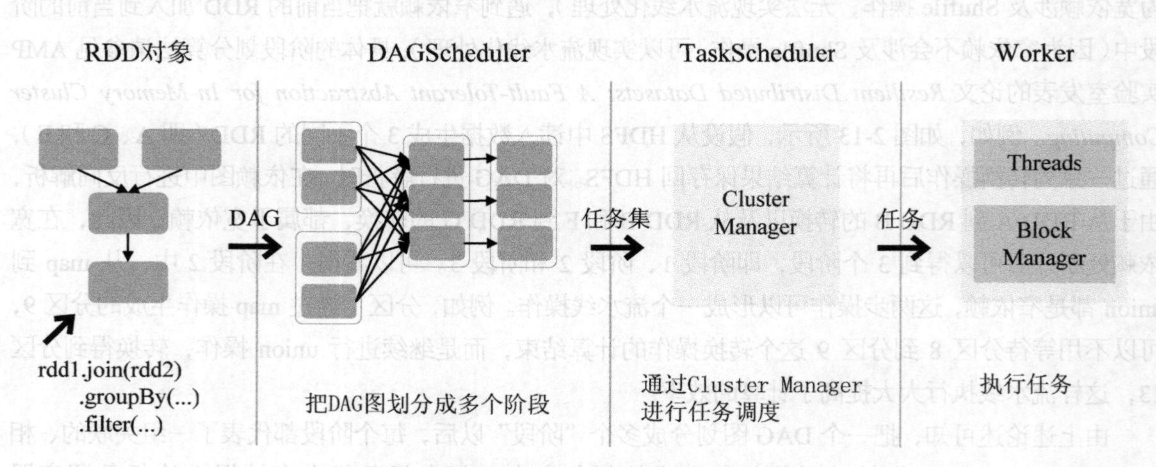

图 2-14 RDD 在 Spark 中的运行过程

2.4 Spark 的部署方式

目前，Spark 支持 4 种不同类型的部署方式，包括 Local、Standalone、Spark on Mesos 和 Spark on

YARN。Local 模式是单机模式，常用于本地开发测试，后 3 种都属于集群部署模式，多用于企业的实际生产环境。

1. Standalone 模式

与 MapReduce1.0 框架类似，Spark 框架本身也自带了完整的资源调度管理服务，可以独立部署到一个集群中，而不需要依赖其他系统来为其提供资源管理调度服务。当采用 Standalone 模式时，在架构的设计上，Spark 与 MapReduce1.0 完全一致，都是由一个 Master 和若干个 Slave 构成，并且以槽（Slot）作为资源分配单位。不同的是，Spark 中的槽不再像 MapReduce1.0 那样分为 Map 槽和 Reduce 槽，而是只设计了统一的一种槽提供给各种任务来使用。

2. Spark on Mesos 模式

Mesos 是一种资源调度管理框架，可以为运行在它上面的 Spark 提供服务。由于 Mesos 和 Spark 存在一定的血缘关系，因此，Spark 这个框架在进行设计开发的时候，就充分考虑到了对 Mesos 的充分支持，因此，相对而言，Spark 运行在 Mesos 上，要比运行在 YARN 上更加灵活、自然。目前，Spark 官方推荐采用这种模式，所以，许多公司在实际应用中也采用该模式。

3. Spark on YARN 模式

Spark 可运行于 YARN 之上，与 Hadoop 进行统一部署，即"Spark on YARN"，其架构如图 2-15 所示，资源管理和调度依赖 YARN，分布式存储则依赖 HDFS。

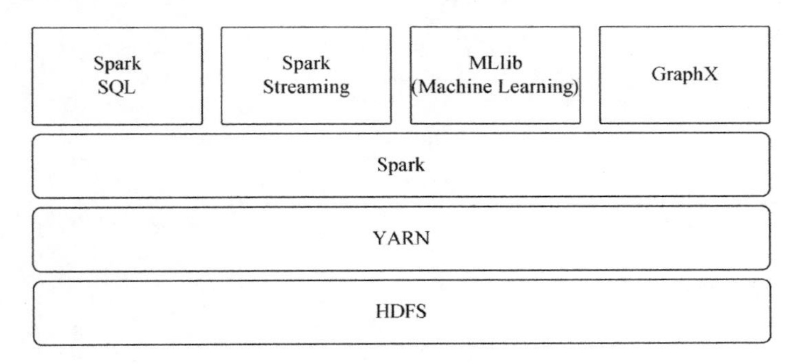

图 2-15　Spark on YARN 架构

2.5　本章小结

深刻理解 Spark 的设计与运行原理，是学习 Spark 的基础。作为一种分布式计算框架，Spark 在设计上充分借鉴吸收了 MapReduce 的核心思想，并对 MapReduce 中存在的问题进行了改进，获得了很好的实时性能。

RDD 是 Spark 的数据抽象，一个 RDD 是一个只读的分布式数据集，可以通过转换操作在转换过程中对 RDD 进行各种变换。一个复杂的 Spark 应用程序，就是通过一次又一次的 RDD 操作组合完成的。RDD 操作包括两种类型，即转换操作和行动操作。Spark 采用了惰性机制，在代码中遇到转换操作时，并不会马上开始计算，而只是记录转换的轨迹，只有当遇到行动操作时，才会触发从头到尾的计算。当遇到行动操作时，就会生成一个作业，这个作业会被划分成若干个阶段，每个阶段包含若干个任务，各个任务会被分发到不同的节点上并行执行。

Spark 可以采用 4 种不同的部署方式，包括 Local、Standalone、Spark on Mesos 和 Spark on YARN。Local 模式是单机模式，常用于本地开发测试，后 3 种都属于集群部署模式，用于企业的实际生产环境。

2.6 习题

1. Spark 是基于内存计算的大数据计算平台，请阐述 Spark 的主要特点。

2. Spark 的出现是为了解决 Hadoop MapReduce 的不足，试列举 Hadoop MapReduce 的几个缺陷，并说明 Spark 具备哪些优点。

3. 美国加州大学伯克利分校提出的数据分析软件栈 BDAS 认为目前的大数据处理可以分为哪 3 个类型？

4. Spark 已打造出结构一体化、功能多样化的大数据生态系统，请阐述 Spark 的生态系统。

5. 从 Hadoop+Storm 架构转向 Spark 架构可带来哪些好处？

6. 请阐述“Spark on YARN”的概念。

7. 请阐述如下 Spark 的几个主要概念：RDD、DAG、阶段、分区、窄依赖、宽依赖。

8. Spark 对 RDD 的操作主要分为行动（Action）和转换（Transformation）两种类型，两种操作的区别是什么？

03

第3章　Spark环境搭建和使用方法

搭建 Spark 环境是开展 Spark 编程的基础。作为一种分布式处理框架，Spark 可以部署在集群中运行，也可以部署在单机上运行。同时，由于 Spark 仅仅是一种计算框架，不负责数据的存储和管理，因此，通常需要把 Spark 和 Hadoop 进行统一部署，由 Hadoop 中的 HDFS 和 HBase 等组件负责数据的存储，由 Spark 负责完成计算。

本章首先介绍 Spark 的基本安装方法，然后介绍如何在 spark-shell 中运行代码以及如何开发 Spark 独立应用程序，最后介绍 Spark 集群环境搭建方法以及如何在集群上运行 Spark 应用程序。

3.1 安装 Spark

Spark 部署模式主要有四种：Local 模式（单机模式）、Standalone 模式（使用 Spark 自带的简单集群管理器）、YARN 模式（使用 YARN 作为集群管理器）和 Mesos 模式（使用 Mesos 作为集群管理器）。本节介绍 Local 模式（单机模式）的 Spark 安装，后面会介绍集群模式的安装和使用方法。需要特别强调的是，如果没有特殊说明，本教材的大量操作默认都是在 Local 模式下进行的。

3.1.1 基础环境

Spark 和 Hadoop 可以部署在一起，相互协作，由 Hadoop 的 HDFS、HBase 等组件负责数据的存储和管理，由 Spark 负责数据的计算。另外，虽然 Spark 和 Hadoop 都可以安装在 Windows 系统中使用，但是，建议在 Linux 系统中安装和使用。

本教材采用如下环境配置：

- Linux 系统：Ubuntu16.04
- Hadoop：2.7.1 版本
- JDK：1.7 版本以上
- Spark：2.1.0 版本

Linux 系统、JDK 和 Hadoop 的安装和使用方法不是本教材的重点，如果还未安装，请参照本教材官网的“实验指南”栏目的“Linux 系统的安装”完成 Linux 系统的安装，参照“实验指南”栏目的“Hadoop 的安装和使用”完成 Hadoop、JDK 和 vim 编辑器的安装。完成 Linux 系统、JDK 和 Hadoop 的安装以后，才能开始安装 Spark。

需要注意的是，本节内容中 Spark 采用 Local 模式进行安装，也就是在单机上运行 Spark，因此，在安装 Hadoop 时，需要按照伪分布式模式进行安装。在单台机器上按照“Hadoop（伪分布式）+Spark（Local 模式）”这种方式进行 Hadoop 和 Spark 组合环境的搭建，可以较好满足入门级 Spark 学习的需求，因此，如果没有特殊说明，本教材中的编程操作默认都在这种环境下执行。

3.1.2 下载安装文件

Spark 和 Hadoop 都是 Apache 软件基金会旗下的开源分布式计算平台，因此，我们可以从 Spark 和 Hadoop 官网免费获得这些 Apache 开源社区软件。同时，一些商业公司在开源版本的基础上开发了商业发行版，可以获得更好的易用性和更高的系统性能，更好地满足企业级应用的需求。例如，FusionInsight 是国内的华为公司基于 Apache 开源社区软件进行功能增强的大数据存储、查询和分析平台，可以满足企业传统业务数据迁移、数据融合查询、业务实时决策、快速多层次分析、海量结构化数据分析等需求。在大数据技术的基础学习阶段，可以直接安装和使用 Spark 和 Hadoop 官网提供的开源版本。

登录 Linux 系统（本教材统一采用 hadoop 用户登录），打开浏览器，访问 Spark 官网（http://spark.apache.org/downloads.html）（见图 3-1），选择 2.1.0 版本的 Spark 安装文件进行下载。

关于 Spark 官网下载页面中的“Choose a package type”，这里补充说明如下：

- Source code: Spark 源码，需要编译才能安装使用；

Download Apache Spark™

1. Choose a Spark release: 2.1.0 (Dec 28 2016)
2. Choose a package type: Pre-build with user-provided Apache Hadoop
3. Choose a download type: Direct Download
4. Download Spark: spark-2.1.0-bin-without-hadoop.tgz
5. Verify this release using the 2.1.0 signatures and checksums and project release KEYS.

Note: Starting version 2.0, Spark is built with Scala 2.11 by default. Scala 2.10 users should download the Spark source package and build with Scala 2.10 support.

图 3-1　Spark 官网下载页面

- Pre-build with user-provided Apache Hadoop：属于“Hadoop free”版，可应用到任意 Apache Hadoop 版本；之所以这里特别强调是“Apache Hadoop”，是因为除了免费开源的 Apache Hadoop 以外，还有一些商业公司推出的 Hadoop 发行版。2008 年，Cloudera 成为第一个 Hadoop 商业化公司，并在 2009 年推出第一个 Hadoop 发行版，此后，很多大公司也加入了做 Hadoop 产品化的行列，比如 MapR、Hortonworks、星环等。一般而言，商业化公司推出的 Hadoop 发行版，也是以 Apache Hadoop 为基础，但是，前者比后者具有更好的易用性、更多的功能以及更高的性能；
- Pre-build for Hadoop 2.7 and later：基于 Hadoop 2.7 的预先编译版，需要与本机安装的 Hadoop 版本对应；可选的还有 Hadoop 2.6、Hadoop 2.4 和 Hadoop 2.3。

由于此前我们已经自己安装了 Apache Hadoop，所以，在“Choose a package type”后面需要选择“Pre-build with user-provided Apache Hadoop”，然后，单击“Download Spark”后面的“spark-2.1.0-bin-without-hadoop.tgz”下载即可。如果安装了教材官网“下载专区”提供的 ubuntukylin-16.04，则在浏览器中下载的文件会默认被浏览器保存在“/home/hadoop/下载”目录下。

除了到 Spark 官网下载安装文件，也可以直接到本教材官网的“下载专区”的“软件”目录中下载 Spark 安装文件 spark-2.1.0-bin-without-hadoop.tgz，下载到本地以后保存到 Linux 系统的“/home/hadoop/下载”目录下。

下载完安装文件以后，需要对文件进行解压。按照 Linux 系统使用的默认规范，用户安装的软件一般都是存放在“/usr/local/”目录下。请使用 hadoop 用户登录 Linux 系统，使用快捷键 Ctrl+Alt+T 打开一个“终端”（也就是一个 Linux Shell 环境，可以在终端窗口里面输入和执行各种 Shell 命令），执行如下命令：

```
$ sudo tar -zxf ~/下载/spark-2.1.0-bin-without-hadoop.tgz -C /usr/local/
$ cd /usr/local
$ sudo mv ./spark-2.1.0-bin-without-hadoop ./spark
$ sudo chown -R hadoop:hadoop ./spark # hadoop是当前登录Linux系统的用户名
```

经过上述操作以后，Spark 就被解压缩到“/usr/local/spark”目录下，这个目录是本教材默认的 Spark 安装目录。

3.1.3　配置相关文件

安装文件解压缩以后，还需要修改 Spark 的配置文件 spark-env.sh。首先，可以复制一份由 Spark 安装文件自带的配置文件模板，命令如下：

```
$ cd /usr/local/spark
```

```
$ cp  ./conf/spark-env.sh.template  ./conf/spark-env.sh
```

然后，使用 vim 编辑器打开 spark-env.sh 文件进行编辑，在该文件的第一行添加以下配置信息：

```
export  SPARK_DIST_CLASSPATH=$(/usr/local/hadoop/bin/hadoop classpath)
```

有了上面的配置信息以后，Spark 就可以把数据存储到 Hadoop 分布式文件系统 HDFS 中，也可以从 HDFS 中读取数据。如果没有配置上面信息，Spark 就只能读写本地文件系统的数据，无法读写 HDFS 数据。

配置完成后就可以直接使用 Spark，不需要像 Hadoop 那样运行启动命令。通过运行 Spark 自带的实例 SparkPi，可以验证 Spark 是否安装成功，命令如下：

```
$ cd  /usr/local/spark
$ bin/run-example  SparkPi
```

执行时会输出很多屏幕信息，不容易找到最终的输出结果，为了从大量的输出信息中快速找到我们想要的执行结果，可以通过 grep 命令进行过滤：

```
$ bin/run-example  SparkPi  2>&1  |  grep  "Pi is roughly"
```

上面命令涉及 Linux Shell 中关于管道的知识，可以查看网络资料学习管道命令的用法，这里不再赘述。过滤后的运行结果如图 3-2 所示，可以得到π的 5 位小数近似值。

图 3-2　SparkPi 程序运行结果

3.1.4　Spark 和 Hadoop 的交互

经过上面的步骤以后，就在单台机器上按照“Hadoop（伪分布式）+Spark（Local 模式）”这种方式完成了 Hadoop 和 Spark 组合环境的搭建。Hadoop 和 Spark 可以相互协作，由 Hadoop 的 HDFS、HBase 等组件负责数据的存储和管理，由 Spark 负责数据的计算。

为了能够让 Spark 操作 HDFS 中的数据，需要先启动 HDFS。打开一个 Linux 终端，在 Linux Shell 中输入如下命令启动 HDFS：

```
$ cd /usr/local/hadoop
$ ./sbin/start-dfs.sh
```

HDFS 启动完成后，可以通过命令 jps 来判断是否成功启动，命令如下：

```
$ jps
```

若成功启动，则会列出如下进程：NameNode、DataNode 和 SecondaryNameNode。然后，Spark 就可以对 HDFS 中的数据进行读取或写入操作（具体方法将在第 5 章介绍）。

使用结束以后，可以使用如下命令关闭 HDFS：

```
$./sbin/stop-dfs.sh
```

3.2　在 spark-shell 中运行代码

学习 Spark 程序开发，建议首先通过 spark-shell 进行交互式编程，加深对 Spark 程序开发的理解。spark-shell 提供了简单的方式来学习 API，并且提供了交互的方式来分析数据。你可以输入一条语句，spark-shell 会立即执行语句并返回结果，这就是我们所说的 REPL（Read-Eval-Print Loop，交互式解释器），它为我们提供了交互式执行环境，表达式计算完成以后就会立即输出结果，而不必等到整个程序运行完毕，因此可以即时查看中间结果并对程序进行修改，这样可以在很大程度上提升程序开发效率。spark-shell 支持 Scala 和 Python，由于 Spark 框架本身就是使用 Scala 语言开发的，所以，使用 spark-shell 命令会默认进入 Scala 的交互式执行环境。如果要进入 Python 的交互式执行环境，则需要执行 pyspark 命令。

和其他 Shell 工具不一样的是，在其他 Shell 工具中，你只能使用单机的硬盘和内存来操作数据，而 spark-shell 可用来与分布存储在多台机器上的内存或者硬盘上的数据进行交互，并且处理过程的分发由 Spark 自动控制完成，不需要用户参与。

3.2.1　spark-shell 命令

在 Linux 终端中运行 spark-shell 命令，就可以启动进入 spark-shell 交互式执行环境。spark-shell 命令及其常用的参数如下：

```
$ ./bin/spark-shell  --master  <master-url>
```

Spark 的运行模式取决于传递给 SparkContext 的<master-url>的值。<master-url>可以是表 3-1 中的任一种形式。

表 3-1　spark-shell 命令中的<master-url>参数及其含义

<master-url>	含义
local	使用一个 Worker 线程本地化运行 Spark（完全不并行）
local[*]	使用与逻辑 CPU 个数相同数量的线程来本地化运行 Spark（“逻辑 CPU 个数”等于“物理 CPU 个数”乘以“每个物理 CPU 包含的 CPU 核数”）
local[K]	使用 K 个 Worker 线程本地化运行 Spark（理想情况下，K 应该根据运行机器的 CPU 核数来确定）
spark://HOST:PORT	Spark 采用独立（Standalone）集群模式，连接到指定的 Spark 集群，默认端口是 7077
yarn-client	Spark 采用 YARN 集群模式，以客户端模式连接 YARN 集群，集群的位置可以在 HADOOP_CONF_DIR 环境变量中找到；当用户提交了作业之后，不能关掉 Client，Driver Program 驻留在 Client 中，负责调度作业的执行；该模式适合运行交互类型的作业，常用于开发测试阶段
yarn-cluster	Spark 采用 YARN 集群模式，以集群模式连接 YARN 集群，集群的位置可以在 HADOOP_CONF_DIR 环境变量中找到；当用户提交了作业之后，就可以关掉 Client，作业会继续在 YARN 上运行；该模式不适合运行交互类型的作业，常用于企业生产环境
mesos://HOST:PORT	Spark 采用 Mesos 集群模式，连接到指定的 Mesos 集群，默认接口是 5050

在 Spark 中采用 Local 模式启动 spark-shell 的命令主要包含以下参数：

- master：这个参数表示当前的 spark-shell 要连接到哪个 Master，如果是 local[*]，就是使用 Local 模式（单机模式）启动 spark-shell，其中，中括号内的星号表示需要使用几个 CPU 核心（Core），也就是启动几个线程模拟 Spark 集群；
- jars：这个参数用于把相关的 JAR 包添加到 CLASSPATH 中；如果有多个 jar 包，可以使用逗号分隔符连接它们。

比如，要采用 Local 模式，在 4 个 CPU 核心（Core）上运行 spark-shell，命令如下：

```
$ cd  /usr/local/spark
$ ./bin/spark-shell  --master local[4]
```

或者，可以在 CLASSPATH 中添加 code.jar，命令如下：

```
$ cd  /usr/local/spark
$ ./bin/spark-shell  --master  local[4]  --jars  code.jar
```

可以执行“spark-shell --help”命令，获取完整的选项列表，具体如下：

```
$ cd /usr/local/spark
$ ./bin/spark-shell  --help
```

3.2.2 启动 spark-shell

可以通过下面命令启动 spark-shell 环境：

```
$ cd  /usr/local/spark
$ ./bin/spark-shell
```

启动 spark-shell 后，就会进入“scala>”命令提示符状态，如图 3-3 所示。当使用 spark-shell 命令没有带上任何参数时，默认使用 Local[*]模式启动进入 spark-shell 交互式执行环境。

图 3-3　spark-shell 模式

现在，就可以在里面输入 Scala 代码进行调试了。比如，下面在 Scala 命令提示符“scala>”后面输入一个表达式“8 * 2 + 5”，然后按 Enter 键，就会立即得到结果：

```
scala> 8*2+5
res0: Int = 21
```

下面读取一个本地文件 README.md 并统计该文件的行数，命令如下：

```
scala > val  textFile = sc.textFile("file:///usr/local/spark/README.md")
scala > textFile.count()
```

spark-shell 本身就是一个 Driver，Driver 会生成一个 SparkContext 对象来访问 Spark 集群，这个对象代表了对 Spark 集群的一个连接。spark-shell 启动时已经自动创建了一个 SparkContext 对象，是一个叫作 sc 的变量。因此，上面语句中直接使用了 sc.textFile()。

最后，可以使用命令“:quit”退出 spark-shell，如下所示：

```
scala>:quit
```

或者，也可以直接使用组合键 Ctrl+D，退出 spark-shell。

3.3　开发 Spark 独立应用程序

spark-shell 交互式环境通常用于开发测试，当需要把应用程序部署到企业实际生产环境中时，需要编写独立应用程序。这里通过一个简单的应用程序 WordCount 来演示如何通过 Spark API 开发一个独立应用程序。使用 Scala 语言编写的程序，可以使用 sbt 或者 Maven 进行编译打包。这里会对两种方式都进行介绍，在实际开发时，可以根据自己的喜好选择其中一种方式，推荐使用 sbt 进行编译打包。

需要说明的是，下面介绍的 sbt 和 Maven 编译打包过程，都是在 Linux Shell 环境下完成的。为了提高程序开发效率，可以使用集成式开发环境（比如 IntelliJ IDEA 和 Eclipse 等）。关于如何使用 IntelliJ IDEA 和 Eclipse 等工具开发 Spark 应用程序，这里不做介绍，感兴趣的读者可以参考本教程官网的“实验指南”栏目，里面包含了如下 4 个上机实验：

（1）使用 IntelliJ IDEA 编写 Spark 应用程序（Scala+Maven）；

（2）使用 Intellij Idea 编写 Spark 应用程序（Scala+SBT）；

（3）使用 Eclipse 编写 Spark 应用程序（Scala+Maven）；

（4）使用 Eclipse 编写 Spark 应用程序（Scala+SBT）。

3.3.1　安装编译打包工具

1. 安装 sbt

使用 Scala 语言编写的 Spark 程序，需要使用 sbt 进行编译打包。Spark 中没有自带 sbt，需要单独安装。可以到下面地址下载 sbt 安装文件：

```
https://repo.typesafe.com/typesafe/ivy-releases/org.scala-sbt/sbt-launch/0.13.11/sbt
-launch.jar
```

或者，也可以到本教材官网的“下载专区”的“软件”目录中下载文件 sbt-launch.jar，保存到 Linux 系统的“/home/hadoop/下载”目录下。再把 sbt 安装到“/usr/local/sbt”目录下，请使用 hadoop 用户登录 Linux 系统，新建一个终端，在终端中执行如下命令：

```
$ sudo  mkdir  /usr/local/sbt
$ sudo  chown  -R  hadoop  /usr/local/sbt  #此处的 hadoop 是 Linux 系统当前登录用户名
$ cd  /usr/local/sbt
$ cp  ~/下载/sbt-launch.jar  .
```

接下来，使用 vim 编辑器在“/usr/local/sbt”中创建 sbt 脚本，命令如下：

```
$ vim  ./sbt
```

在 sbt 脚本文件中，添加如下内容：

```
#!/bin/bash
SBT_OPTS="-Xms512M  -Xmx1536M  -Xss1M  -XX:+CMSClassUnloadingEnabled  -XX:MaxPermSize
=256M"
java $SBT_OPTS -jar `dirname $0`/sbt-launch.jar "$@"
```

保存 sbt 脚本文件后退出 vim 编辑器。然后为 sbt 脚本文件增加可执行权限，命令如下：

```
$ chmod  u+x  ./sbt
```

最后，运行如下命令，检验 sbt 是否可用：

```
$ ./sbt  sbt-version
```

请确保电脑处于联网状态，首次运行该命令，会长时间处于“Getting org.scala-sbt sbt 0.13.11 ...”的下载状态，请耐心等待。如果长时间（比如半个小时）没有进度，可能是网络问题导致安装失败，需要重新安装。安装成功以后，应该会显示如图 3-4 所示的信息。

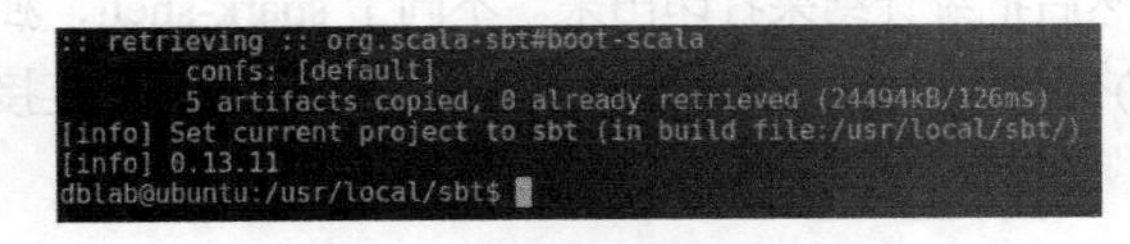

图 3-4　sbt 安装成功后的信息

2. 安装 Maven

Ubuntu 中没有自带 Maven，需要手动安装 Maven。可以访问 Maven 官网下载安装文件，下载地址如下：

```
http://apache.fayea.com/maven/maven-3/3.3.9/binaries/apache-maven-3.3.9-bin.zip
```

或者，也可以到本教材官网的“下载专区”的“软件”目录中下载 apache-maven-3.3.9-bin.zip。下载到 Maven 安装文件以后，保存到“~/下载”目录下。然后，可以选择安装在“/usr/local/maven”目录中，命令如下：

```
$ sudo unzip ~/下载/apache-maven-3.3.9-bin.zip -d /usr/local
$ cd /usr/local
$ sudo mv ./apache-maven-3.3.9 ./maven
$ sudo chown -R hadoop ./maven
```

3.3.2 编写 Spark 应用程序代码

在 Linux 终端中，执行如下命令创建一个文件夹 sparkapp 作为应用程序根目录：

```
$ cd ~                                      # 进入用户主文件夹
$ mkdir ./sparkapp                          # 创建应用程序根目录
$ mkdir -p ./sparkapp/src/main/scala        # 创建所需的文件夹结构
```

需要注意的是，为了能够使用 sbt 对 Scala 应用程序进行编译打包，需要把应用程序代码存放在应用程序根目录下的“src/main/scala”目录下。下面使用 vim 编辑器在“~/sparkapp/src/main/scala”下建立一个名为 SimpleApp.scala 的 Scala 代码文件，命令如下：

```
$ cd ~
$ vim ./sparkapp/src/main/scala/SimpleApp.scala
```

然后，在 SimpleApp.scala 代码文件中输入以下代码：

```
/* SimpleApp.scala */
import org.apache.spark.SparkContext
import org.apache.spark.SparkContext._
import org.apache.spark.SparkConf

object SimpleApp {
    def main(args: Array[String]) {
        val logFile = "file:///usr/local/spark/README.md"
        val conf = new SparkConf().setAppName("Simple Application")
        val sc = new SparkContext(conf)
        val logData = sc.textFile(logFile, 2).cache()
        val numAs = logData.filter(line => line.contains("a")).count()
        val numBs = logData.filter(line => line.contains("b")).count()
        println("Lines with a: %s, Lines with b: %s".format(numAs, numBs))
    }
}
```

上述代码也可以直接到本教材官网“下载专区”下载，位于“代码”目录的“第 4 章”子目录下，文件名是 SimpleApp.scala。这段代码的功能是，计算“/usr/local/spark/README”文件中包含"a"的行数和包含"b"的行数，然后把统计结果打印出来。不同于 spark-shell，独立应用程序需要通过 val sc = new SparkContext(conf)初始化生成一个 SparkContext 对象，构建起连接 Spark 的通道。

3.3.3 编译打包

1. 使用 sbt 对 Scala 程序进行编译打包

SimpleApp.scala 程序依赖于 Spark API，因此，需要通过 sbt 进行编译打包以后才能运行。首先，需要使用 vim 编辑器在“~/sparkapp”目录下新建文件 simple.sbt，命令如下：

```
$ cd ~
$ vim  ./sparkapp/simple.sbt
```

simple.sbt 文件用于声明该独立应用程序的信息以及与 Spark 的依赖关系（实际上，只要扩展名使用.sbt，文件名可以不用 simple，可以自己随意命名，比如 mysimple.sbt）。需要在 simple.sbt 文件中输入以下内容：

```
name := "Simple Project"
version := "1.0"
scalaVersion := "2.11.8"
libraryDependencies += "org.apache.spark" %% "spark-core" % "2.1.0"
```

上述代码也可以直接到本教材官网“下载专区”下载，位于“代码”目录的“第 3 章”子目录下，文件名是 simple.sbt。

为了保证 sbt 能够正常运行，先执行如下命令检查整个应用程序的文件结构：

```
$ cd ~/sparkapp
$ find  .
```

文件结构应该是类似如下所示的内容：

```
.
./src
./src/main
./src/main/scala
./src/main/scala/SimpleApp.scala
./simple.sbt
```

接下来，可以通过如下代码将整个应用程序打包成 JAR：

```
$ cd  ~/sparkapp  #一定把这个目录设置为当前目录
$ /usr/local/sbt/sbt  package
```

对于刚刚安装的 Spark 和 sbt 而言，第一次执行上面命令时，系统会自动从网络上下载各种相关的依赖包，因此上面执行过程需要消耗几分钟时间，后面如果再次执行 sbt package 命令，速度就会快很多，因为不再需要下载相关文件。执行上述命令后，屏幕上会返回如下类似信息：

```
$ /usr/local/sbt/sbt package
OpenJDK 64-Bit Server VM warning: ignoring option MaxPermSize=256M; support was removed
in 8.0
[info] Set current project to Simple Project (in build file:/home/hadoop/sparkapp/)
......
[info] Done packaging.
[success] Total time: 2 s, completed 2017-8-30 23:57:29
```

生成的 JAR 包的位置为“~/sparkapp/target/scala-2.11/simple-project_2.11-1.0.jar”。

2. 使用 Maven 对 Scala 程序进行编译打包

前面创建的“~/sparkapp”目录，经过 sbt 编译打包过程以后，sbt 工具会自动生成一些目录和文件，可能会和 Maven 的内容产生混淆，不便于理解。为了和 sbt 打包编译的内容进行区分，这里再为 Maven 创建一个代码目录“~/sparkapp2”，并在“~/sparkapp2/src/main/scala”下建立一个名为 SimpleApp.scala 的 Scala 代码文件，放入和前面一样的代码。

然后，使用 vim 编辑器在“~/sparkapp2”目录中新建文件 pom.xml，命令如下：

```
$ cd ~
$ vim  ./sparkapp2/pom.xml
```

然后，在 pom.xml 文件中添加如下内容，用来声明该独立应用程序的信息以及与 Spark 的依赖关系：

```
<project>
    <groupId>cn.edu.xmu</groupId>
    <artifactId>simple-project</artifactId>
    <modelVersion>4.0.0</modelVersion>
    <name>Simple Project</name>
    <packaging>jar</packaging>
    <version>1.0</version>
    <repositories>
        <repository>
            <id>jboss</id>
            <name>JBoss Repository</name>
            <url>http://repository.jboss.com/maven2/</url>
        </repository>
    </repositories>
    <dependencies>
        <dependency> <!-- Spark dependency -->
            <groupId>org.apache.spark</groupId>
            <artifactId>spark-core_2.11</artifactId>
            <version>2.1.0</version>
        </dependency>
    </dependencies>

   <build>
    <sourceDirectory>src/main/scala</sourceDirectory>
    <plugins>
      <plugin>
        <groupId>org.scala-tools</groupId>
        <artifactId>maven-scala-plugin</artifactId>
        <executions>
          <execution>
            <goals>
              <goal>compile</goal>
            </goals>
          </execution>
        </executions>
        <configuration>
          <scalaVersion>2.11.8</scalaVersion>
          <args>
            <arg>-target:jvm-1.5</arg>
          </args>
        </configuration>
      </plugin>
    </plugins>
</build>
</project>
```

该文件也可以直接到本教材官网“下载专区”下载，位于“代码”目录的“第3章”子目录下，文件名是 **pom.xml**。

为了保证 Maven 能够正常运行，先执行如下命令检查整个应用程序的文件结构：

```
$ cd ~/sparkapp2
$ find .
```

文件结构应该是类似如下的内容：

```
.
./pom.xml
./src
./src/main
```

```
./src/main/scala
./src/main/scala/SimpleApp.scala
```

接下来，我们可以通过如下代码将整个应用程序打包成 JAR 包（注意：计算机需要保持连接网络的状态，而且首次运行打包命令时，Maven 会自动下载依赖包，需要消耗几分钟的时间）：

```
$ cd ~/sparkapp2  #一定把这个目录设置为当前目录
$ /usr/local/maven/bin/mvn  package
```

如果屏幕返回如下信息，则说明生成 JAR 包成功：

```
[INFO] Building jar: /home/hadoop/sparkapp2/target/simple-project-1.0.jar
[INFO]-----------------------------------------------
[INFO] BUILD SUCCESS
[INFO]-----------------------------------------------
[INFO] Total time: 4.665 s
[INFO] Finished at: 2017-01-31T 15:57:09+08:00
[INFO] Final Memory: 30M/72M
[INFO]-----------------------------------------------
```

生成的应用程序 JAR 包的位置为"/home/hadoop/sparkapp2/target/simple-project-1.0.jar"。

3.3.4 通过 spark-submit 运行程序

可以通过 spark-submit 命令提交应用程序，该命令的格式如下：

```
spark-submit
  --class <main-class>  #需要运行的程序的主类，应用程序的入口点
  --master <master-url>  #<master-url>的含义和表 3-1 中的相同
  --deploy-mode <deploy-mode>  #部署模式
  ... #其他参数
  <application-jar>  #应用程序 JAR 包
  [application-arguments]  #传递给主类的主方法的参数
```

对于前面 sbt 打包得到的应用程序 JAR 包，可以通过 spark-submit 提交到 Spark 中运行，命令如下：

```
$  /usr/local/spark/bin/spark-submit   --class   "SimpleApp"  ~/sparkapp/target/scala
-2.11/simple-project_2.11-1.0.jar
```

上面是一行完整的命令，由于命令后面有多个参数，一行显示不下，为了更好阅读理解，可以在命令中间使用"\"符号，把一行完整命令"人为地断开成多行"进行输入，效果如下：

```
$ /usr/local/spark/bin/spark-submit  \
> --class "SimpleApp"  \
> ~/sparkapp/target/scala-2.11/simple-project_2.11-1.0.jar
```

上面命令执行后会输出太多信息，可以不使用上面命令，而使用下面命令查看想要的结果：

```
$ /usr/local/spark/bin/spark-submit  \
> --class "SimpleApp" \
> ~/sparkapp/target/scala-2.11/simple-project_2.11-1.0.jar  2>&1  |  grep "Lines with a:"
```

上面命令的执行结果如下：

```
Lines with a: 62, Lines with b: 30
```

同理，对于使用 Maven 编译打包得到的应用程序 JAR 包，也可以采用类似的方法，通过 spark-submit 提交到 Spark 中运行。

3.4 Spark 集群环境搭建

本节介绍 Spark 集群的搭建方法，包括搭建 Hadoop 集群、安装 Spark、配置环境变量、配置 Spark、

启动和关闭 Spark 集群等。

3.4.1 集群概况

如图 3-5 所示，这里采用 3 台机器（节点）作为实例来演示如何搭建 Spark 集群，其中 1 台机器（节点）作为 Master 节点（主机名为 Master，IP 地址是 192.168.1.104），另外两台机器（节点）作为 Slave 节点（即作为 Worker 节点），主机名分别为 Slave01 和 Slave02。

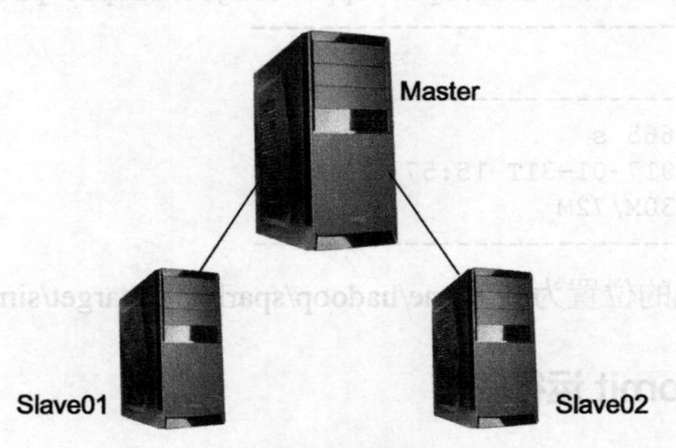

图 3-5 由三台机器构成的 Spark 集群

3.4.2 搭建 Hadoop 集群

Spark 作为分布式计算框架，需要和分布式文件系统 HDFS 进行组合使用，通过 HDFS 实现数据的分布式存储，使用 Spark 实现数据的分布式计算。因此，需要在同一个集群中同时部署 Hadoop 和 Spark，这样，Spark 可以读写 HDFS 中的文件。如图 3-6 所示，在一个集群中同时部署 Hadoop 和 Spark 时，HDFS 的数据节点（Data Node）和 Spark 的工作节点（Worker Node）是部署在一起的，这样，可以实现"计算向数据靠拢"，在保存数据的地方进行计算，减少网络数据的传输。

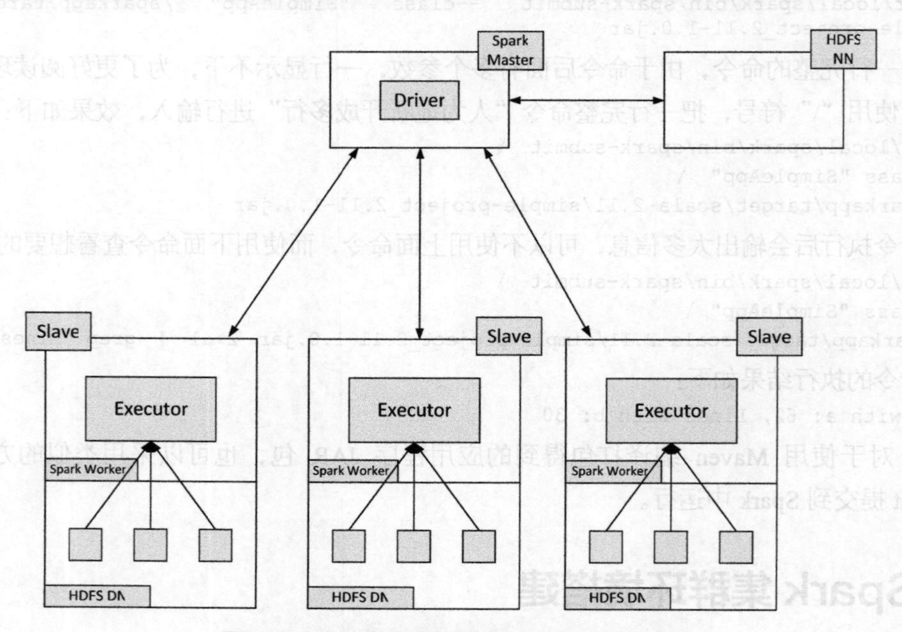

图 3-6 在一个集群中同时部署 Hadoop 和 Spark

3.4.3　在集群中安装 Spark

在 Master 节点上，访问 Spark 官网下载 Spark 安装包（可以参考本章 3.1.2 节的内容）。

下载完安装文件以后，需要对文件进行解压。按照 Linux 系统使用的默认规范，用户安装的软件一般都是存放在“/usr/local/”目录下。请使用 hadoop 用户登录 Linux 系统，打开一个终端，执行如下命令：

```
$ sudo tar -zxf ~/下载/spark-2.1.0-bin-without-hadoop.tgz -C /usr/local/
$ cd /usr/local
$ sudo mv ./spark-2.1.0-bin-without-hadoop ./spark
$ sudo chown -R hadoop:hadoop ./spark    # hadoop是当前登录Linux系统的用户名
```

3.4.4　配置环境变量

在 Master 节点的终端中执行如下命令：

```
$ vim ~/.bashrc
```

在.bashrc 文件中添加如下配置：

```
export SPARK_HOME=/usr/local/spark
export PATH=$PATH:$SPARK_HOME/bin:$SPARK_HOME/sbin
```

运行 source 命令使得配置立即生效：

```
$ source ~/.bashrc
```

3.4.5　Spark 的配置

1. 配置 slaves 文件

在 Master 节点上执行如下命令将 slaves.template 拷贝到 slaves：

```
$ cd /usr/local/spark/
$ cp ./conf/slaves.template ./conf/slaves
```

在 slaves 文件中设置 Spark 集群的 Worker 节点。编辑 slaves 文件的内容，把默认内容 localhost 替换成如下内容：

```
Slave01
Slave02
```

2. 配置 spark–env.sh 文件

在 Master 节点上执行如下命令将 spark-env.sh.template 拷贝到 spark-env.sh：

```
$ cp ./conf/spark-env.sh.template ./conf/spark-env.sh
```

编辑 spark-env.sh 文件的内容，添加如下内容：

```
export SPARK_DIST_CLASSPATH=$(/usr/local/hadoop/bin/hadoop classpath)
export HADOOP_CONF_DIR=/usr/local/hadoop/etc/hadoop
export SPARK_MASTER_IP=192.168.1.104
```

其中，SPARK_MASTER_IP 是 Master 节点的 IP 地址，在搭建集群时，为 Master 节点设置的 IP 地址是 192.168.1.104，所以，这里把 SPARK_MASTER_IP 设置为 192.168.1.104。

3. 配置 Slave 节点

在 Master 节点上执行如下命令，将 Master 节点上的/usr/local/spark 文件夹复制到各个 Slave 节点上：

```
$ cd /usr/local/
```

```
$ tar -zcf ~/spark.master.tar.gz ./spark
$ cd ~
$ scp ./spark.master.tar.gz Slave01:/home/hadoop
$ scp ./spark.master.tar.gz Slave02:/home/hadoop
```

在 Slave01 和 Slave02 节点上分别执行下面同样的操作：

```
$ sudo rm -rf /usr/local/spark/
$ sudo tar -zxf ~/spark.master.tar.gz -C /usr/local
$ sudo chown -R hadoop /usr/local/spark
```

3.4.6 启动 Spark 集群

1. 启动 Hadoop 集群

在 Master 节点上执行如下命令：

```
$ cd /usr/local/hadoop/
$ sbin/start-all.sh
```

2. 启动 Master 节点

在 Master 节点上执行如下命令：

```
$ cd /usr/local/spark/
$ sbin/start-master.sh
```

3. 启动所有 Slave 节点

在 Master 节点上执行如下命令：

```
$ sbin/start-slaves.sh
```

4. 查看集群信息

在 Master 主机上打开浏览器，访问 http://master:8080，就可以通过浏览器查看 Spark 独立集群管理器的集群信息（见图 3-7）。

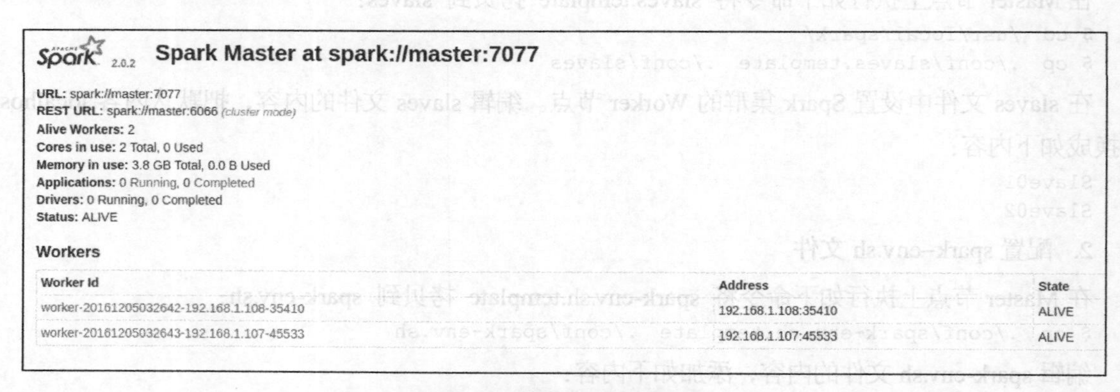

图 3-7 查看 Spark 集群信息

3.4.7 关闭 Spark 集群

在 Master 节点上执行下面命令，关闭 Spark 集群。

首先，关闭 Master 节点，命令如下：

```
$ sbin/stop-master.sh
```

其次，关闭 Worker 节点，命令如下：

```
$ sbin/stop-slaves.sh
```

最后，关闭 Hadoop 集群，命令如下：

```
$ cd /usr/local/hadoop/
$ sbin/stop-all.sh
```

3.5　在集群上运行 Spark 应用程序

Spark 集群部署包括 3 种模式，分别是 Standalone 模式（使用 Spark 自带的简单集群管理器）、YARN 模式（使用 YARN 作为集群管理器）和 Mesos 模式（使用 Mesos 作为集群管理器）。根据集群部署模式的不同，在集群上运行 Spark 应用程序可以有多种方法，本节介绍其中两种方法，即采用独立集群管理器和采用 Hadoop YARN 管理器。

3.5.1　启动 Spark 集群

请登录 Linux 系统，打开一个终端，启动 Hadoop 集群，命令如下：

```
$ cd /usr/local/hadoop/
$ sbin/start-all.sh
```

然后启动 Spark 的 Master 节点和所有 Slave 节点，命令如下：

```
$ cd /usr/local/spark/
$ sbin/start-master.sh
$ sbin/start-slaves.sh
```

3.5.2　采用独立集群管理器

Spark 集群有多种部署模式，包括 Standalone 模式、Mesos 模式和 YARN 模式。当采用 Standalone 模式时，会使用 Spark 自带的独立集群管理器。

1. 在集群中运行应用程序 JAR 包

向独立集群管理器提交应用，需要把 spark://master:7077 作为主节点参数递给 spark-submit。可以运行 Spark 安装好以后自带的样例程序 SparkPi，它的功能是计算得到 pi 的值（3.1415926）。在 Linux Shell 中执行如下命令运行 SparkPi：

```
$ cd/usr/local/spark
$ bin/spark-submit \
> --class org.apache.spark.examples.SparkPi  \
> --master spark://master:7077  \
> examples/jars/spark-examples_2.11-2.0.2.jar  100  2>&1  |  grep  "Pi is roughly"
```

2. 在集群中运行 spark-shell

也可以用 spark-shell 连接到独立集群管理器上，在 Linux Shell 中执行如下命令启动 spark-shell 环境：

```
$ cd/usr/local/spark
$ bin/spark-shell  --master  spark://master:7077
```

假设 HDFS 的根目录下已经存在一个文件 README.md，下面在 spark-shell 环境中执行相关语句：

```
scala> val  textFile = sc.textFile("hdfs://master:9000/README.md")
textFile:  org.apache.spark.rdd.RDD[String]  =  hdfs://master:9000/README.md  MapPartitionsRDD[1] at textFile at <console>:24
scala> textFile.count()
```

```
res0: Long = 99
scala> textFile.first()
res1: String = # Apache Spark
```

3. **查看集群信息**

执行完上面的操作以后，可以在独立集群管理 Web 界面查看应用的运行情况，打开浏览器，访问 http://master:8080/，可以看到如图 3-8 所示的相关信息。

Running Applications

Application ID	Name	Cores	Memory per Node	Submitted Time	User	State	Duration

Completed Applications

Application ID	Name	Cores	Memory per Node	Submitted Time	User	State	Duration
app-20161206170846-0004	Spark Pi	1	1024.0 MB	2016/12/06 17:08:46	hadoop	FINISHED	6 s
app-20161206164856-0003	Spark Pi	1	1024.0 MB	2016/12/06 16:48:56	hadoop	FINISHED	8 s
app-20161206164713-0002	Spark Pi	1	1024.0 MB	2016/12/06 16:47:13	hadoop	FINISHED	8 s
app-20161206163254-0001	Spark shell	1	1024.0 MB	2016/12/06 16:32:54	hadoop	FINISHED	12 min
app-20161206161343-0000	Spark shell	1	1024.0 MB	2016/12/06 16:13:43	hadoop	FINISHED	7.0 min

图 3-8　查看 Spark 集群中的应用程序运行情况

3.5.3 采用 Hadoop YARN 管理器

当 Spark 集群采用 YARN 模式时，会使用 Hadoop YARN 作为 Spark 集群的资源管理器。

1. **在集群中运行应用程序 JAR 包**

向 Hadoop YARN 集群管理器提交应用，需要把 yarn-cluster 作为主节点参数递给 spark-submit 命令。

```
$ cd/usr/local/spark
$ bin/spark-submit \
> --class org.apache.spark.examples.SparkPi \
> --master yarn-cluster \
> examples/jars/spark-examples_2.11-2.0.2.jar
```

运行后，在 Shell 中输出的结果中，会包含一个 URL 地址（见图 3-9），可以访问这个 URL 地址查看程序运行产生的相关信息（见图 3-10）。

```
6/12/06 17:20:28 INFO yarn.Client:
        client token: N/A
        diagnostics: N/A
        ApplicationMaster host: 192.168.1.108
        ApplicationMaster RPC port: 0
        queue: default
        start time: 1481015974658
        final status: SUCCEEDED
        tracking URL: http://master:8088/proxy/application_1481009986704_0006/
        user: hadoop
6/12/06 17:20:28 INFO util.ShutdownHookManager: Shutdown hook called
6/12/06 17:20:28 INFO util.ShutdownHookManager: Deleting directory /tmp/spark-7774d207-4a
```

图 3-9　程序运行输出信息中包含了 URL 地址

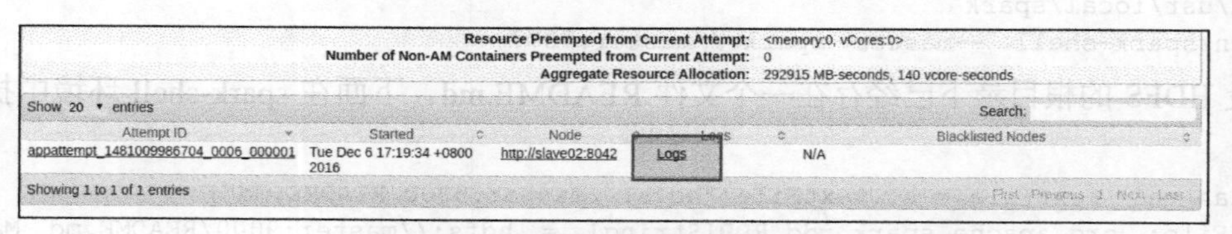

图 3-10　通过浏览器查看程序运行相关信息

2. 在集群中运行 spark-shell

也可以用 spark-shell 连接到集群管理器 YARN 上，在 Linux Shell 中执行如下命令启动 spark-shell 环境：

```
$ cd/usr/local/spark
$ bin/spark-shell --master  yarn
```

假设 HDFS 的根目录下已经存在一个文件 README.md，下面在 spark-shell 环境中执行相关语句：

```
scala> val  textFile = sc.textFile("hdfs://master:9000/README.md")
textFile:  org.apache.spark.rdd.RDD[String]   =   hdfs://master:9000/README.md
MapPartitionsRDD[1] at textFile at <console>:24
scala> textFile.count()
res0: Long = 99
scala> textFile.first()
res1: String = # Apache Spark
```

3. 查看集群信息

执行完上面的操作以后，可以在 YARN 集群管理器 Web 界面查看应用的运行情况，打开浏览器，访问 http://master:8080/cluster，可以看到如图 3-11 所示的相关信息。

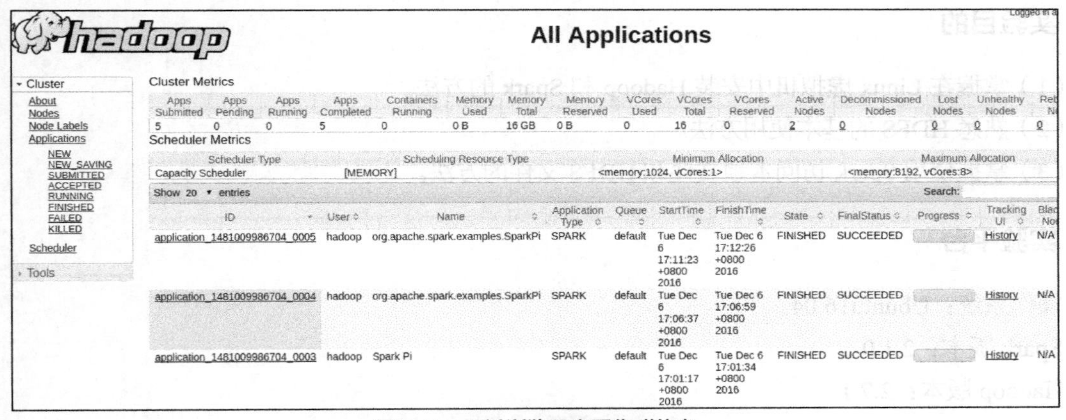

图 3-11　通过浏览器查看集群信息

3.6 本章小结

Spark 可以支持多种部署模式，在日常学习和应用开发环节，可以使用单机环境进行部署。本章首先介绍了 Spark 在单机环境下的安装配置方法，以及 Spark 和 Hadoop 的交互方法。

spark-shell 是一种交互式开发环境，可以立即解释执行用户输入的语句。Spark 支持 Java、Python 和 Scala 等编程语言，使用 spark-shell 命令启动进入的是 Scala 交互式环境。

在开发 Spark 独立应用程序时，需要采用 sbt 和 Maven 等工具对代码进行编译打包，然后通过 spark-submit 提交运行程序。在使用 sbt 工具时，需要按照规范要求把 Scala 代码放到指定目录下，并且创建一个类似 simple.sbt 的文件，在这个文件中写入正确的版本配置信息，这样才能够顺利实现 Scala 代码的编译打包。

本章最后介绍了 Spark 集群环境的搭建方法，需要通过相关的配置，让 Spark 能够顺利访问 Hadoop 的 HDFS，并介绍了使用 YARN 作为集群资源管理器时如何运作 Spark 应用程序。

3.7 习题

1. 请阐述 Spark 的四种部署模式。

2. 请阐述 Spark 和 Hadoop 的相互关系。

3. 请阐述 spark-shell 在启动时，<master-url>分别采用 local、local[*]和 local[k]时，具体有什么区别。

4. spark-shell 在启动时，采用 yarn-client 和 yarn-cluster 这两种模式有什么区别？

5. 请总结开发 Spark 独立应用程序的基本步骤。

6. 请阐述 Spark 集群环境搭建的基本过程。

7. 请阐述在集群上运行 Spark 应用程序的具体方法。

实验 2 Spark 和 Hadoop 的安装

一、实验目的

（1）掌握在 Linux 虚拟机中安装 Hadoop 和 Spark 的方法。

（2）熟悉 HDFS 的基本使用方法。

（3）掌握使用 Spark 访问本地文件和 HDFS 文件的方法。

二、实验平台

操作系统：Ubuntu16.04。

Spark 版本：2.1.0。

Hadoop 版本：2.7.1。

三、实验内容和要求

1. 安装 Hadoop 和 Spark

进入 Linux 系统，参照本教材官网"实验指南"栏目的"Hadoop 的安装和使用"，完成 Hadoop 伪分布式模式的安装。完成 Hadoop 的安装以后，再安装 Spark（Local 模式）。

2. HDFS 常用操作

使用 hadoop 用户名登录进入 Linux 系统，启动 Hadoop，参照相关 Hadoop 书籍或网络资料，或者也可以参考本教材官网的"实验指南"栏目的"HDFS 操作常用 Shell 命令"，使用 Hadoop 提供的 Shell 命令完成如下操作：

（1）启动 Hadoop，在 HDFS 中创建用户目录"/user/hadoop"；

（2）在 Linux 系统的本地文件系统的"/home/hadoop"目录下新建一个文本文件 test.txt，并在该文件中随便输入一些内容，然后上传到 HDFS 的"/user/hadoop"目录下；

（3）把 HDFS 中"/user/hadoop"目录下的 test.txt 文件，下载到 Linux 系统的本地文件系统中的"/home/hadoop/下载"目录下；

（4）将 HDFS 中 “/user/hadoop” 目录下的 test.txt 文件的内容输出到终端中进行显示；

（5）在 HDFS 中的 “/user/hadoop” 目录下，创建子目录 input，把 HDFS 中 “/user/hadoop” 目录下的 test.txt 文件，复制到 “/user/hadoop/input” 目录下；

（6）删除 HDFS 中 “/user/hadoop” 目录下的 test.txt 文件，删除 HDFS 中 “/user/hadoop” 目录下的 input 子目录及其子目录下的所有内容。

3. Spark 读取文件系统的数据

（1）在 spark-shell 中读取 Linux 系统本地文件 “/home/hadoop/test.txt”，然后统计出文件的行数；

（2）在 spark-shell 中读取 HDFS 系统文件 “/user/hadoop/test.txt”（如果该文件不存在，请先创建），然后，统计出文件的行数；

（3）编写独立应用程序，读取 HDFS 系统文件 “/user/hadoop/test.txt”（如果该文件不存在，请先创建），然后，统计出文件的行数；通过 sbt 工具将整个应用程序编译打包成 JAR 包，并将生成的 JAR 包通过 spark-submit 提交到 Spark 中运行命令。

四、实验报告

《Spark 编程基础》实验报告		
题目：	姓名：	日期：
实验环境：		
实验内容与完成情况：		
出现的问题：		
解决方案（列出遇到的问题和解决办法，列出没有解决的问题）：		

04

第4章 RDD编程

RDD 是 Spark 的核心概念，它是一个只读的、可分区的分布式数据集，这个数据集的全部或部分可以缓存在内存中，可在多次计算间重用。Spark 用 Scala 语言实现了 RDD 的 API，程序员可以通过调用 API 实现对 RDD 的各种操作，从而实现各种复杂的应用。

本章首先介绍 RDD 的创建方法、各种操作 API 以及持久化和分区方法，然后，介绍键值对 RDD 的各种操作，并给出了把 RDD 写入文件、数据库以及从文件、数据库读取数据生成 RDD 的方法，最后，介绍了 3 个 RDD 编程综合实例。

4.1 RDD 编程基础

本节介绍 RDD 编程的基础知识，包括 RDD 的创建、操作 API、持久化和分区等，并给出一个简单的 RDD 编程实例。

4.1.1 RDD 创建

Spark 采用 textFile()方法来从文件系统中加载数据创建 RDD，该方法把文件的 URI 作为参数，这个 URI 可以是本地文件系统的地址、分布式文件系统 HDFS 的地址，或者是 Amazon S3 的地址等。

1. 从文件系统中加载数据创建 RDD

（1）从本地文件系统中加载数据

在 spark-shell 交互式环境中，执行如下命令：

```
scala> val  lines = sc.textFile("file:///usr/local/spark/mycode/rdd/word.txt")
lines: org.apache.spark.rdd.RDD[String] = file:///usr/local/spark/mycode/rdd/word.txt
MapPartitionsRDD[12] at textFile at <console>:27
```

其中，“lines: org.apache.spark.rdd.RDD[String]……”是命令执行后返回的信息，从中可以看出，执行 sc.textFile()方法以后，Spark 从本地文件 word.txt 中加载数据到内存，在内存中生成一个 RDD 对象 lines，lines 是 org.apache.spark.rdd.RDD 这个类的一个实例，这个 RDD 里面包含了若干个元素，每个元素的类型是 String 类型，也就是说，从 word.txt 文件中读取出来的每一行文本内容，都成为 RDD 中的一个元素，如果 word.txt 中包含了 1000 行，那么，lines 这个 RDD 中就会包含 1000 个 String 类型的元素。图 4-1 给出了一个简单实例，假设 word.txt 文件中只包含 3 行文本内容，则生成的 RDD（即 lines）中就会包含 3 个 String 类型的元素，分别是"Hadoop is good""Spark is fast"和"Spark is better"。

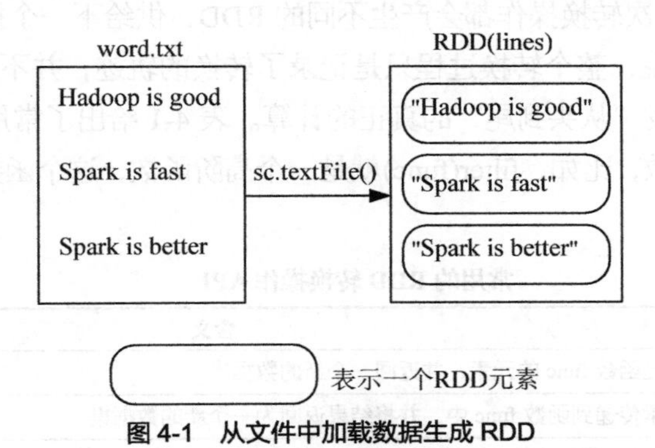

图 4-1　从文件中加载数据生成 RDD

（2）从分布式文件系统 HDFS 中加载数据

根据“第 3 章 Spark 环境搭建和使用方法”的内容完成 Hadoop 和 Spark 环境的搭建以后，HDFS 的访问地址是 hdfs://localhost:9000/，在 HDFS 中已经创建了与当前 Linux 系统登录用户 hadoop 对应的用户目录“/user/hadoop”。启动 HDFS，就可以让 Spark 对 HDFS 中的数据进行操作。从 HDFS 中加载数据的命令如下（下面 3 条语句是完全等价的，可以使用其中任意一种方式）：

```
scala> val  lines = sc.textFile("hdfs://localhost:9000/user/hadoop/word.txt")
scala> val  lines = sc.textFile("/user/hadoop/word.txt")
scala> val  lines = sc.textFile("word.txt")
```

2. 通过并行集合（数组）创建 RDD

可以调用 SparkContext 的 parallelize 方法，从一个已经存在的集合（数组）上创建 RDD（见图 4-2），命令如下：

```
scala> val  array = Array(1,2,3,4,5)
scala> val  rdd = sc.parallelize(array)
```

或者，也可以从列表中创建，命令如下：

```
scala> val  list = List(1,2,3,4,5)
scala> val  rdd = sc.parallelize(list)
```

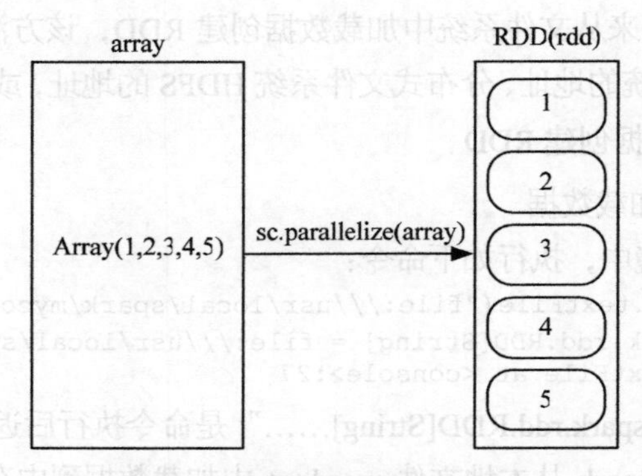

图 4-2　从数组创建 RDD 示意图

4.1.2　RDD 操作

RDD 操作包括两种类型，即转换（Transformation）操作和行动（Action 操作）。

1. 转换操作

对于 RDD 而言，每一次转换操作都会产生不同的 RDD，供给下一个操作使用。RDD 的转换过程是惰性求值的，也就是说，整个转换过程只是记录了转换的轨迹，并不会发生真正的计算，只有遇到行动操作时，才会触发“从头到尾”的真正的计算。表 4-1 给出了常用的 RDD 转换操作 API，其中很多操作都是高阶函数，比如，filter(func)就是一个高阶函数，这个函数的输入参数 func 也是一个函数。

表 4-1　常用的 RDD 转换操作 API

操作	含义
filter(func)	筛选出满足函数 func 的元素，并返回一个新的数据集
map(func)	将每个元素传递到函数 func 中，并将结果返回为一个新的数据集
flatMap(func)	与 map()相似，但每个输入元素都可以映射到 0 或多个输出结果
groupByKey()	应用于(K,V)键值对的数据集时，返回一个新的(K, Iterable)形式的数据集
reduceByKey(func)	应用于(K,V)键值对的数据集时，返回一个新的(K, V)形式的数据集，其中每个值是将每个 key 传递到函数 func 中进行聚合后的结果

下面将结合具体实例对这些 RDD 转换操作 API 进行逐一介绍。

- filter(func)

filter(func)操作会筛选出满足函数 func 的元素，并返回一个新的数据集。例如：

```
scala>  val  lines = sc.textFile("file:///usr/local/spark/mycode/rdd/word.txt")
scala>  val  linesWithSpark=lines.filter(line => line.contains("Spark"))
```

上述语句执行过程如图 4-3 所示。在第 1 行语句中，执行 sc.textFile()方法把 word.txt 文件中的数据加载到内存生成一个 RDD，即 lines，这个 RDD 中的每个元素都是 String 类型，即每个 RDD 元素都是一行文本内容。在第 2 行语句中，执行 lines.filter()操作，filter()的输入参数 line => line.contains("Spark")是一个匿名函数，或者被称为"λ 表达式"。lines.filter(line => line.contains("Spark"))操作的含义是，依次取出 lines 这个 RDD 中的每个元素，对于当前取到的元素，把它赋值给 λ 表达式中的 line 变量，然后，执行 λ 表达式的函数体部分 line.contains("Spark")，如果 line 中包含"Spark"这个单词，就把这个元素加入到新的 RDD（即 linesWithSpark）中，否则，就丢弃该元素。最终，新生成的 RDD（即 linesWithSpark）中的所有元素，都包含了单词"Spark"。

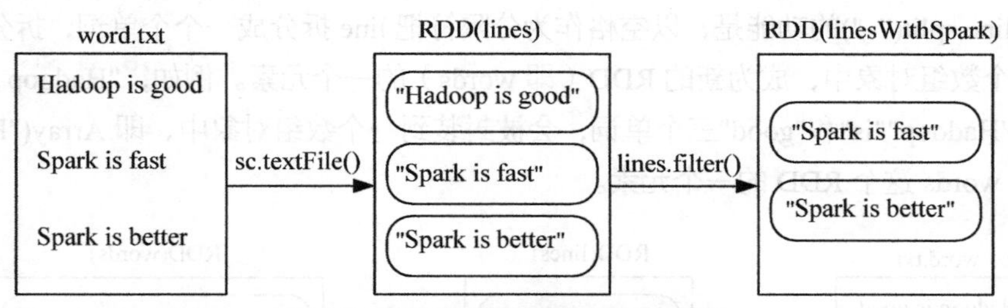

图 4-3　filter()操作实例执行过程示意图

- **map(func)**

map(func)操作将每个元素传递到函数 func 中，并将结果返回为一个新的数据集。例如：

```
scala> data=Array(1,2,3,4,5)
scala> val  rdd1= sc.parallelize(data)
scala> val  rdd2=rdd1.map(x=>x+10)
```

上述语句执行过程如图 4-4 所示。第 1 行语句创建了一个包含 5 个 Int 类型元素的数组 data。第 2 行语句执行 sc.parallelize()，从数组 data 中生成一个 RDD，即 rdd1，rdd1 中包含了 5 个 Int 类型的元素，即 1、2、3、4、5。第 3 行语句执行 rdd1.map()操作，map()的输入参数"x=>x+10"是一个 λ 表达式。rdd1.map(x=>x+10)的含义是，依次取出 rdd1 这个 RDD 中的每个元素，对于当前取到的元素，把它赋值给 λ 表达式中的变量 x，然后，执行 λ 表达式的函数体部分"x+10"，也就是把变量 x 的值和 10 相加后，作为函数的返回值，并作为一个元素放入到新的 RDD（即 rdd2）中。最终，新生成的 RDD（即 rdd2），包含了 5 个 Int 类型的元素，即 11、12、13、14、15。

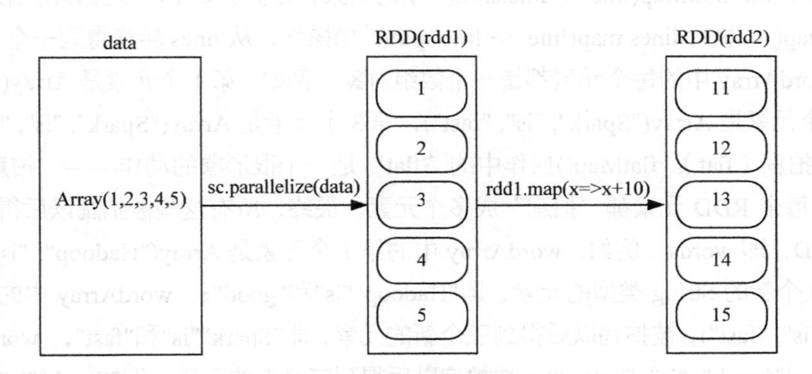

图 4-4　map()操作实例执行过程示意图（一）

下面是另外一个实例：

```
scala> val  lines = sc.textFile("file:///usr/local/spark/mycode/rdd/word.txt")
scala> val  words=lines.map(line => line.split(" "))
```

上述语句执行过程如图 4-5 所示。在第 1 行语句中，执行 sc.textFile()方法把 word.txt 文件中的数据加载到内存生成一个 RDD，即 lines，这个 RDD 中的每个元素都是 String 类型，即每个 RDD 元素都是一行文本，比如，lines 中的第 1 个元素是"Hadoop is good"，第 2 个元素是"Spark is fast"，第 3 个元素是"Spark is better"。在第 2 行语句中，执行 lines.map()操作，map()的输入参数 line => line.split(" ")是一个 λ 表达式。lines.map(line => line.split(" "))的含义是，依次取出 lines 这个 RDD 中的每个元素，对于当前取到的元素，把它赋值给 λ 表达式中的 line 变量，然后，执行 λ 表达式的函数体部分 line.split(" ")。因为 line 是一行文本，比如"Hadoop is good"，一行文本中包含了很多个单词，单词之间以空格进行分隔，所以，line.split(" ")的功能是，以空格作为分隔符把 line 拆分成一个个单词，拆分后得到的单词都封装在一个数组对象中，成为新的 RDD（即 words）的一个元素。例如，"Hadoop is good"被拆分后，得到的"Hadoop""is"和"good"三个单词，会被封装到一个数组对象中，即 Array("Hadoop", "is", "good")，成为 words 这个 RDD 的一个元素。

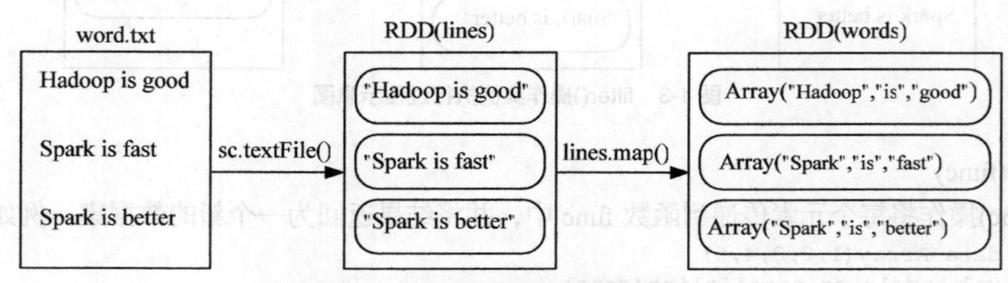

图 4-5　map()操作实例执行过程示意图（二）

- **flatMap(func)**

flatMap(func)与 map()相似，但每个输入元素都可以映射到 0 或多个输出结果。例如：

```
scala> val  lines = sc.textFile("file:///usr/local/spark/mycode/rdd/word.txt")
scala> val  words=lines.flatMap(line => line.split(" "))
```

上述语句执行过程如图 4-6 所示。在第 1 行语句中，执行 sc.textFile()方法把 word.txt 文件中的数据加载到内存生成一个 RDD，即 lines，这个 RDD 中的每个元素都是 String 类型，即每个 RDD 元素都是一行文本。在第 2 行语句中，执行 lines.flatMap()操作，flatMap()的输入参数 line => line.split(" ")是一个 λ 表达式。lines.flatMap(line => line.split(" "))的结果，等价于如下两步操作的结果（见图 4-6）：

第 1 步：map()。执行 lines.map(line => line.split(" "))操作，从 lines 转换得到一个新的 RDD（即 wordArray），wordArray 中的每个元素都是一个数组对象。例如，第 1 个元素是 Array("Hadoop", "is", "good")，第 2 个元素是 Array("Spark", "is", "fast")，第 3 个元素是 Array("Spark", "is", "better")。

第 2 步：拍扁（flat）。flatMap()操作中的“flat”是一个很形象的动作——“拍扁”，也就是把 wordArray 中的每个 RDD 元素都“拍扁”成多个元素，最终，所有这些被拍扁以后得到的元素，构成一个新的 RDD，即 words。例如，wordArray 中的第 1 个元素是 Array("Hadoop", "is", "good")，被拍扁以后得到 3 个新的 String 类型的元素，即"Hadoop""is"和"good"；wordArray 中的第 2 个元素是 Array("Spark", "is", "fast")，被拍扁以后得到三个新的元素，即"Spark""is"和"fast"；wordArray 中的第 3 个元素是 Array("Spark", "is", "better")，被拍扁以后得到三个新的元素，即"Spark""is"和"better"。最终，这些被拍扁以后得到的 9 个 String 类型的元素构成一个新的 RDD（即 words），也就是说，words

里面包含了 9 个 String 类型的元素，分别是"Hadoop""is""good""Spark""is""fast""Spark""is"和"better"。

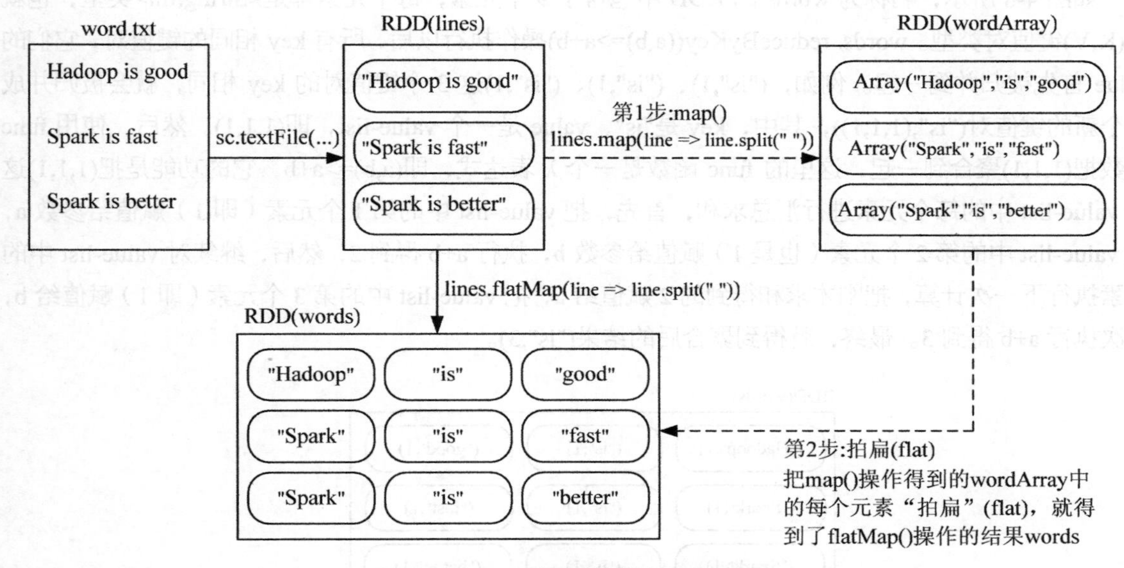

图 4-6 flatMap()操作实例执行过程示意图

- groupByKey()

groupByKey()应用于(K,V)键值对的数据集时，返回一个新的(K, Iterable)形式的数据集。如图 4-7 所示，名称为 words 的 RDD 中包含了 9 个元素，每个元素都是<String,Int>类型，也就是(K,V)键值对类型。words. groupByKey()操作执行以后，所有 key 相同的键值对，它们的 value 都被归并到一起。例如，("is",1)、("is",1)、("is",1)这 3 个键值对的 key 相同，就会被归并成一个新的键值对("is",(1,1,1))，其中，key 是"is"，value 是(1,1,1)，而且，value 会被封装成 Iterable（一种可迭代集合）。

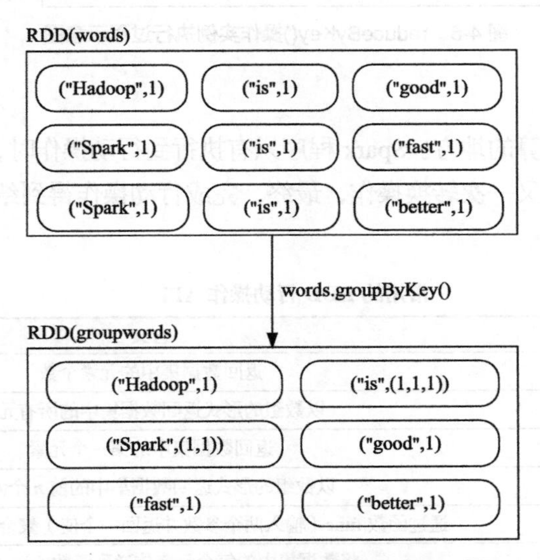

图 4-7 groupByKey()操作实例执行过程示意图

- reduceByKey(func)

reduceByKey(func)应用于(K,V)键值对的数据集时，返回一个新的(K, V)形式的数据集，其中的每个值是将每个 key 传递到函数 func 中进行聚合后得到的结果。

如图 4-8 所示，名称为 words 的 RDD 中包含了 9 个元素，每个元素都是<String,Int>类型，也就是(K,V)键值对类型。words. reduceByKey((a,b)=>a+b)操作执行以后，所有 key 相同的键值对，它们的 value 首先被归并到一起。例如，("is",1)、("is",1)、("is",1)这 3 个键值对的 key 相同，就会被归并成一个新的键值对("is",(1,1,1))，其中，key 是"is"，value 是一个 value-list，即(1,1,1)。然后，使用 func 函数把(1,1,1)聚合到一起，这里的 func 函数是一个 λ 表达式，即(a,b)=>a+b，它的功能是把(1,1,1)这个 value-list 中的每个元素进行汇总求和，首先，把 value-list 中的第 1 个元素（即 1）赋值给参数 a，把 value-list 中的第 2 个元素（也是 1）赋值给参数 b，执行 a+b 得到 2，然后，继续对 value-list 中的元素执行下一次计算，把刚才求和得到的 2 赋值给 a，把 value-list 中的第 3 个元素（即 1）赋值给 b，再次执行 a+b 得到 3。最终，就得到聚合后的结果("is",3)。

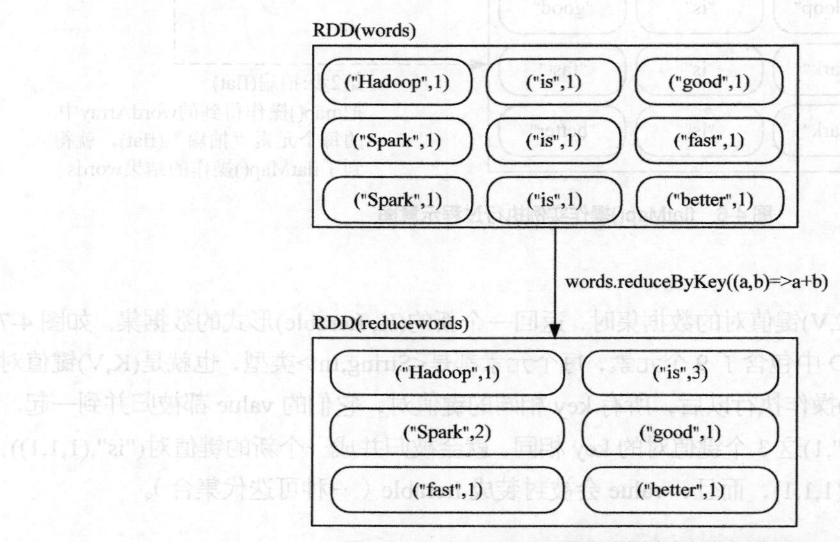

图 4-8　reduceByKey()操作实例执行过程示意图

2. 行动操作

行动操作是真正触发计算的地方。Spark 程序只有执行到行动操作时，才会执行真正的计算，从文件中加载数据，完成一次又一次转换操作，最终，完成行动操作得到结果。表 4-2 列出了常用的 RDD 行动操作 API。

表 4-2　常用的 RDD 行动操作 API

操作	含义
count()	返回数据集中的元素个数
collect()	以数组的形式返回数据集中的所有元素
first()	返回数据集中的第一个元素
take(n)	以数组的形式返回数据集中的前 *n* 个元素
reduce(func)	通过函数 func（输入两个参数并返回一个值）聚合数据集中的元素
foreach(func)	将数据集中的每个元素传递到函数 func 中运行

下面通过一个实例来介绍表 4-2 中的各个行动操作，这里同时给出了在 spark-shell 环境中执行的代码及其执行结果。

```
scala> val  rdd=sc.parallelize(Array(1,2,3,4,5))
rdd:   org.apache.spark.rdd.RDD[Int]=ParallelCollectionRDD[1]    at    parallelize    at
<console>:24
scala> rdd.count()
res0: Long = 5
scala> rdd.first()
res1: Int = 1
scala> rdd.take(3)
res2: Array[Int] = Array(1,2,3)
scala> rdd.reduce((a,b)=>a+b)
res3: Int = 15
scala> rdd.collect()
res4: Array[Int] = Array(1,2,3,4,5)
scala> rdd.foreach(elem=>println(elem))
1
2
3
4
5
```

这里首先使用 sc.parallelize(Array(1,2,3,4,5))生成了一个 RDD，变量名称为 rdd，rdd 中包含了 5 个元素，分别是 1、2、3、4 和 5，所以，rdd.count()语句执行以后返回的结果是 5。执行 rdd.first()语句后，会返回第 1 个元素，即 1。当执行完 rdd.take(3)语句以后，会以数组的形式返回 rdd 中的前 3 个元素，即 Array(1,2,3)。执行完 rdd.reduce((a,b)=>a+b)语句后，会得到把 rdd 中的所有元素（即 1、2、3、4、5）进行求和以后的结果，即 15。在执行 rdd.reduce((a,b)=>a+b)时，系统会把 rdd 的第 1 个元素 1 传入给参数 a，把 rdd 的第 2 个元素 2 传入给参数 b，执行 a+b 计算得到求和结果 3；然后，把这个求和的结果 3 传入给参数 a，把 rdd 的第 3 个元素 3 传入给参数 b，执行 a+b 计算得到求和结果 6；然后，把 6 传入给参数 a，把 rdd 的第 4 个元素 4 传入给参数 b，执行 a+b 计算得到求和结果 10；最后，把 10 传入给参数 a，把 rdd 的第 5 个元素 5 传入给参数 b，执行 a+b 计算得到求和结果 15。接下来，执行 rdd.collect()，以数组的形式返回 rdd 中的所有元素，可以看出，执行结果是一个数组 Array(1,2,3,4,5)。在这个实例的最后，执行了语句 rdd.foreach(elem=>println(elem))，该语句会依次遍历 rdd 中的每个元素，把当前遍历到的元素赋值给变量 elem，并使用 println(elem)打印出 elem 的值。实际上，rdd.foreach(elem=>println(elem))可以被简化成 rdd.foreach(println)，效果是一样的。

需要特别强调的是，当采用 Local 模式在单机上执行时，rdd.foreach(println)语句会打印出一个 RDD 中的所有元素。但是，当采用集群模式执行时，在 Worker 节点上执行打印语句是输出到 Worker 节点的 stdout 中，而不是输出到任务控制节点 Driver 中，因此，任务控制节点 Driver 中的 stdout 是不会显示打印语句的这些输出内容的。为了能够把所有 Worker 节点上的打印输出信息也显示到 Driver 中，就需要使用 collect()方法。例如，rdd.collect().foreach(println)。但是，由于 collect()方法会把各个 Worker 节点上的所有 RDD 元素都抓取到 Driver 中，因此，这可能会导致 Driver 所在节点发生内存溢出。因此，当只需要打印 RDD 的部分元素时，可以采用类似 rdd.take(100).foreach(println) 这样的语句。

3. 惰性机制

所谓的“惰性机制”是指，整个转换过程只是记录了转换的轨迹，并不会发生真正的计算，只有遇到行动操作时，才会触发“从头到尾”的真正的计算。这里给出一段简单的语句来解释 Spark 的惰性机制。

```
scala> val  lines = sc.textFile("data.txt")
scala> val lineLengths = lines.map(s => s.length)
scala> val  totalLength = lineLengths.reduce((a, b) => a + b)
```

上面 3 行语句中，第 1 行语句中的 textFile()是一个转换操作，执行后，系统只会记录这次转换，并不会真正从 HDFS 中读取 data.txt 文件的数据到内存中；第 2 行语句的 map()也是一个转换操作，系统只是记录这次转换，不会真正执行 map()方法；第 3 行语句的 reduce()方法是一个“行动”类型的操作，这时，系统会生成一个作业，触发真正的计算。也就是说，这时才会从 HDFS 中加载 data.txt 的数据到内存，生成 lines 这个 RDD，lines 中的每个元素都是一行文本，然后，对 lines 执行 map()方法，计算这个 RDD 中每个元素的长度（即一行文本包含的单词个数），得到新的 RDD，即 lineLengths，这个 RDD 中的每个元素都是 Int 类型，表示文本的长度，最后，在 lineLengths 上调用 reduce()方法，执行 RDD 元素求和，得到所有文本长度的总和。

4.1.3 持久化

在 Spark 中，RDD 采用惰性求值的机制，每次遇到行动操作，都会从头开始执行计算。每次调用行动操作，都会触发一次从头开始的计算，这对于迭代计算而言，代价是很大的，因为迭代计算经常需要多次重复使用同一组数据。下面就是多次计算同一个 RDD 的例子：

```
scala> val  list = List("Hadoop","Spark","Hive")
list: List[String] = List(Hadoop, Spark, Hive)
scala> val  rdd = sc.parallelize(list)
rdd: org.apache.spark.rdd.RDD[String] = ParallelCollectionRDD[22] at parallelize at <console>:29
scala> println(rdd.count())                        //行动操作，触发一次真正从头到尾的计算
3
scala> println(rdd.collect().mkString(","))        //行动操作，触发一次真正从头到尾的计算
Hadoop,Spark,Hive
```

实际上，可以通过持久化（缓存）机制来避免这种重复计算的开销。具体方法是使用 persist()方法对一个 RDD 标记为持久化，之所以说“标记为持久化”，是因为出现 persist()语句的地方，并不会马上计算生成 RDD 并把它持久化，而是要等到遇到第一个行动操作触发真正计算以后，才会把计算结果进行持久化，持久化后的 RDD 将会被保留在计算节点的内存中，被后面的行动操作重复使用。

persist()的圆括号中包含的是持久化级别参数，可以有如下不同的级别：

- persist(MEMORY_ONLY)：表示将 RDD 作为反序列化的对象存储于 JVM 中，如果内存不足，就要按照 LRU 原则替换缓存中的内容；
- persist(MEMORY_AND_DISK)：表示将 RDD 作为反序列化的对象存储在 JVM 中，如果内存不足，超出的分区将会被存放在磁盘上。

一般而言，使用 cache()方法时，会调用 persist(MEMORY_ONLY)。针对上面的实例，增加持久化语句以后的执行过程如下：

```
scala> val  list = List("Hadoop","Spark","Hive")
list: List[String] = List(Hadoop, Spark, Hive)
scala> val  rdd = sc.parallelize(list)
rdd: org.apache.spark.rdd.RDD[String] = ParallelCollectionRDD[22] at parallelize at <console>:29
scala> rdd.cache()  //会调用 persist(MEMORY_ONLY)，但是，语句执行到这里，并不会缓存 rdd，因为这时 rdd 还没有被计算生成
```

```
scala> println(rdd.count()) //第一次行动操作，触发一次真正从头到尾的计算，这时上面的 rdd.cache()才会被执行，把这个 rdd 放到缓存中
3
scala> println(rdd.collect().mkString(",")) //第二次行动操作，不需要触发从头到尾的计算，只需要重复使用上面缓存中的 rdd
Hadoop,Spark,Hive
```

持久化 RDD 会占用内存空间，当不再需要一个 RDD 时，就可以使用 unpersist()方法手动地把持久化的 RDD 从缓存中移除，释放内存空间。

4.1.4 分区

1. 分区的作用

RDD 是弹性分布式数据集，通常 RDD 很大，会被分成很多个分区，分别保存在不同的节点上。如图 4-9 所示，一个集群中包含 4 个工作节点（Worker Node），分别是 WorkerNode1、WorkerNode2、WorkerNode3 和 WorkerNode4，假设有两个 RDD，即 rdd1 和 rdd2，其中，rdd1 包含 5 个分区，即 p1、p2、p3、p4 和 p5，rdd2 包含 3 个分区，即 p6、p7 和 p8。

对 RDD 进行分区，第一个功能是增加并行度。例如，在图 4-9 中，rdd2 的 3 个分区 p6、p7 和 p8，分布在 3 个不同的工作节点 WorkerNode2、WorkerNode3 和 WorkerNode4 上面，就可以在这 3 个工作节点上分别启动 3 个线程对这 3 个分区的数据进行并行处理，从而增加了任务的并行度。

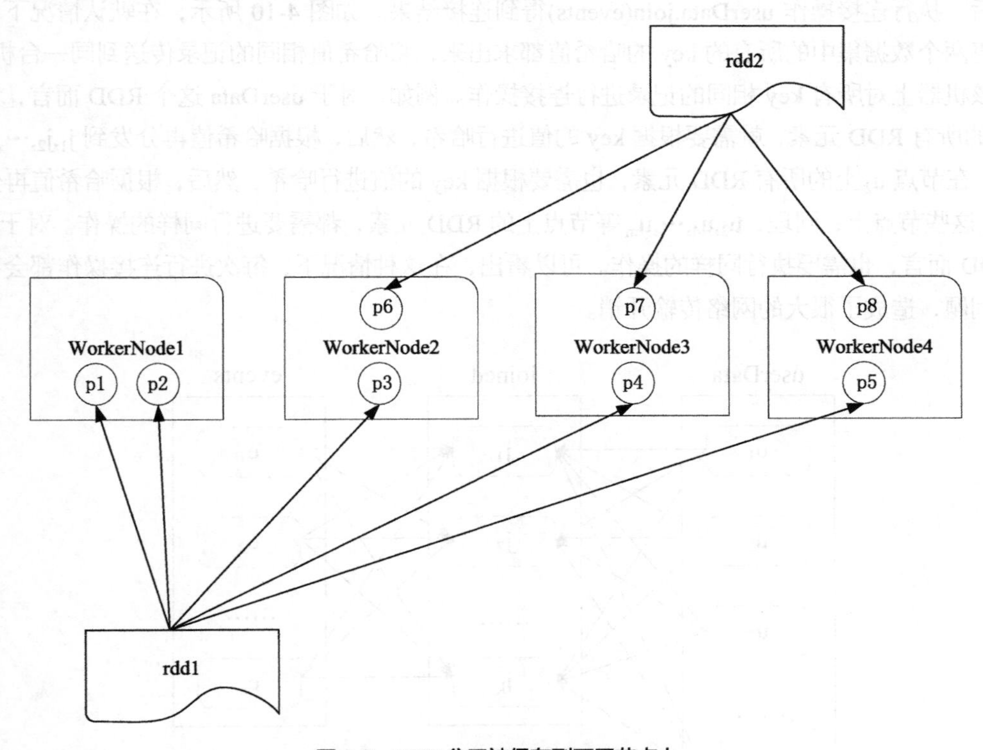

图 4-9 RDD 分区被保存到不同节点上

对 RDD 进行分区的第二个功能是减少通信开销。在分布式系统中，通信的代价是巨大的，控制数据分布以获得最少的网络传输可以极大地提升整体性能。Spark 程序可以通过控制 RDD 分区方式

来减少网络通信的开销。下面通过一个实例来解释为什么通过分区可以减少网络传输开销。

连接（Join）是查询分析中经常发生的一种操作。假设在某种应用中需要对两个表进行连接操作，第 1 个表是一个很大的用户信息表 UserData（UserId，UserInfo），其中，UserId 和 UserInfo 是 UserData 表的两个字段，UserInfo 包含了某个用户所订阅的主题信息。第 2 个表是 Events（UserId，LinkInfo），这个表比较小，只记录了过去五分钟内发生的事件，即某个用户查看了哪个链接。为了对用户访问情况进行统计，需要周期性地对 UserData 和 Events 这两个表进行连接操作，获得（UserId，UserInfo，LinkInfo）这种形式的结果，从而知道某个用户订阅的是哪个主题，以及访问了哪个链接。

可以用 Spark 来实现上述应用场景。在执行 Spark 作业时，首先，UserData 表会被加载到内存中，生成 RDD（假设 RDD 的名称为 userData），RDD 中的每个元素是（UserId，UserInfo）这种形式的键值对，即 key 是 UserId，value 是 UserInfo；Events 表也会被加载到内存中生成 RDD（假设名称为 events），RDD 中的每个元素是<UserId, LinkInfo>这种形式的键值对，key 是 UserId，value 是 LinkInfo。由于 UserData 是一个很大的表，通常会被存放到 HDFS 文件中，Spark 系统会根据每个 RDD 元素的数据来源，把每个 RDD 元素放在相应的节点上。例如，从工作节点 u_1 上的 HDFS 文件块（Block）中读取到的记录，其生成的 RDD 元素（（UserId，UserInfo）形式的键值对），就会被放在节点 u_1 上，从节点 u_2 上的 HDFS 文件块（Block）中读取到的记录，其生成的 RDD 元素会被放在节点 u_2 上，最终，userData 这个 RDD 的元素就会分布在节点 $u_1,u_2,\cdots,u_m$ 上。

然后，执行连接操作 userData.join(events)得到连接结果。如图 4-10 所示，在默认情况下，连接操作会将两个数据集中的所有的 key 的哈希值都求出来，将哈希值相同的记录传送到同一台机器上，之后在该机器上对所有 key 相同的记录进行连接操作。例如，对于 userData 这个 RDD 而言，它在节点 u_1 上的所有 RDD 元素，就需要根据 key 的值进行哈希，然后，根据哈希值再分发到 $j_1,j_2,\cdots,j_k$ 这些节点上；在节点 u_2 上的所有 RDD 元素，也需要根据 key 的值进行哈希，然后，根据哈希值再分发到 $j_1,j_2,\cdots,j_k$ 这些节点上；同理，$u_3,u_4,\cdots,u_m$ 等节点上的 RDD 元素，都需要进行同样的操作。对于 events 这个 RDD 而言，也需要执行同样的操作。可以看出，在这种情况下，每次进行连接操作都会有数据混洗的问题，造成了很大的网络传输开销。

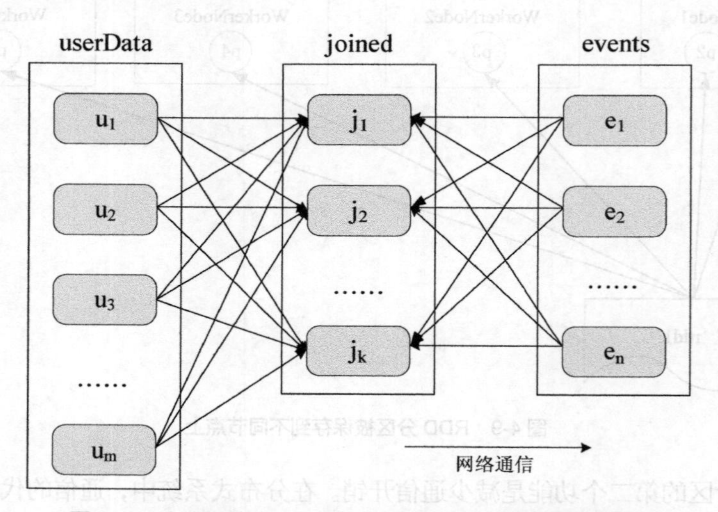

图 4-10 未分区时对 UserData 和 Events 两个表进行连接操作

实际上，由于 userData 这个 RDD 要比 events 大很多，所以，可以选择对 userData 进行分区。例如，可以采用哈希分区方法，把 userData 这个 RDD 分区成 m 个分区，这些分区分布在节点 $u_1,u_2,\cdots,u_m$ 上。对 userData 进行分区以后，在执行连接操作时，就不会产生图 4-10 中的数据混洗情况。如图 4-11 所示，由于已经对 userData 根据哈希值进行了分区，因此，在执行连接操作时，不需要再把 userData 中的每个元素进行哈希求值以后再分发到其他节点上，只需要对 events 这个 RDD 的每个元素求哈希值（采用和 userData 同样的哈希函数），然后，根据哈希值把每个 events 中的 RDD 元素分发到对应的节点 $u_1,u_2,\cdots,u_m$ 上面。整个过程中，只有 events 发生了数据混洗，产生网络通信，而 userData 的数据都是在本地引用，不会产生网络传输开销。由此可以看出，Spark 通过数据分区，对于一些特定类型的操作（比如 join()、leftOuterJoin()、groupByKey()、reducebyKey()等），可以大大降低网络传输开销。

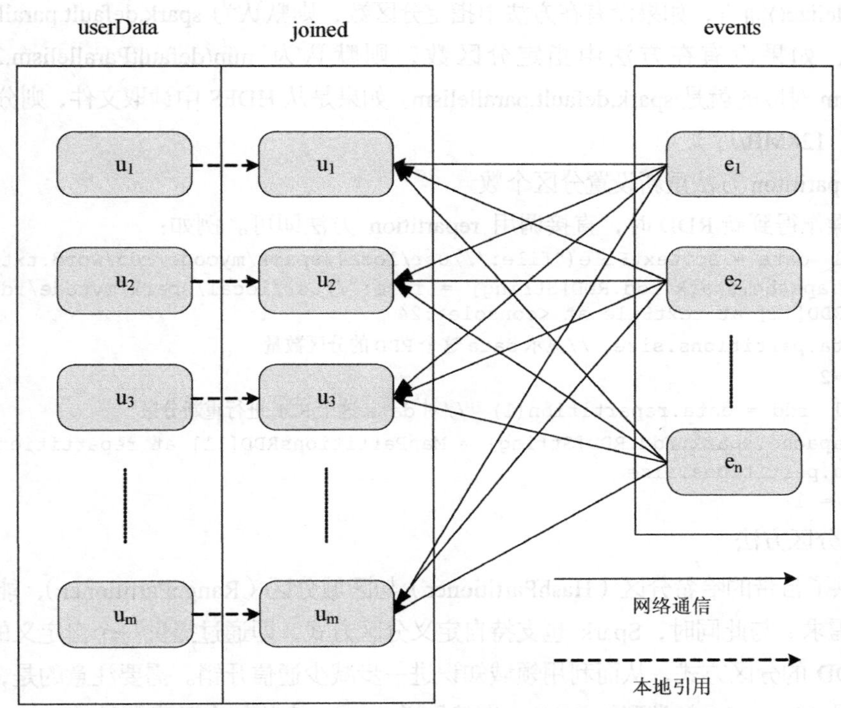

图 4-11　采用分区以后对 UserData 和 Events 两个表进行连接操作

2. 分区的原则

RDD 分区的一个原则是使分区的个数尽量等于集群中的 CPU 核心（Core）数目。对于不同的 Spark 部署模式而言（Local 模式、Standalone 模式、YARN 模式、Mesos 模式），都可以通过设置 spark.default.parallelism 这个参数的值，来配置默认的分区数目。一般而言，各种模式下的默认分区数目如下：

- Local 模式：默认为本地机器的 CPU 数目，若设置了 local[N]，则默认为 N；
- Standalone 或 YARN 模式：在“集群中所有 CPU 核心数目总和”和“2”这二者中取较大值作为默认值；
- Mesos 模式：默认的分区数为 8。

3. 设置分区的个数

可以手动设置分区的数量，主要包括两种方式：（1）创建 RDD 时手动指定分区个数；（2）使用 reparititon 方法重新设置分区个数。

- 创建 RDD 时手动指定分区个数

在调用 textFile()和 parallelize()方法的时候手动指定分区个数即可，语法格式如下：

sc.textFile(path, partitionNum)

其中，path 参数用于指定要加载的文件的地址，partitionNum 参数用于指定分区个数。下面是一个分区的实例。

```
scala> val  array = Array(1,2,3,4,5)
scala> val  rdd = sc.parallelize(array,2)  //设置两个分区
```

对于 parallelize()而言，如果没有在方法中指定分区数，则默认为 spark.default.parallelism。对于 textFile()而言，如果没有在方法中指定分区数，则默认为 min(defaultParallelism,2)，其中，defaultParallelism 对应的就是 spark.default.parallelism。如果是从 HDFS 中读取文件，则分区数为文件分片数（例如，128MB/片）。

- 使用 reparititon 方法重新设置分区个数

通过转换操作得到新 RDD 时，直接调用 repartition 方法即可。例如：

```
scala> val  data = sc.textFile("file:///usr/local/spark/mycode/rdd/word.txt",2)
data: org.apache.spark.rdd.RDD[String] = file:///usr/local/spark/mycode/rdd/word.txt
MapPartitionsRDD[12] at textFile at <console>:24
scala> data.partitions.size  //显示 data 这个 RDD 的分区数量
res2: Int=2
scala> val  rdd = data.repartition(1)  //对 data 这个 RDD 进行重新分区
rdd: org.apache.spark.rdd.RDD[String] = MapPartitionsRDD[11] at repartition at :26
scala> rdd.partitions.size
res4: Int = 1
```

4. 自定义分区方法

Spark 提供了自带的哈希分区（HashPartitioner）与区域分区（RangePartitioner），能够满足大多数应用场景的需求。与此同时，Spark 也支持自定义分区方式，即通过提供一个自定义的 Partitioner 对象来控制 RDD 的分区方式，从而利用领域知识进一步减少通信开销。需要注意的是，Spark 的分区函数针对的是（key,value）类型的 RDD，也就是说，RDD 中的每个元素都是（key,value）类型，然后，分区函数根据 key 对 RDD 元素进行分区。因此，当需要对一些非（key,value）类型的 RDD 进行自定义分区时，需要首先把 RDD 元素转换为（key,value）类型，然后再使用分区函数。

要实现自定义分区，需要定义一个类，这个自定义类需要继承 org.apache.spark.Partitioner 类，并实现下面 3 个方法：

- numPartitions: Int　返回创建出来的分区数；
- getPartition(key: Any): Int　返回给定键的分区编号（0 到 numPartitions-1）；
- equals():　Java 判断相等性的标准方法。

下面是一个实例，要求根据 key 值的最后一位数字写到不同的文件中。例如，10 写入到 part-00000，11 写入到 part-00001，12 写入到 part-00002。请创建一个代码文件 TestPartitioner.scala，输入以下代码：

```
import org.apache.spark.{Partitioner, SparkContext, SparkConf}
//自定义分区类，需要继承 org.apache.spark.Partitioner 类
```

```
class MyPartitioner(numParts:Int) extends Partitioner{
  //覆盖分区数
  override def numPartitions: Int = numParts
  //覆盖分区号获取函数
  override def getPartition(key: Any): Int = {
    key.toString.toInt%10
}
}
object TestPartitioner {
  def main(args: Array[String]) {
    val conf=new SparkConf()
    val sc=new SparkContext(conf)
    //模拟 5 个分区的数据
    val data=sc.parallelize(1 to 10,5)
    //根据尾号转变为 10 个分区，分别写到 10 个文件
    data.map((_,1)).partitionBy(new
MyPartitioner(10)).map(_._1).saveAsTextFile("file:///usr/local/spark/mycode/rdd/partitio
ner")
  }
}
```

上面代码中，val data=sc.parallelize(1 to 10,5)这行代码执行后，会生成一个名称为 data 的 RDD，这个 RDD 中包含了 1、2、3、…、9、10 等 10 个 Int 类型的元素，并被分成 5 个分区。data.map((_,1))表示把 data 中的每个 Int 类型元素取出来，转换成(key,value)类型，比如，把 1 这个元素取出来以后转换成(1,1)，把 2 这个元素取出来以后转换成(2,1)，因为，自定义分区函数要求 RDD 元素的类型必须是(key,value)类型。partitionBy(new MyPartitioner(10))表示调用自定义分区函数，把(1,1)、(2,1)、(3,1)、…、(10,1)这些 RDD 元素根据尾号分成 10 个分区。分区完成以后，再使用 map(_._1)，把(1,1)、(2,1)、(3,1)、…、(10,1)等(key,value)类型元素的 key 提取出来，得到 1,2,3,…,9,10。最后调用 saveAsTextFile()方法把 RDD 的 10 个 Int 类型的元素写入到本地文件中。

使用 sbt 工具对 TestPartitioner.scala 进行编译打包，并使用 spark-submit 命令提交到 Spark 中运行。运行结束后可以看到，在本地文件系统的“file:///usr/local/spark/mycode/rdd/partitioner”目录下面，会生成 part-00000、part-00001、part-00002、…、part-00009 和_SUCCESS 等文件，其中，part-00000 文件中包含了数字 10，part-00001 文件中包含了数字 1，part-00002 文件中包含了数字 2。

4.1.5　一个综合实例

假设有一个本地文件 word.txt，里面包含了很多行文本，每行文本由多个单词构成，单词之间用空格分隔。可以使用如下语句进行词频统计（即统计每个单词出现的次数）：

```
scala> val  lines = sc.         //代码一行放不下，可以在圆点后回车，在下行继续输入
     | textFile("file:///usr/local/spark/mycode/wordcount/word.txt")
scala> val wordCount = lines.flatMap(line => line.split(" ")).
     | map(word => (word, 1)).reduceByKey((a, b) => a + b)
scala> wordCount.collect()
scala> wordCount.foreach(println)
```

图 4-12 所示演示了上面的词频统计程序的执行过程。

在实际应用中，单词文件可能非常大，会被保存到分布式文件系统 HDFS 中，Spark 和 Hadoop 会统一部署在一个集群上，如图 4-13 所示，HDFS 的名称节点（HDFS NN）和 Spark 的主节点（Spark

Master）可以分开部署，而 HDFS 的数据节点（HDFS DN）和 Spark 的从节点（Spark Worker）会部署在一起。这时采用 Spark 进行分布式处理，可以大大提高词频统计程序的执行效率，因为，Spark Worker 可以就近处理和自己部署在一起的 HDFS 数据节点中的数据。

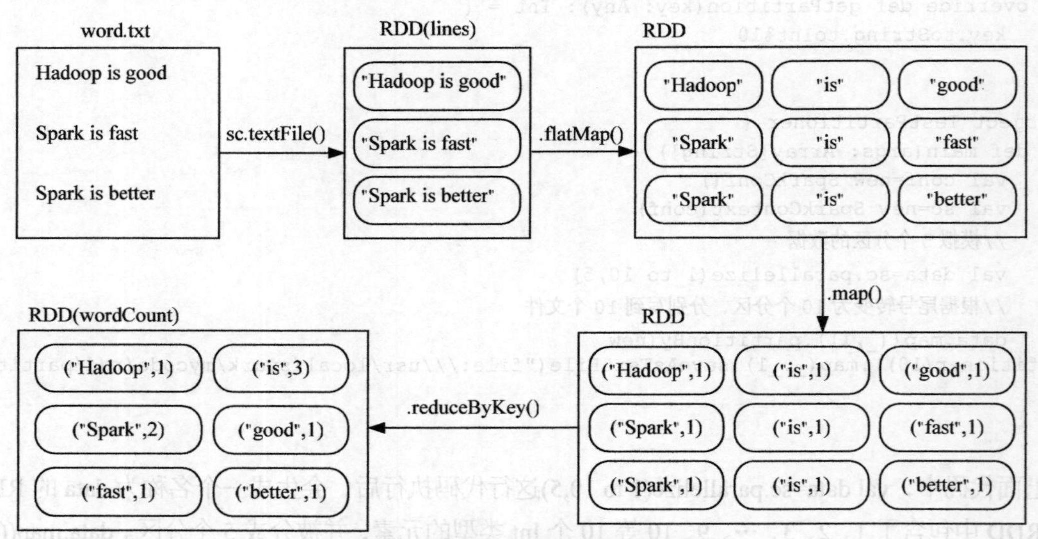

图 4-12 词频统计程序执行过程示意图

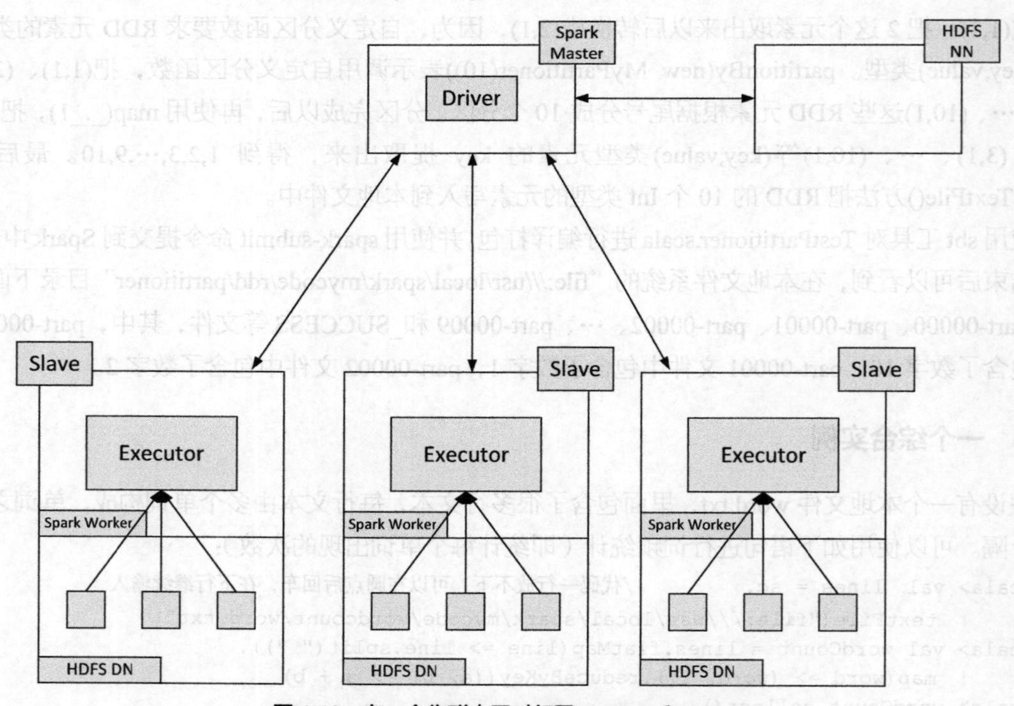

图 4-13 在一个集群中同时部署 Hadoop 和 Spark

对词频统计程序 WordCount 而言（见图 4-14），分布式运行在每个 Slave 节点的每个分区上，统计本分区内的单词计数，然后将它传回给 Driver，再由 Driver 来合并来自各个分区的所有单词计数，形成最终的单词计数。

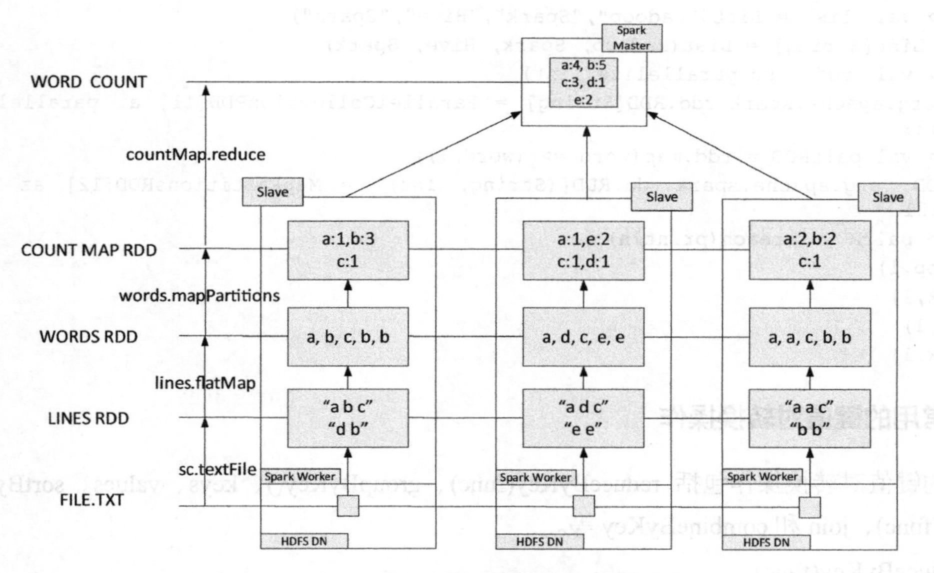

图 4-14　在集群中执行词频统计过程示意图

4.2　键值对 RDD

键值对 RDD（Pair RDD）是指每个 RDD 元素都是（key，value）键值对类型，是一种常见的 RDD 类型，可以应用于很多的应用场景。

4.2.1　键值对 RDD 的创建

键值对 RDD 的创建主要有两种方式：

（1）从文件中加载生成 RDD；

（2）通过并行集合（数组）创建 RDD。

- 从文件中加载生成 RDD

首先使用 textFile()方法从文件中加载数据，然后，使用 map()函数转换得到相应的键值对 RDD。例如：

```
scala> val lines = sc.textFile("file:///usr/local/spark/mycode/pairrdd/word.txt")
lines:  org.apache.spark.rdd.RDD[String]  =  file:///usr/local/spark/mycode/pairrdd/
word.txtMapPartitionsRDD[1] at textFile at <console>:27
scala> val  pairRDD = lines.flatMap(line => line.split(" ")).map(word => (word,1))
pairRDD:  org.apache.spark.rdd.RDD[(String,  Int)]  =  MapPartitionsRDD[3]  at  map  at
<console>:29
scala> pairRDD.foreach(println)
(i,1)
(love,1)
(hadoop,1)
……
```

上面语句中，map(word => (word,1))函数的作用是，取出 RDD 中的每个元素，也就是每个单词，赋值给 word，然后把 word 转换成(word,1)的键值对形式。

- 通过并行集合（数组）创建 RDD

下面从一个列表创建一个键值对 RDD：

```
scala> val  list = List("Hadoop","Spark","Hive","Spark")
list: List[String] = List(Hadoop, Spark, Hive, Spark)
scala> val  rdd = sc.parallelize(list)
rdd: org.apache.spark.rdd.RDD[String] = ParallelCollectionRDD[11] at parallelize at <console>:29
scala> val pairRDD = rdd.map(word => (word,1))
pairRDD: org.apache.spark.rdd.RDD[(String, Int)] = MapPartitionsRDD[12] at map at <console>:31
scala> pairRDD.foreach(println)
(Hadoop,1)
(Spark,1)
(Hive,1)
(Spark,1)
```

4.2.2 常用的键值对转换操作

常用的键值对转换操作包括 reduceByKey(func)、groupByKey()、keys、values、sortByKey()、mapValues(func)、join 和 combineByKey 等。

- reduceByKey(func)

reduceByKey(func)的功能是，使用 func 函数合并具有相同键的值。例如，有一个键值对 RDD 包含 4 个元素，分别是("Hadoop",1)、("Spark",1)、("Hive",1)和("Spark",1)。可以使用 reduceByKey()操作，得到每个单词的出现次数，代码及其执行结果如下：

```
scala> pairRDD.reduceByKey((a,b)=>a+b).foreach(println)
(Spark,2)
(Hive,1)
(Hadoop,1)
```

- groupByKey()

groupByKey()的功能是，对具有相同键的值进行分组。例如，有四个键值对("spark",1)、("spark",2)、("hadoop",3)和("hadoop",5)，采用 groupByKey()后得到的结果是：("spark",(1,2))和("hadoop",(3,5))，代码及其执行结果如下：

```
scala> pairRDD.groupByKey()
res15: org.apache.spark.rdd.RDD[(String, Iterable[Int])] = ShuffledRDD[15] at groupByKey at <console>:34
```

reduceByKey 和 groupByKey 的区别是：reduceByKey 用于对每个 key 对应的多个 value 进行聚合操作，并且聚合操作可以通过函数 func 进行自定义；groupByKey 也是对每个 key 进行操作，但是，对每个 key 只会生成一个 value-list，groupByKey 本身不能自定义函数，需要先用 groupByKey 生成 RDD，然后才能对此 RDD 通过 map 进行自定义函数操作。

实际上，对于一些操作，可以通过 reduceByKey 得到结果，也可以通过组合使用 groupByKey 和 map 操作得到结果，二者是“殊途同归”，下面是一个实例：

```
scala>  val  words = Array("one", "two", "two", "three", "three", "three")
scala>  val  wordPairsRDD = sc.parallelize(words).map(word => (word, 1))
scala>  val  wordCountsWithReduce = wordPairsRDD.reduceByKey(_+_)
scala>  val  wordCountsWithGroup = wordPairsRDD.
     | groupByKey().map(t => (t._1, t._2.sum))
```

上面语句中，wordPairsRDD.reduceByKey(_+_)使用了 Scala 语言的占位符语法，它和 wordPairsRDD.reduceByKey((a,b)=>a+b)是等价的。wordPairsRDD.groupByKey().map(t => (t._1, t._2.sum)) 这个语句中，首先使用 groupByKey()把所有 key 相同的 value 都组织成一个 value-list，保存在一

个可迭代的集合 Iterable 中，因此，groupByKey()操作以后得到的 RDD 的每个元素都是(key,value-list)的形式，然后，在执行 map()操作时，对于每个(key,value-list)形式的 RDD 元素，都依次取出来，赋值给 t，t._1 就是一个 key，t._2 就是一个 value-list，由于 t._2 是被保存在一个可迭代的集合 Iterable 中，因此，可以使用集合上的 sum 方法（即 t._2.sum），直接对集合中的所有元素进行求和。

可以看出，上面得到的 wordCountsWithReduce 和 wordCountsWithGroup 是完全一样的，但是，它们的内部运算过程是不同的。

- keys

键值对 RDD 每个元素都是(key,value)的形式，keys 操作只会把键值对 RDD 中的 key 返回，形成一个新的 RDD。例如，有一个键值对 RDD，名称为 pairRDD，包含 4 个元素，分别是("Hadoop",1)、("Spark",1)、("Hive",1)和("Spark",1)，可以使用 keys 方法取出所有的 key 并打印出来，代码及其执行结果如下：

```
scala> pairRDD.keys
res17: org.apache.spark.rdd.RDD[String] = MapPartitionsRDD[17] at keys at <console>:34
scala> pairRDD.keys.foreach(println)
Hadoop
Spark
Hive
Spark
```

- values

values 操作只会把键值对 RDD 中的 value 返回，形成一个新的 RDD。例如，有一个键值对 RDD，名称为 pairRDD，包含 4 个元素，分别是("Hadoop",1)、("Spark",1)、("Hive",1)和("Spark",1)，可以使用 values 方法取出所有的 value 并打印出来，代码及其执行结果如下：

```
scala> pairRDD.values
res0: org.apache.spark.rdd.RDD[Int] = MapPartitionsRDD[2] at values at <console>:34
scala> pairRDD.values.foreach(println)
1
1
1
1
```

- sortByKey()

sortByKey()的功能是返回一个根据 key 排序的 RDD。例如，有一个键值对 RDD，名称为 pairRDD，包含 4 个元素，分别是("Hadoop",1)、("Spark",1)、("Hive",1)和("Spark",1)，使用 sortByKey()的效果如下：

```
scala> pairRDD.sortByKey()
res0: org.apache.spark.rdd.RDD[(String, Int)] = ShuffledRDD[2] at sortByKey at <console>:34
scala> pairRDD.sortByKey().foreach(println)
(Hadoop,1)
(Hive,1)
(Spark,1)
(Spark,1)
```

- sortBy()

sortByKey()的功能是返回一个根据 key 排序的 RDD，而 sortBy()则可以根据其他字段进行排序。下面首先看一下使用 sortByKey()的效果：

```
scala> val d1 = sc.parallelize(Array(("c",8),("b",25),("c",17),("a",42),("b",4),
("d",9),("e",17),("c",2),("f",29),("g",21),("b",9)))
scala> d1.reduceByKey(_+_).sortByKey(false).collect
res2: Array[(String, Int)] = Array((g,21),(f,29),(e,17),(d,9),(c,27),(b,38),(a,42))
```

sortByKey(false)括号中的参数 false 表示按照降序排序，如果没有提供参数 false，则默认采用升序排序。从上面排序后的效果可以看出，所有键值对都按照 key 的降序进行了排序，因此输出Array((g,21),(f,29),(e,17),(d,9),(c,27),(b,38),(a,42))。

但是，如果要根据 21、29、17 等数值进行排序，sortByKey()就无能为力了，必须使用 sortBy()，代码如下：

```
scala> val d2 = sc.parallelize(Array(("c",8),("b",25),("c",17),("a",42),("b",4),
("d",9),("e",17),("c",2),("f",29),("g",21),("b",9)))
scala> d2.reduceByKey(_+_).sortBy(_._2,false).collect
res4: Array[(String, Int)] = Array((a,42),(b,38),(f,29),(c,27),(g,21),(e,17),(d,9))
```

上面语句中，sortBy(_._2,false)中的“_._2”表示每个键值对 RDD 元素的 value，也就是根据 value 来排序，false 表示按照降序排序。

- mapValues(func)

mapValues(func)对键值对 RDD 中的每个 value 都应用一个函数，但是，key 不会发生变化。例如，有一个键值对 RDD，名称为 pairRDD，包含 4 个元素，分别是("Hadoop",1)、("Spark",1)、("Hive",1)和("Spark",1)，下面使用 mapValues()操作把所有 RDD 元素的 value 都增加 1：

```
scala> pairRDD.mapValues(x => x+1)
res2: org.apache.spark.rdd.RDD[(String, Int)] = MapPartitionsRDD[4] at mapValues at
<console>:34
scala> pairRDD.mapValues(x => x+1).foreach(println)
(Hadoop,2)
(Spark,2)
(Hive,2)
(Spark,2)
```

- join()

join 表示内连接，对于给定的两个输入数据集(K,V1)和(K,V2)，只有在两个数据集中都存在的 key 才会被输出，最终得到一个(K,(V1,V2))类型的数据集。下面是一个连接操作实例：

```
scala> val pairRDD1 = sc.
     | parallelize(Array(("spark",1),("spark",2),("hadoop",3),("hadoop",5)))
scala> val pairRDD2 = sc.parallelize(Array(("spark","fast")))
scala> pairRDD1.join(pairRDD2)
scala> pairRDD1.join(pairRDD2).foreach(println)
(spark,(1,fast))
(spark,(2,fast))
```

从上面代码及其执行结果可以看出，pairRDD1 中的键值对("spark",1)和 pairRDD2 中的键值对("spark","fast")，因为二者具有相同的 key（即"spark"），所以会产生连接结果("spark",(1,"fast"))。

- combineByKey

combineByKey(createCombiner,mergeValue,mergeCombiners,partitioner,mapSideCombine)中的各个参数的含义如下：

（1）createCombiner：在第一次遇到 key 时创建组合器函数，将 RDD 数据集中的 V 类型值转换成 C 类型值（V => C）；

（2）mergeValue：合并值函数，再次遇到相同的 Key 时，将 createCombiner 的 C 类型值与这次传入的 V 类型值合并成一个 C 类型值（C,V）=>C；

（3）mergeCombiners：合并组合器函数，将 C 类型值两两合并成一个 C 类型值；

（4）partitioner：使用已有的或自定义的分区函数，默认是 HashPartitioner；

（5）mapSideCombine：是否在 map 端进行 Combine 操作，默认为 true。

下面通过一个实例来解释如何使用 combineByKey 操作。假设有一些销售数据，数据采用键值对的形式，即<公司,当月收入>，要求使用 combineByKey 操作求出每个公司的总收入和每月平均收入，并保存在本地文件中。

为了实现该功能，可以创建一个代码文件 Combine.scala，并输入如下代码：

```
import org.apache.spark.SparkContext
import org.apache.spark.SparkConf
object Combine {
    def main(args: Array[String]) {
        val conf = new SparkConf().setAppName("Combine").setMaster("local")
        val sc = new SparkContext(conf)
        val data = sc.parallelize(Array(("company-1",88),("company-1",96),("company-1",
85),("company-2",94),("company-2",86),("company-2",74),("company-3",86),("company-3",88)
,("company-3",92)),3)
        val res = data.combineByKey(
            (income) => (income,1),
            ( acc:(Int,Int), income ) => ( acc._1+income, acc._2+1 ),
            ( acc1:(Int,Int), acc2:(Int,Int) ) => ( acc1._1+acc2._1, acc1._2+acc2._2 )
        ).map({ case (key, value) => (key, value._1, value._1/value._2.toFloat) })
    res.repartition(1).saveAsTextFile("file:///usr/local/spark/mycode/rdd/result")
    }
}
```

下面解释一下代码的执行过程。val data = sc.parallelize()用来创建一个 RDD，即 data，data 中的每个元素都是(key,value)键值对的形式。例如，("company-1",88)和("company-1",96)。val res = data.combineByKey()语句用来计算得到每个公司的总收入和平均收入，combineByKey()函数中使用了 3 个参数，即 createCombiner、mergeValue 和 mergeCombiners，另外两个参数（partitioner 和 mapSideCombine）都采用默认值。为了让代码中 combineByKey()的参数值和参数名称之间的对应关系更加清晰，表 4-3 给出了二者的对应关系。

表 4-3　　Combine.scala 代码中 combineByKey()的参数值

参数名称	参数值
createCombiner	(income) => (income,1)
mergeValue	(acc:(Int,Int), income) => (acc._1+income, acc._2+1)
mergeCombiners	(acc1:(Int,Int), acc2:(Int,Int)) => (acc1._1+acc2._1, acc1._2+acc2._2)

在执行 data.combineByKey()时，首先，系统取出 data 中的第 1 个 RDD 元素，即("company-1",88)，key 是"company-1"，这个 key 是第一次遇到，因此 Spark 会为这个 key 创建一个组合器函数 createCombiner，负责把 value 从 V 类型值转换成 C 类型值，这里 createCombiner 的值是一个 λ 表达式（或者称为匿名函数），即(income) => (income,1)，系统会把"company-1"这个 key 对应的 value 赋值给 income，也就是把 88 赋值给 income，然后执行函数体部分，把 income 转换成一个元组(income,1)，因此，88 会被转换成(88,1)，从 V 类型值变成 C 类型值。然后，系统取出 data 中的第 2 个 RDD 元素，即("company-1",96)，key 是"company-1"，这是第 2 次遇到相同的 key，因此，系统会使用 mergeValue

所提供的合并值函数，将 createCombiner 的 C 类型值与这次传入的 V 类型值合并成一个 C 类型值，这里 mergeValue 参数所对应的值是一个 λ 表达式，即(acc:(Int,Int), income) => (acc._1+income, acc._2+1)，也就是使用这个 λ 表达式作为合并值函数，系统会把("company-1",96)中的 96 这个 V 类型值赋值给 income，把之前已经得到的(88,1)这个 C 类型值赋值给 acc，然后执行函数体部分，其中，acc._1+income 语句会把 88 和 96 相加，acc._2+1 语句会把(88,1)中的 1 增加 1，得到新的 C 类型值(184,2)。实际上，C 类型值(184,2)中，184 就是 company-1 这个公司两个月的收入总和，2 就是表示两个月。通过这种方式，下次再扫描到一个 key 为"company-1"的键值对时，又会把该公司的收入累加进来，最终得到"company-1"对应的 C 类型值(m,n)，其中，m 表示总收入，n 表示月份总数，用 m 除以 n 就可以得出该公司的每月平均收入。同理，当扫描到的 RDD 元素的 key 是"company-2"或者 key 是"company-3"时，系统也会执行类似上述的过程。这样，就可以得到每个公司对应的 C 类型值(m,n)。

由于 RDD 元素被分成了多个分区，在实际应用中，多个分区可能位于不同的机器上，因此，需要根据 mergeCombiners 提供的函数，对不同机器上的统计结果进行汇总。这里 mergeCombiners 的值是一个 λ 表达式，即(acc1:(Int,Int), acc2:(Int,Int)) => (acc1._1+acc2._1, acc1._2+acc2._2)，该函数的功能是把两个 C 类型值进行合并，得到一个 C 类型值。例如，假设在一台机器上，key 为"company-1"对应的统计结果是一个 C 类型值(m1,n1)，在另一台机器上 key 为"company-1"对应的统计结果是一个 C 类型值(m2,n2)，则 acc1 取值为(m1,n1)，acc2 取值为(m2,n2)，acc1._1+acc2._1 就是 m1+m2，acc1._2+acc2._2 就是 n1+n2，最终得到一个合并后的 C 类型值(m1+m2,n1+n2)。

map({ case (key, value) => (key, value._1, value._1/value._2.toFloat) })语句用来求出每个公司的总收入和平均收入。输入给 map()的每个 RDD 元素是类似("company-1",(432,5))这种形式，因此，(key, value._1, value._1/value._2.toFloat) 的结果就是类似 ("company-1",432,86.4) 这种形式。最后，res.repartition(1)语句用来把 RDD 从 3 个分区变成 1 个分区，这样可以保证所有生成的结果都保存到一个文件中（即 part-00000）。

使用 sbt 工具对 Combine.scala 进行编译打包，然后使用 spark-submit 命令提交运行，执行后，在"file:///usr/local/spark/mycode/rdd/result"目录下可以看到 part-00000 文件和_SUCCESS 文件（该文件可以不用考虑），part-00000 文件里面包含的结果如下：

```
(company-3,266,88.666664)
(company-1,269,89.666664)
(company-2,254,84.666664)
```

在 Combine.scala 中，如果没有使用 res.repartition(1)把 RDD 从 3 个分区变成 1 个分区，则 res 这个 RDD 还是 3 个分区，那么执行后在"file:///usr/local/spark/mycode/rdd/result"目录下会看到 part-00000、part-00001、part-00002 这 3 个文件和_SUCCESS 文件，其中，part-00000 文件中包含("company-3",266,88.666664)，part-00001 文件中包含("company-1",269,89.666664)，part-00002 文件中包含("company-2",254,84.666664)。

4.2.3 一个综合实例

给定一组键值对("spark",2)、("hadoop",6)、("hadoop",4)、("spark",6)，键值对的 key 表示图书名称，value 表示某天图书销量，现在需要计算每个键对应的平均值，也就是计算每种图书的每天平均销量，具体语句如下：

```
scala> val  rdd = sc.
     | parallelize(Array(("spark",2),("hadoop",6),("hadoop",4),("spark",6)))
scala> rdd.mapValues(x => (x,1)).reduceByKey((x,y) => (x._1+y._1,x._2 + y._2)).
     | mapValues(x => (x._1 / x._2)).collect()
```

如图 4-15 所示，val rdd = sc.parallelize()执行后，生成一个名称为 rdd 的 RDD，里面包含了 4 个 RDD 元素，即("Spark",2)、("Hadoop",6)、("Hadoop",4)、("Spark",6)。rdd.mapValues(x => (x,1))操作，会把 rdd 中的每个元素依次取出来，并对该元素的 value 使用 x => (x,1)这个匿名函数进行转换。例如，扫描到("Spark",2)这个元素时，就会把该元素的 value（也就是 2），转换成一个元组(2,1)，转换后得到的("Spark",(2,1))放入新的 RDD（假设为 rdd1）。同理，("Hadoop",6)、("Hadoop",4)、("Spark",6)也会被分别转换成("Hadoop",(6,1))、("Hadoop",(4,1))、("Spark",(6,1))，放入到 rdd1 中。

reduceByKey((x,y) => (x._1+y._1,x._2 + y._2))操作，会对 rdd1 中相同的 key 所对应的所有 value 进行聚合运算。例如，("Hadoop",(6,1))和("Hadoop",(4,1))，这两个键值对具有相同的 key，因此，reduceByKey()操作首先得到"Hadoop"这个 key 对应的 value-list，即((6,1)，(4,1))，然后，使用匿名函数(x,y) => (x._1+y._1,x._2 + y._2)对这个 value-list 进行聚合运算，这时，会把(6,1)赋值给参数 x，把(4,1)赋值给参数 y，因此，x._1 和 y._1 分别是 6 和 4，x._2 和 y._2 都是 1，(x._1+y._1,x._2 + y._2)就是(10,2)，如果 value-list 还有更多的元素。例如，假设 value-list 是((6,1),(4,1),(3,1))，那么，刚才计算得到的(10,2)就会作为新的 x，(3,1)作为新的 y，继续执行计算。reduceByKey()操作结束后得到的新的 RDD（假设为 rdd2）中包含了 2 个元素，分别是("Hadoop",(10,2))和("Spark",(8,2))。

mapValues(x => (x._1 / x._2))操作会对 rdd2 中的每个元素的 value 执行变换。例如，当扫描到 RDD 中的第 1 个元素("Hadoop",(10,2))时，会被该元素的 value（即(10,2)）进行变换。这时，x._1 是 10，x._2 是 2，x._1 / x._2 就是 5。因此，经过变换后得到的结果("Hadoop",5)就会放入新的 RDD（假设为 rdd3）。最终，执行结果的 RDD 中包含了("Hadoop",5)和("Spark",4)。

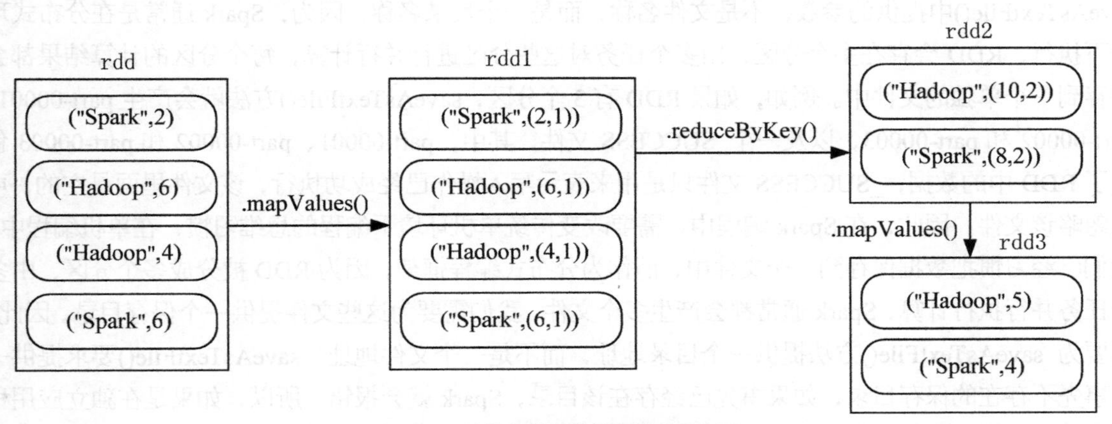

图 4-15　计算图书平均销量过程示意图

4.3　数据读写

本节介绍在 RDD 编程中如何进行文件数据读写和 HBase 数据读写。

4.3.1 文件数据读写

1. 本地文件系统的数据读写

- 从文件中读取数据创建 RDD

从本地文件系统读取数据，可以采用 textFile()方法，可以为 textFile()方法提供一个本地文件或目录地址，如果是一个文件地址，它会加载该文件，如果是一个目录地址，它会加载该目录下的所有文件的数据。下面读取一个本地文件 word.txt，语句如下：

```
scala> val  textFile = sc.
     | textFile("file:///usr/local/spark/mycode/wordcount/word.txt")
```

需要注意的是，上面语句中，val textFile 中的 textFile 是变量名称，sc.textFile()中的 textFile 是方法名称，二者同时使用时要注意区分，它们所代表的含义是不同的。执行上面这条命令以后，并不会马上显示结果，因为，Spark 采用惰性机制。可以使用如下的行动类型的操作查看 textFile 中的内容：

```
scala> textFile.first()
```

正因为 Spark 采用了惰性机制，在执行转换操作的时候，即使输入了错误的语句，spark-shell 也不会马上报错，而是等到执行"行动"类型的语句时启动真正的计算，那个时候"转换"操作语句中的错误就会显示出来，例如：

```
scala> val  textFile = sc.
     | textFile("file:///usr/local/spark/mycode/wordcount/word123.txt")
```

上面语句中使用了一个根本就不存在的 word123.txt，执行上面语句时，spark-shell 根本不会报错，因为，没有遇到"行动"类型的操作 first()之前，这个加载操作是不会真正执行的。

- 把 RDD 写入到文本文件中

可以使用 saveAsTextFile()方法把 RDD 中的数据保存到文本文件中。需要注意的是，saveAsTextFile()中提供的参数，不是文件名称，而是一个目录名称，因为，Spark 通常是在分布式环境下执行，RDD 会存在多个分区，由多个任务对这些分区进行并行计算，每个分区的计算结果都会保存到一个单独的文件中。例如，如果 RDD 有 3 个分区，saveAsTextFile()方法就会产生 part-00001、part-00002 和 part-00003，以及一个_SUCCESS 文件，其中，part-00001、part-00002 和 part-00003 包含了 RDD 中的数据，_SUCCESS 文件只是用来表示写入操作已经成功执行，该文件里面是空的，可以忽略该文件。因此，在 Spark 编程中，需要改变传统单机环境下编程的思维习惯，在单机编程中，我们已经习惯把数据保存到一个文件中，而作为分布式编程框架，因为 RDD 被分成多个分区，由多个任务并行执行计算，Spark 通常都会产生多个文件，我们需要为这些文件提供一个保存目录，因此，需要为 saveAsTextFile()方法提供一个目录地址，而不是一个文件地址。saveAsTextFile()要求提供一个事先不存在的保存目录，如果事先已经存在该目录，Spark 就会报错。所以，如果是在独立应用程序中执行，最好在程序执行 saveAsTextFile()之前先判断一下目录是否存在。

下面把 textFile 变量中的内容再次写回到另外一个目录 wordback 中，命令如下：

```
scala> val  textFile = sc.
     | textFile("file:///usr/local/spark/mycode/wordcount/word.txt")
scala> textFile.
     | saveAsTextFile("file:///usr/local/spark/mycode/wordcount/writeback")
```

上面语句执行后，请打开一个新的 Linux 终端，进入到"/usr/local/spark/mycode/wordcount/"目

录，可以看到这个目录下面多了一个名称为“writeback”的子目录。进入writeback子目录以后，可以看到该目录中生成了两个文件part-00000和_SUCCESS（可以忽略），part-00000文件就包含了刚才写入的数据。之所以writeback目录下只包含一个文件part-00000，而不是多个part文件，是因为，我们在启动进入Spark Shell环境时，使用了如下命令：

```
$ cd /usr/local/spark
$ ./bin/spark-shell
```

在上面的启动命令中，spark-shell命令后面没有带上任何参数，则系统默认采用local模式启动spark-shell，即只使用一个Worker线程本地化运行Spark（完全不并行）。而且，在读取文件时，sc.textFile("file:///usr/local/spark/mycode/wordcount/word.txt")语句的圆括号中的参数只有文件地址，并没有包含分区数量，因此，生成的textFile这个RDD就只有一个分区，这样导致saveAsTextFile()最终生成的文件就只有一个part-00000。作为对比，下面在读取文件时进行分区，具体如下：

```
scala> val  textFile = sc.
     |  textFile("file:///usr/local/spark/mycode/wordcount/word.txt",2)
scala> textFile.
     |  saveAsTextFile("file:///usr/local/spark/mycode/wordcount/writeback")
```

上面语句执行后，可以在writeback子目录下看到两个part文件，即part-00000和part-00001。

2. 分布式文件系统HDFS的数据读写

从分布式文件系统HDFS中读取数据，也是采用textFile()方法，可以为textFile()方法提供一个HDFS文件或目录地址，如果是一个文件地址，它会加载该文件，如果是一个目录地址，它会加载该目录下的所有文件的数据。下面读取一个HDFS文件，具体语句如下：

```
scala> val  textFile = sc.textFile("hdfs://localhost:9000/user/hadoop/word.txt")
scala> textFile.first()
```

需要注意的是，为textFile()方法提供的文件地址格式可以有多种，如下3条语句都是等价的：

```
scala> val  textFile = sc.textFile("hdfs://localhost:9000/user/hadoop/word.txt")
scala> val  textFile = sc.textFile("/user/hadoop/word.txt")
scala> val  textFile = sc.textFile("word.txt")
```

同样，可以使用saveAsTextFile()方法把RDD中的数据保存到HDFS文件中，命令如下：

```
scala> val  textFile = sc.textFile("word.txt")
scala> textFile.saveAsTextFile("writeback")
```

3. JSON文件的读取

JSON（JavaScript Object Notation）是一种轻量级的数据交换格式，它基于ECMAScript规范的一个子集，采用完全独立于编程语言的文本格式来存储和表示数据。简洁和清晰的层次结构使得JSON成为理想的数据交换语言，不仅易于阅读和编写，同时也易于机器解析和生成，并能够有效提升网络传输效率。Spark提供了一个JSON样例数据文件，存放在“/usr/local/spark/examples/src/main/resources/people.json”中（注意，“/usr/local/spark/”是Spark的安装目录）。people.json文件内容如下：

```
{"name":"Michael"}
{"name":"Andy", "age":30}
{"name":"Justin", "age":19}
```

对于JSON文件的读写，更多是使用Spark SQL提供的DataFrame API（见第6章），因此，这里只介绍如何从JSON文件中读取数据生成RDD，关于如何把RDD保存成JSON文件，这里不做介绍。下面把本地文件系统中的people.json文件加载到RDD中，语句如下：

```
scala> val  jsonStr = sc.
     |  textFile("file:///usr/local/spark/examples/src/main/resources/people.json")
```

```
scala> jsonStr.foreach(println)
{"name":"Michael"}
{"name":"Andy", "age":30}
{"name":"Justin", "age":19}
```

下面介绍如何编写程序完成对 JSON 数据的解析工作。Scala 中有一个自带的 JSON 库——scala.util.parsing.json.JSON，可以实现对 JSON 数据的解析，JSON.parseFull(jsonString:String)函数以一个 JSON 字符串作为输入并进行解析，如果解析成功，则返回一个 Some(map: Map[String, Any])，如果解析失败，则返回 None。

请新建一个 JSONRead.scala 代码文件，输入以下内容：

```
import org.apache.spark.SparkContext
import org.apache.spark.SparkContext._
import org.apache.spark.SparkConf
import scala.util.parsing.json.JSON
object JSONRead {
    def main(args: Array[String]) {
        val  inputFile  =  "file:///usr/local/spark/examples/src/main/resources/people.
json"
        val conf = new SparkConf().setAppName("JSONRead")
        val sc = new SparkContext(conf)
        val jsonStrs = sc.textFile(inputFile)
        val result = jsonStrs.map(s => JSON.parseFull(s))
        result.foreach( {r => r match {
                        case Some(map: Map[String, Any]) => println(map)
                        case None => println("Parsing failed")
                        case other => println("Unknown data structure: " + other)
                }
        }
        )
    }
}
```

在上面的程序中，val jsonStrs = sc.textFile(inputFile)语句执行后，会生成一个名称为 jsonStrs 的 RDD，这个 RDD 中的每个元素都是来自 people.json 文件中的一行，即一个 JSON 字符串。val result = jsonStrs.map(s => JSON.parseFull(s))语句会对 jsonStrs 中的每个元素（即每个 JSON 字符串）进行解析，解析后的结果，存放到一个新的 RDD（即 result）中。如果解析成功，则返回一个 Some(map: Map[String, Any])，如果解析失败，则返回 None。所以，result 中的元素，或者是一个 Some(map: Map[String, Any])，或者是一个 None。result.foreach()语句执行时，会依次扫描 result 中的每个元素，并对当前取出的元素进行模式匹配，如果是一个 Some(map: Map[String, Any])，就打印出来，如果是一个 None，就打印出“Parsing failed”。

使用 sbt 工具把 JSONRead.scala 代码文件编译打包成 JAR 包，通过 spark-submit 运行程序，屏幕上会输出如下信息：

```
Map(name -> Michael)
Map(name -> Andy, age -> 30.0)
Map(name -> Justin, age -> 19.0)
```

4.3.2 读写 HBase 数据

HBase 是一个高可靠、高性能、面向列、可伸缩的分布式数据库，主要用来存储非结构化和半结构化的松散数据。Spark 支持对 HBase 数据库中的数据进行读写。

1. 创建一个 HBase 表

到本教程官网的“下载专区”中的“软件”目录中下载 hbase-1.1.5-bin.tar，参照本教材官网的“实验指南”栏目的“HBase 的安装”完成伪分布式模式 HBase 的安装。因为 HBase 是伪分布式模式，需要调用 HDFS，所以，需要首先在终端中输入下面命令启动 Hadoop 的 HDFS：

```
$ cd  /usr/local/hadoop
$ ./sbin/start-dfs.sh
```

然后，执行如下命令启动 HBase：

```
$ cd  /usr/local/hbase
$ ./bin/start-hbase.sh  //启动 HBase
$ ./bin/hbase shell  //启动 HBase Shell
```

如果里面已经有一个名称为 student 的表，请使用如下命令删除该表：

```
hbase> disable  'student'
hbase> drop  'student'
```

下面创建一个 student 表，要在这个表中录入表 4-4 所示的数据。在把表 4-4 中的数据保存到 HBase 中时，可以把 id 作为行健（Row Key），把 info 作为列族，把 name、gender 和 age 作为列。

表 4-4 student 表的数据

id	info		
	name	gender	age
1	Xueqian	F	23
2	Weiliang	M	24

首先，在 HBase Shell 中执行如下命令创建 student 表：

```
hbase> create  'student','info'
//首先录入 student 表的第一个学生记录
hbase> put  'student','1','info:name','Xueqian'
hbase> put  'student','1','info:gender','F'
hbase> put  'student','1','info:age','23'
//然后录入 student 表的第二个学生记录
hbase> put  'student','2','info:name','Weiliang'
hbase> put  'student','2','info:gender','M'
hbase> put  'student','2','info:age','24'
```

2. 配置 Spark

把 HBase 安装目录下的 lib 目录中的一些 jar 文件拷贝到 Spark 安装目录中，这些都是编程时需要引入的 jar 包。需要拷贝的 jar 文件包括：所有 hbase 开头的 jar 文件、guava-12.0.1.jar、htrace-core-3.1.0-incubating.jar 和 protobuf-java-2.5.0.jar，命令如下：

```
$ cd  /usr/local/spark/jars
$ mkdir  hbase
$ cd  hbase
$ cp  /usr/local/hbase/lib/hbase*.jar  ./
$ cp  /usr/local/hbase/lib/guava-12.0.1.jar ./
$ cp  /usr/local/hbase/lib/htrace-core-3.1.0-incubating.jar  ./
$ cp  /usr/local/hbase/lib/protobuf-java-2.5.0.jar  ./
```

3. 编写程序读取 HBase 数据

如果要让 Spark 读取 HBase，就需要使用 SparkContext 提供的 newAPIHadoopRDD 这个 API 将表的内容以 RDD 的形式加载到 Spark 中。

新建一个 SparkOperateHBase.scala 代码文件，输入以下代码：

```
import org.apache.hadoop.conf.Configuration
import org.apache.hadoop.hbase._
import org.apache.hadoop.hbase.client._
import org.apache.hadoop.hbase.mapreduce.TableInputFormat
import org.apache.hadoop.hbase.util.Bytes
import org.apache.spark.SparkContext
import org.apache.spark.SparkContext._
import org.apache.spark.SparkConf
object SparkOperateHBase {
def main(args: Array[String]) {
    val conf = HBaseConfiguration.create()
    val sc = new SparkContext(new SparkConf())
    //设置查询的表名
    conf.set(TableInputFormat.INPUT_TABLE, "student")
    val stuRDD = sc.newAPIHadoopRDD(conf, classOf[TableInputFormat],
               classOf[org.apache.hadoop.hbase.io.ImmutableBytesWritable],
               classOf[org.apache.hadoop.hbase.client.Result])
    val count = stuRDD.count()
    println("Students RDD Count:" + count)
    stuRDD.cache()
    //遍历输出
    stuRDD.foreach({ case (_,result) =>
        val key = Bytes.toString(result.getRow)
        val name = Bytes.toString(result.getValue("info".getBytes,"name".getBytes))
        val gender = Bytes.toString(result.getValue("info".getBytes,"gender".getBytes))
        val age = Bytes.toString(result.getValue("info".getBytes,"age".getBytes))
        println("Row key:"+key+" Name:"+name+" Gender:"+gender+" Age:"+age)
    })
}
}
```

在上面的代码中，val stuRDD = sc.newAPIHadoopRDD()语句执行后，Spark 会从 HBase 数据库读取数据，保存到名称为 stuRDD 的 RDD 中，stuRDD 的每个 RDD 元素都是(ImmutableBytesWritable, Result)类型的键值对。我们所需要的 student 表的数据都被封装到了 Result 中，因此，stuRDD.foreach ()在遍历每个 RDD 元素时，通过 case (_,result)，就忽略了 key，只获取 value（即 result）。

可以利用 sbt 工具对 SparkOperateHBase.scala 代码文件进行编译打包，在执行打包命令之前，需要创建一个 simple.sbt 文件，并录入下面的内容：

```
name := "Simple Project"
version := "1.0"
scalaVersion := "2.11.8"
libraryDependencies += "org.apache.spark" %% "spark-core" % "2.1.0"
libraryDependencies += "org.apache.hbase" % "hbase-client" % "1.1.5"
libraryDependencies += "org.apache.hbase" % "hbase-common" % "1.1.5"
libraryDependencies += "org.apache.hbase" % "hbase-server" % "1.1.5"
```

simple.sbt 文件中，声明了 Spark 和 HBase 的版本信息。

然后，使用 sbt 工具对 SparkOperateHBase.scala 代码文件进行编译打包，并使用 spark-submit 命令提交运行：

```
$ /usr/local/spark/bin/spark-submit  \
> --driver-class-path /usr/local/spark/jars/hbase/*:/usr/local/hbase/conf  \
> --class "SparkOperateHBase"  \
```

```
> /usr/local/spark/mycode/hbase/target/scala-2.11/simple-project_2.11-1.0.jar
```

需要注意的是，在spark-submit命令中，必须使用“--driver-class-path”参数指定依赖jar包的路径，而且必须把“/usr/local/hbase/conf”也加到路径中。

执行后得到如下结果：

```
Students RDD Count:2
Row key:1 Name:Xueqian Gender:F Age:23
Row key:2 Name:Weiliang Gender:M Age:24
```

4. 编写程序向HBase写入数据

下面编写应用程序把表4-5中的两个学生信息插入到HBase的student表中。

表4-5 向student表中插入的新数据

id	info		
	name	gender	age
3	Rongcheng	M	26
4	Guanhua	M	27

新建一个SparkWriteHBase.scala代码文件，并在其中输入如下代码：

```
import org.apache.hadoop.hbase.HBaseConfiguration
import org.apache.hadoop.hbase.mapreduce.TableOutputFormat
import org.apache.spark._
import org.apache.hadoop.mapreduce.Job
import org.apache.hadoop.hbase.io.ImmutableBytesWritable
import org.apache.hadoop.hbase.client.Result
import org.apache.hadoop.hbase.client.Put
import org.apache.hadoop.hbase.util.Bytes
object SparkWriteHBase {
  def main(args: Array[String]): Unit = {
    val sparkConf = new SparkConf().setAppName("SparkWriteHBase").setMaster("local")
    val sc = new SparkContext(sparkConf)
    val tablename = "student"
    sc.hadoopConfiguration.set(TableOutputFormat.OUTPUT_TABLE, tablename)
    val job = new Job(sc.hadoopConfiguration)
    job.setOutputKeyClass(classOf[ImmutableBytesWritable])
    job.setOutputValueClass(classOf[Result])
    job.setOutputFormatClass(classOf[TableOutputFormat[ImmutableBytesWritable]])
    //下面这行代码用于构建两行记录
    val indataRDD = sc.makeRDD(Array("3,Rongcheng,M,26","4,Guanhua,M,27"))
    val rdd = indataRDD.map(_.split(",")).map{arr=>{
      //设置行键(row key)的值
    val put = new Put(Bytes.toBytes(arr(0)))
      //设置info:name列的值
      put.add(Bytes.toBytes("info"),Bytes.toBytes("name"),Bytes.toBytes(arr(1)))
      //设置info:gender列的值
      put.add(Bytes.toBytes("info"),Bytes.toBytes("gender"),Bytes.toBytes(arr(2)))
      //设置info:age列的值
put.add(Bytes.toBytes("info"),Bytes.toBytes("age"),Bytes.toBytes(arr(3).toInt))
      //构建一个键值对，作为rdd的一个元素
      (new ImmutableBytesWritable, put)
      }}
      rdd.saveAsNewAPIHadoopDataset(job.getConfiguration())
  }
}
```

在把 RDD 数据写入 HBase 表中时，关键环节是完成 RDD 到表模式（Schema）的转换。在 HBase 中的表模式的一般形式如下：

row_key　cf:col_1　cf:col_2

其中，row_key 表示行键，cf 表示列族，col_1 和 col_2 表示列。

而在 Spark 中，我们操作的是 RDD，val indataRDD = sc.makeRDD(Array("3,Rongcheng,M,26","4,Guanhua,M,27"))语句执行后，indataRDD 中的每个 RDD 元素都是一个字符串，即"3,Rongcheng,M,26"和"4,Guanhua,M,27"。val rdd = indataRDD.map(_.split(','))语句执行后，rdd 中的每个 RDD 元素是数组，即 Array("3","Rongcheng","M","26")和 Array("4","Guanhua","M","27")。我们需要将 RDD[Array(String,String,String,String)] 转换成 RDD[(ImmutableBytesWritable,Put)]。所以，val rdd = indataRDD.map(_.split(",")).map{}的大括号中的语句，就定义了一个匿名函数做这个转换工作。

使用 sbt 工具对 SparkWriteHBase.scala 代码文件进行编译打包，然后，使用 spark-submit 命令提交运行，命令如下：

```
$ /usr/local/spark/bin/spark-submit \
> --driver-class-path /usr/local/spark/jars/hbase/*:/usr/local/hbase/conf \
> --class "SparkWriteHBase" \
> /usr/local/spark/mycode/hbase/target/scala-2.11/simple-project_2.11-1.0.jar
```

执行成功以后，切换到 HBase Shell 中，执行如下命令查看 student 表：

```
hbase> scan 'student'
```

可以得到如下结果：

```
ROW                      COLUMN+CELL
 1                       column=info:age, timestamp=1479640712163, value=23
 1                       column=info:gender, timestamp=1479640704522, value=F
 1                       column=info:name, timestamp=1479640696132, value=Xueqian
 2                       column=info:age, timestamp=1479640752474, value=24
 2                       column=info:gender, timestamp=1479640745276, value=M
 2                       column=info:name, timestamp=1479640732763, value=Weiliang
 3                       column=info:age,timestamp=1479643273142,value=\x00\x00\x00\x1A
 3                       column=info:gender, timestamp=1479643273142, value=M
 3                       column=info:name, timestamp=1479643273142, value=Rongcheng
 4                       column=info:age,timestamp=1479643273142,value=\x00\x00\x00\x1B
 4                       column=info:gender, timestamp=1479643273142, value=M
 4                       column=info:name, timestamp=1479643273142, value=Guanhua
4 row(s) in 0.3240 seconds
```

从执行结果中可以看出，两条新的记录已经被成功插入到 HBase 的 student 表中。

4.4 综合实例

本节介绍 RDD 编程的 3 个综合实例，包括求 TOP 值、文件排序和二次排序。

4.4.1 求 TOP 值

假设在某个目录下有若干个文本文件，每个文本文件里面包含了很多行数据，每行数据由 4 个字段的值构成，不同字段值之间用逗号隔开，4 个字段分别为 orderid、userid、payment 和 productid，要求求出 Top N 个 payment 值。下面给出一个样例文件 file1.txt：

```
1,1768,50,155
```

```
2,1218, 600,211
3,2239,788,242
4,3101,28,599
5,4899,290,129
6,3110,54,1201
7,4436,259,877
8,2369,7890,27
```

实现上述功能的代码文件 TopN.scala 的内容如下：

```
import org.apache.spark.{SparkConf, SparkContext}
object TopN {
  def main(args: Array[String]): Unit = {
    val conf = new SparkConf().setAppName("TopN").setMaster("local")
    val sc = new SparkContext(conf)
    sc.setLogLevel("ERROR")
    val   lines   =   sc.textFile("hdfs://localhost:9000/user/hadoop/spark/mycode/rdd/
examples",2)
    var num = 0;
    val result = lines.filter(line => (line.trim().length > 0) && (line.split(",").length
== 4))
      .map(_.split(",")(2))
      .map(x => (x.toInt,""))
      .sortByKey(false)
      .map(x => x._1).take(5)
      .foreach(x => {
        num = num + 1
        println(num + "\t" + x)
      })
  }
}
```

在 TopN.scala 的代码中，val lines = sc.textFile()语句会从文本文件中读取所有行的内容，生成一个 RDD，即 lines，这个 RDD 中的每个元素都是一个字符串，也就是文本文件中的一行。lines.filter()语句会把空行和字段数量不等于 4 的行都丢弃，只保留那些正好包含 orderid、userid、payment 和 productid 四个字段值的行。然后，在新得到的 RDD（假设为 rdd1）上执行 map(_.split(",")(2))操作，rdd1 中的每个元素（即一行内容）被 split()函数拆分成四个字符串，保存到数组中。例如，"1,1768,50,155"这个字符串会被转换成数组 Array("1","1768","50","155")，然后，把数组的第 3 个元素（即 payment 字段的值）取出来放到新的 RDD 中（假设为 rdd2），这样，最终得到的 rdd2 就包含了所有 payment 字段的值（实际上，这时每个 RDD 元素还是一个 String 类型，而不是 Int 类型）。接下来，在 rdd2 上调用 map(x => (x.toInt,""))方法，把 rdd2 中的每个元素从 String 类型转换成 Int 类型，并且生成(key,value)键值对形式放到新的 RDD 中（假设为 rdd3），其中，key 是 payment 字段的值，value 是空字符串。之所以要把 RDD 元素转换成(key,value)形式，是因为 sortByKey()操作要求 RDD 的元素必须是(key,value)键值对。然后，对 rdd3 调用 sortByKey(false)，就可以实现对 rdd3 中的所有元素都按照 key 的降序排序，也就是按照 payment 字段值的降序排序，假设排序后得到的新的 RDD 为 rdd4。在 rdd4 上执行 map(x => x._1)操作，就是把 rdd4 中的每个元素(key,value)中的 key 取出来，这样得到的新的 RDD（假设为 rdd5）中的每个元素就是字段 payment 的值，而且是按照降序排序的。然后，take(5)操作会取出 Top 5 个 payment 字段的值，得到新的 RDD（假设为 rdd6）。最后，在 rdd6 上执行 foreach()操作，把所有 RDD 元素都打印出来。

4.4.2 文件排序

假设某个目录下有多个文本文件，每个文件中的每一行内容均为一个整数。要求读取所有文件中的整数，进行排序后，输出到一个新的文件中，输出的内容为每行两个整数，第一个整数为第二个整数的排序位次，第二个整数为原待排序的整数。图 4-16 给出了一个样例。

输入文件

file1.txt

33
37
12
40

file2.txt

4
16
39
5

file3.txt

1
45
25

输出文件

1 1
2 4
3 5
4 12
5 16
6 25
7 33
8 37
9 39
10 40
11 45

图 4-16 文件排序样例

实现上述功能的代码文件 FileSort.scala 的内容如下：

```
import org.apache.spark.SparkContext
import org.apache.spark.SparkContext._
import org.apache.spark.SparkConf
import org.apache.spark.HashPartitioner
object FileSort {
    def main(args: Array[String]) {
        val conf = new SparkConf().setAppName("FileSort")
        val sc = new SparkContext(conf)
        val dataFile = "file:///usr/local/spark/mycode/rdd/data"
        val lines = sc.textFile(dataFile,3)
        var index = 0
        val result = lines.filter(_.trim().length>0).map(n=>(n.trim.toInt,"")).partitionBy
(new HashPartitioner(1)).sortByKey().map(t => {
            index += 1
            (index,t._1)
        })
result.saveAsTextFile("file:///usrl/local/spark/mycode/rdd/examples/result")
    }
}
```

FileSort.scala 代码中，val lines = sc.textFile(dataFile,3)语句会从文本文件中加载数据，生成一个 RDD，即 lines。lines.filter(_.trim().length>0)操作会把空行丢弃，得到一个新的 RDD（假设为 rdd1）。然后，在 rdd1 上执行 map(n=>(n.trim.toInt,""))操作，把每个 String 类型的元素取出来以后，去除尾部的空格并转换成 Int 类型，然后生成一个(key,value)键值对（从而可以在后面使用 sortByKey()），放入一个新的 RDD 中（假设为 rdd2）。然后，在 rdd2 上执行 partitionBy(new HashPartitioner(1))操作，也就是对 rdd2 进行重新分区，变成一个分区，因为在分布式环境下，只有把所有分区合并成一个分区，才能让所有整数排序后总体有序，这里假设重分区后得到的新的 RDD 为 rdd3。接下来，在 rdd3 上执行 sortByKey()，对所有 RDD 元素进行升序排序，假设排序后得到的新的 RDD 为 rdd4。然后，在 rdd4 上执行 map()操作，把 rdd4 的每个元素(key,vlaue)中的 key 取出来（即 t._1），构建一个键值对(index,t._1)放入 result 中，其中，index 就是整数的排序位次，t._1 就是原待排序的整数。最后，对 result 调用 saveAsTextFile()方法，把 RDD 元素保存到文件中。

4.4.3　二次排序

对于一个给定的文件 file1.txt（见图 4-17），现在需要对文件中的数据进行二次排序，即首先根据第 1 列数据降序排序，如果第 1 列数据相等，则根据第 2 列数据降序排序。

输入文件file1.txt	输出结果
5 3	8 3
1 6	5 6
4 9	5 3
8 3	4 9
4 7	4 7
5 6	3 2
3 2	1 6

图 4-17　二次排序样例

二次排序的具体实现步骤如下：

- 第一步：混入 Ordered 和 Serializable 特质（trait），实现自定义的用于排序的 key；
- 第二步：将要进行二次排序的文件加载进来生成(key,value)类型的 RDD；
- 第三步：使用 sortByKey()基于自定义的 key 进行二次排序；
- 第四步：去除掉排序的 key，只保留排序的结果。

二次排序的关键在于要实现自定义的用于排序的 key。假设有一个名称为 rdd1 的 RDD，每个元素都是(key,value)键值对类型，分别是(1,"a")、(2,"b")和(3,"c")。执行 rdd1.sortByKey(false)，就可以让这 3 个元素按照 key 的降序排序，即(3,"c") 、(2,"b")和（1,"a"）。之所以 sortByKey()可以直接对 1、2、3 这 3 个 key 进行降序排序，是因为 1、2 和 3 都是 Int 类型，sortByKey()会隐式地把 key 的类型从 Int 转换为 Ordered[Int]，让 1、2、3 这些 key 转变成为可比较的对象，进而进行排序；换言之，如果不同的 key 是不可比较的对象，则无法用于排序。

同理，为了实现二次排序，我们也需要自定义一个可用于排序的 key。下面新建一个代码文件 SecondarySortKey.scala，定义一个用于二次排序的 key 的类型，代码如下：

```
package cn.edu.xmu.spark
class SecondarySortKey(val first:Int,val second:Int) extends Ordered[SecondarySortKey]
with Serializable {
  def compare(other:SecondarySortKey):Int = {
    if (this.first - other.first !=0) {
        this.first - other.first
    } else {
      this.second - other.second
    }
```

```
    }
}
```

在 SecondarySortKey.scala 代码中，我们定义了一个 key 的类型 SecondarySortKey，在这个类的构造函数中提供了两个参数(val first:Int,val second:Int)，在进行二次排序时，首先根据 first 的值降序排序，如果 first 的值相等，则根据 second 的值降序排序。为了让这个 key 能够支持排序，必须让 SecondarySortKey 类混入 Ordered 特质，另外，为了支持把 key 在分布式环境下进行网络传输，必须支持序列化，所以，又混入了 Serializable 特质。在 SecondarySortKey 类中混入 Ordered 特质以后，需要实现 Ordered 中的 compare()方法。通过这种方式定义了 SecondarySortKey 类以后，我们只要让每个 key 都是 SecondarySortKey 类的对象，就可以让这些 key 之间变得可比较，从而可以用于二次排序。

下面是实现二次排序功能的代码文件 SecondarySortApp.scala 的具体内容：

```
package cn.edu.xmu.spark
import org.apache.spark.SparkConf
import org.apache.spark.SparkContext
object SecondarySortApp {
  def main(args:Array[String]){
      val conf = new SparkConf().setAppName("SecondarySortApp").setMaster("local")
      val sc = new SparkContext(conf)
      val lines = sc.textFile("file:///usr/local/spark/mycode/rdd/examples/file1.txt",
1)
      val pairWithSortKey = lines.map(line=>(new SecondarySortKey(line.split(" ")(0).
toInt, line.split(" ")(1).toInt),line))
      val sorted = pairWithSortKey.sortByKey(false)
      val sortedResult = sorted.map(sortedLine =>sortedLine._2)
      sortedResult.collect().foreach (println)
  }
}
```

在 SecondarySortApp.scala 代码中，val lines = sc.textFile()语句会从文件中加载数据，生成一个 RDD，即 lines，这个 RDD 中的每个元素都是一行文本，例如，"5 3"。在执行 lines.map()操作时，lines 中的每个 RDD 元素，会首先被 split()函数拆分成数组。例如，"5 3"被拆分后得到一个数组 Array("5","3")。然后，分别取出数组中的两个元素，作为 SecondarySortKey 类的构造函数的两个参数，使用 new SecondarySortKey()生成一个 SecondarySortKey 类的对象，比如，SecondarySortKey(5,3)。然后，再用 SecondarySortKey(5,3)这个对象作为 key，把"5 3"作为 value，构建一个键值对(SecondarySortKey(5,3), "5 3")。同理，"1 6"和"4 9"也会分别被转换成键值对(SecondarySortKey(1,6), "1 6")和(SecondarySortKey(4,9), "4 9")。经过这种转换以后，这些 key 就变成了可比较的对象，可以用于二次排序。所以，执行 pairWithSortKey.sortByKey(false)时，对于(SecondarySortKey(1,6), "1 6")和(SecondarySortKey(4,9), "4 9")这两个 RDD 元素而言，因为 SecondarySortKey(4,9)对象会排在 SecondarySortKey(1,6)对象前面，因此"4 9"也就相应地会排在"1 6"前面。这样，pairWithSortKey 这个 RDD 中的所有 String 类型的 value 都会因为 key 的降序排序，而呈现出降序排序的效果。这样就得到了二次排序后的新的 RDD，即 sorted。

sorted 中的每个元素是类似(SecondarySortKey(1,6), "1 6")这种形式，而我们只需要输出 value，也就是输出"1 6"。所以，sorted.map(sortedLine =>sortedLine._2)语句的功能就是只把 sorted 中的每个 RDD 元素的 value 输出，这些 value 的输出顺序就是我们所期望的二次排序后的效果。

4.5 本章小结

本章介绍了 RDD 编程基础知识，主要是对 RDD 各种操作 API 的使用，无论多复杂的 Spark 应用程序，最终都是借助于这些 RDD 操作来实现的。

RDD 编程都是从创建 RDD 开始的，可以通过多种方式创建得到 RDD。例如，从本地文件或者分布式文件系统HDFS中读取数据创建RDD,或者使用parallelize()方法从一个集合中创建得到RDD。

创建得到 RDD 以后，就可以对 RDD 执行各种操作，包括转换操作和行动操作，本章通过多个实例详细介绍了每个操作 API 的使用方法。另外，通过持久化，可以把 RDD 保存在内存或者磁盘中，避免多次重复计算。通过对 RDD 进行分区，不仅可以增加程序并行度，而且在一些应用场景中可以降低网络通信开销。

键值对 RDD 是一种常见的 RDD 类型，在 Spark 编程中经常被使用，本章介绍了键值对 RDD 的各种操作，并给出了一个综合实例。

此外，本章还介绍了文件数据读写和 HBase 数据读写的方法，最后，给出了 3 个综合实例。

实验 3 RDD 编程初级实践

一、实验目的

（1）熟悉 Spark 的 RDD 基本操作及键值对操作。

（2）熟悉使用 RDD 编程解决实际具体问题的方法。

二、实验平台

操作系统：Ubuntu16.04。

Spark 版本：2.1.0。

三、实验内容和要求

1. spark–shell 交互式编程

请到本教材官网的“下载专区”的“数据集”中下载 chapter5-data1.txt，该数据集包含了某大学计算机系的成绩，数据格式如下所示：

```
Tom,DataBase,80
Tom,Algorithm,50
Tom,DataStructure,60
Jim,DataBase,90
Jim,Algorithm,60
Jim,DataStructure,80
……
```

请根据给定的实验数据，在 spark-shell 中通过编程来计算以下内容：

（1）该系总共有多少学生；

（2）该系共开设来多少门课程；

（3）Tom 同学的总成绩平均分是多少；

（4）求每名同学的选修的课程门数；

（5）该系 DataBase 课程共有多少人选修；

（6）各门课程的平均分是多少；

（7）使用累加器计算共有多少人选了 DataBase 这门课。

2. 编写独立应用程序实现数据去重

对于两个输入文件 A 和 B，编写 Spark 独立应用程序，对两个文件进行合并，并剔除其中重复的内容，得到一个新文件 C。下面是输入文件和输出文件的一个样例，供参考。

输入文件 A 的样例如下：

```
20170101    x
20170102    y
20170103    x
20170104    y
20170105    z
20170106    z
```

输入文件 B 的样例如下：

```
20170101    y
20170102    y
20170103    x
20170104    z
20170105    y
```

根据输入的文件 A 和 B 合并得到的输出文件 C 的样例如下：

```
20170101    x
20170101    y
20170102    y
20170103    x
20170104    y
20170104    z
20170105    y
20170105    z
20170106    z
```

3. 编写独立应用程序实现求平均值问题

每个输入文件表示班级学生某个学科的成绩，每行内容由两个字段组成，第一个是学生名字，第二个是学生的成绩；编写 Spark 独立应用程序求出所有学生的平均成绩，并输出到一个新文件中。下面是输入文件和输出文件的一个样例，供参考。

Algorithm 成绩：

小明 92

小红 87
小新 82
小丽 90
Database 成绩：
小明 95
小红 81
小新 89
小丽 85
Python 成绩：
小明 82
小红 83
小新 94
小丽 91
平均成绩如下：
(小红,83.67)
(小新,88.33)
(小明,89.67)
(小丽,88.67)

四、实验报告

《Spark 编程基础》实验报告		
题目：	姓名：	日期：
实验环境：		
实验内容与完成情况：		
出现的问题：		
解决方案（列出遇到的问题和解决办法，列出没有解决的问题）：		

05 第5章　Spark SQL

Spark SQL是Spark中用于结构化数据处理的组件，提供了一种通用的访问多种数据源的方式，可访问的数据源包括Hive、Avro、Parquet、ORC、JSON和JDBC等。Spark SQL采用了DataFrame数据模型（即带有Schema信息的RDD），支持用户在Spark SQL中执行SQL语句，实现对结构化数据的处理。目前Spark SQL支持Scala、Java、Python等编程语言。

本章首先介绍Spark SQL的发展历程和基本架构，然后介绍DataFrame数据模型、创建方法和常用操作，接下来介绍从RDD转换得到DataFrame的两种方法，即利用反射机制推断RDD模式和使用编程方式定义RDD模式，最后介绍如何使用Spark SQL读写数据库。

5.1 Spark SQL 简介

本节介绍 Spark SQL 的前身——Shark、Spark SQL 的架构以及诞生原因。

5.1.1 从 Shark 说起

Hive 是一个基于 Hadoop 的数据仓库工具，提供了类似于关系数据库 SQL 语言的查询语言——HiveQL，用户可以通过 HiveQL 语句快速实现简单的 MapReduce 统计，Hive 自身可以自动将 HiveQL 语句快速转换成 MapReduce 任务进行运行。当用户向 Hive 输入一段命令或查询（即 HiveQL 语句）时，Hive 需要与 Hadoop 交互工作来完成该操作。该命令或查询首先进入到驱动模块，由驱动模块中的编译器进行解析编译，并由优化器对该操作进行优化计算，然后交给执行器去执行，执行器通常的任务是启动一个或多个 MapReduce 任务。图 5-1 描述了用户提交一段 SQL 查询后，Hive 把 SQL 语句转化成 MapReduce 任务进行执行的详细过程。

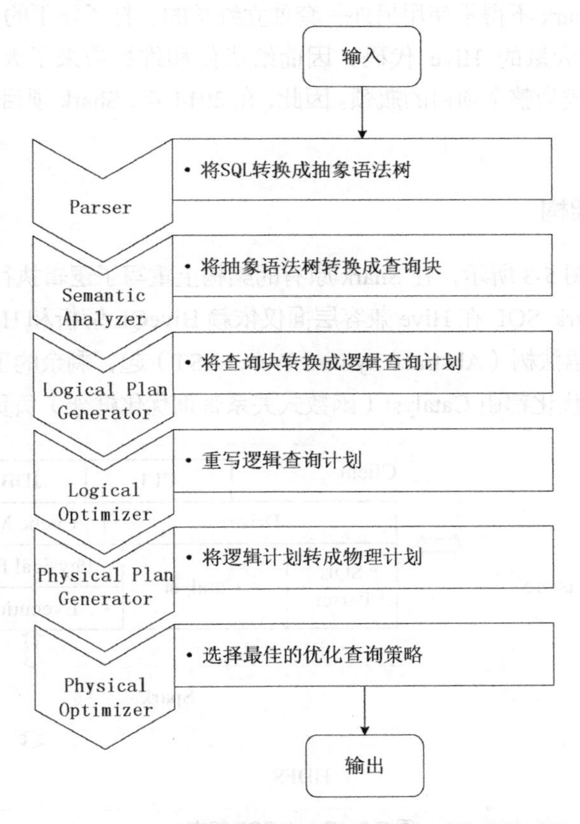

图 5-1 Hive 中 SQL 查询转化成 MapReduce 作业的过程

Shark 提供了类似 Hive 的功能，与 Hive 不同的是，Shark 把 SQL 语句转换成 Spark 作业，而不是 MapReduce 作业。为了实现与 Hive 兼容（见图 5-2），Shark 重用了 Hive 中的 HiveQL 解析、逻辑执行计划翻译、执行计划优化等逻辑，可以近似认为，Shark 仅将物理执行计划从 MapReduce 作业替换成了 Spark 作业，也就是通过 Hive 的 HiveQL 解析功能，把 HiveQL 翻译成 Spark 上的 RDD 操作。

Shark 的出现，使得 SQL-on-Hadoop 的性能比 Hive 有了 10～100 倍的提高。

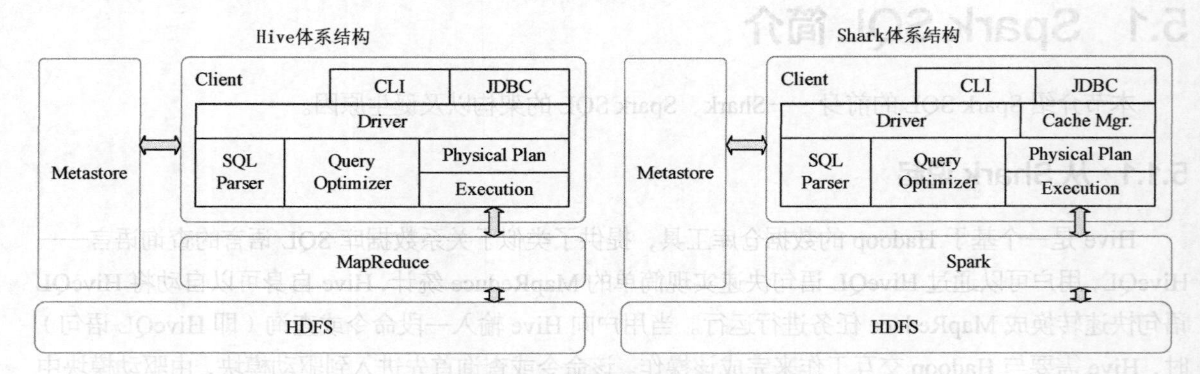

图 5-2　Shark 直接继承了 Hive 的各个组件

Shark 的设计导致了两个问题：一是执行计划优化完全依赖于 Hive，不方便添加新的优化策略；二是因为 Spark 是线程级并行，而 MapReduce 是进程级并行，因此，Spark 在兼容 Hive 的实现上存在线程安全问题，导致 Shark 不得不使用另外一套独立维护的、打了补丁的 Hive 源码分支。

Shark 的实现继承了大量的 Hive 代码，因而给优化和维护带来了大量的麻烦，特别是基于 MapReduce 设计的部分，成为整个项目的瓶颈。因此，在 2014 年，Shark 项目中止，并转向 Spark SQL 的开发。

5.1.2　Spark SQL 架构

Spark SQL 的架构如图 5-3 所示，在 Shark 原有的架构上重写了逻辑执行计划的优化部分，解决了 Shark 存在的问题。Spark SQL 在 Hive 兼容层面仅依赖 HiveQL 解析和 Hive 元数据，也就是说，从 HiveQL 被解析成抽象语法树（Abstract Syntax Tree，AST）起，剩余的工作全部都由 Spark SQL 接管，即执行计划生成和优化都由 Catalyst（函数式关系查询优化框架）负责。

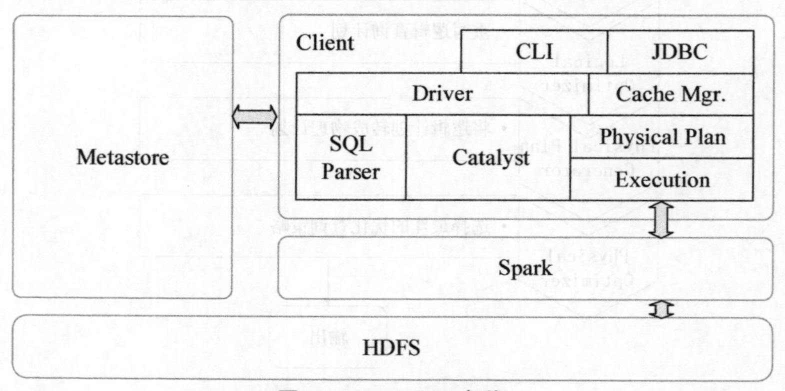

图 5-3　Spark SQL 架构

Spark SQL 增加了 DataFrame（即带有 Schema 信息的 RDD），使用户可以在 Spark SQL 中执行 SQL 语句，数据既可以来自 RDD，也可以来自 Hive、HDFS、Cassandra 等外部数据源，还可以是 JSON 格式的数据。Spark SQL 目前支持 Scala、Java、Python 等编程语言，支持 SQL-92 规范（见图 5-4）。

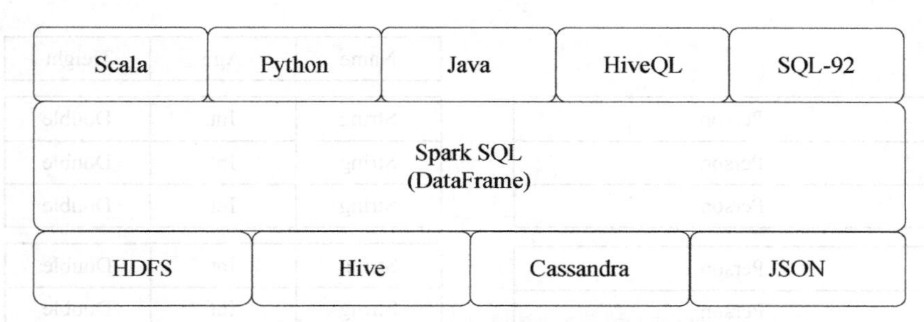

图 5-4 Spark SQL 支持的数据格式和编程语言

5.1.3 为什么推出 Spark SQL

关系数据库已经流行多年，最早是由图灵奖得主、有“关系数据库之父”之称的埃德加·弗兰克·科德于 1970 年提出的。由于具有规范的行和列结构，因此，存储在关系数据库中的数据通常也被称为“结构化数据”，用来查询和操作关系数据库的语言被称为“结构化查询语言”（Structual Query Language，SQL）。由于关系数据库具有完备的数学理论基础、完善的事务管理机制和高效的查询处理引擎，因此得到了广泛的应用，并从 20 世纪 70 年代到 21 世纪前 10 年一直占据商业数据库应用的主流位置。目前主流的关系数据库有 Oracle、DB2、SQL Server、Sybase、MySQL 等。

尽管数据库的事务和查询机制较好地满足了银行、电信等各类商业公司的业务数据管理需求，但是，关系数据库在大数据时代已经不能满足各种新增的用户需求。首先，用户需要从不同数据源执行各种操作，包括结构化和非结构化数据；其次，用户需要执行高级分析，比如机器学习和图像处理，在实际大数据应用中，经常需要融合关系查询和复杂分析算法（比如机器学习或图像处理），但是，一直以来都缺少这样的系统。

Spark SQL 的出现，填补了这个空白。首先，Spark SQL 可以提供 DataFrame API，可以对内部和外部各种数据源执行各种关系操作；其次，可以支持大量的数据源和数据分析算法，组合使用 Spark SQL 和 Spark MLlib，可以融合传统关系数据库的结构化数据管理能力和机器学习算法的数据处理能力，有效满足各种复杂的应用需求。

5.2 DataFrame 概述

Spark SQL 所使用的数据抽象并非 RDD，而是 DataFrame。DataFrame 的推出，让 Spark 具备了处理大规模结构化数据的能力，它不仅比原有的 RDD 转化方式更加简单易用，而且获得了更高的计算性能。Spark 能够轻松实现从 MySQL 到 DataFrame 的转化，并且支持 SQL 查询。

RDD 是分布式的 Java 对象的集合，但是，对象内部结构对于 RDD 而言却是不可知的。

DataFrame 是一种以 RDD 为基础的分布式数据集，提供了详细的结构信息，就相当于关系数据库的一张表。如图 5-5 所示，当采用 RDD 时，每个 RDD 元素都是一个 Java 对象，即 Person 对象，但是，无法直接看到 Person 对象的内部结构信息。而采用 DataFrame 时，Person 对象内部结构信息就一目了然，它包含了 Name、Age 和 Height 3 个字段，并且可以知道每个字段的数据类型。

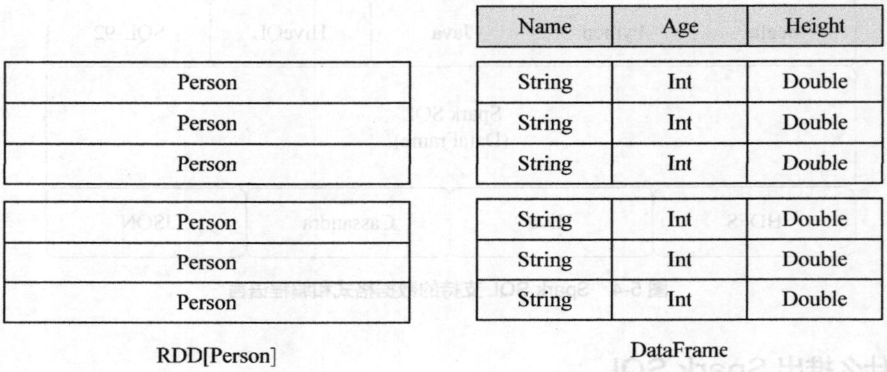

Person
Person
Person
Person
Person
Person

RDD[Person]

Name	Age	Height
String	Int	Double
String	Int	Double
String	Int	Double
String	Int	Double
String	Int	Double
String	Int	Double

DataFrame

图 5-5　DataFrame 与 RDD 的区别

5.3 DataFrame 的创建

从 Spark2.0 以上版本开始，Spark 使用全新的 SparkSession 接口替代 Spark1.6 中的 SQLContext 及 HiveContext 接口，来实现其对数据加载、转换、处理等功能。SparkSession 实现了 SQLContext 及 HiveContext 所有功能。

SparkSession 支持从不同的数据源加载数据，以及把数据转换成 DataFrame，并且支持把 DataFrame 转换成 SQLContext 自身的表，然后使用 SQL 语句来操作数据。SparkSession 亦提供了 HiveQL 以及其他依赖于 Hive 的功能的支持。

可以通过如下语句创建一个 SparkSession 对象：

```
scala> import org.apache.spark.sql.SparkSession
scala> val spark=SparkSession.builder().getOrCreate()
```

实际上，在启动进入 spark-shell 以后，spark-shell 就默认提供了一个 SparkContext 对象（名称为 sc）和一个 SparkSession 对象（名称为 spark），因此，也可以不用自己声明一个 SparkSession 对象，而是直接使用 spark-shell 提供的 SparkSession 对象，即 spark。

在创建 DataFrame 之前，为了支持 RDD 转换为 DataFrame 及后续的 SQL 操作，需要通过 import 语句（即 import spark.implicits._）导入相应的包，启用隐式转换。

在创建 DataFrame 时，可以使用 spark.read 操作，从不同类型的文件中加载数据创建 DataFrame，例如：

- spark.read.json("people.json")：读取 people.json 文件创建 DataFrame；在读取本地文件或 HDFS 文件时，要注意给出正确的文件路径；
- spark.read.parquet("people.parquet")：读取 people.parquet 文件创建 DataFrame；
- spark.read.csv("people.csv")：读取 people.csv 文件创建 DataFrame。

或者也可以使用如下格式的语句：

- spark.read.format("json").load("people.json")：读取 people.json 文件创建 DataFrame；
- spark.read.format("csv").load("people.csv")：读取 people.csv 文件创建 DataFrame；
- spark.read.format("parquet").load("people.parquet")：读取 people.parquet 文件创建 DataFrame。

需要指出的是，从文本文件中读取数据创建 DataFrame，无法直接使用上述类似的方法，需要使用后面介绍的“从 RDD 转换得到 DataFrame”。

下面介绍一个实例。在“/usr/local/spark/examples/src/main/resources/”目录下，有个 Spark 安装时自带的样例数据 people.json，其内容如下：

```
{"name":"Michael"}
{"name":"Andy", "age":30}
{"name":"Justin", "age":19}
```

图 5-6 给出了从 people.json 文件生成 DataFrame 的过程。执行“val df=spark.read.json(…)”语句后，系统就会自动从 people.json 文件加载数据，并生成一个 DataFrame（名称为 df），从系统返回的信息可以看出，df 中包括两个字段，分别为 age 和 name。最后，执行 df.show()把 df 中的记录都显示出来。

```
scala> import spark.implicits._
import spark.implicits._

scala> val df=spark.read.json("file:///usr/local/spark/examples/src/main/resources/people.json")
df: org.apache.spark.sql.DataFrame = [age: bigint, name: string]

scala> df.show()
+----+-------+
| age|   name|
+----+-------+
|null|Michael|
|  30|   Andy|
|  19| Justin|
+----+-------+
```

图 5-6　从 people.json 文件中创建 DataFrame 的实例

5.4　DataFrame 的保存

可以使用 spark.write 操作，把一个 DataFrame 保存成不同格式的文件。例如，把一个名称为 df 的 DataFrame 保存到不同格式文件中，方法如下：

- df.write.json("people.json");
- df.write.parquet("people.parquet");
- df.write.csv("people.csv");

或者也可以使用如下格式的语句：

- df.write.format("json").save("people.json");
- df.write.format ("csv").save("people.csv");
- df.write.format ("parquet").save("people.parquet");

注意，上述操作只简单给出了文件名称，在实际进行上述操作时，一定要给出正确的文件路径。例如，下面从示例文件 people.json 中创建一个 DataFrame，然后保存成 csv 格式文件，代码如下：

```
scala> val peopleDF = spark.read.format("json").
     | load("file:///usr/local/spark/examples/src/main/resources/people.json")
scala> peopleDF.select("name", "age").write.format("csv").
     | save("file:///usr/local/spark/mycode/sql/newpeople.csv")
```

上面代码中，peopleDF.select("name", "age").write 语句的功能是从 peopleDF 中选择 name 和 age 这两个列的数据进行保存，如果要保存所有列的数据，只需要使用 peopleDF.write 即可。执行后，可以看到“/usr/local/spark/mycode/sql/”目录下面会新生成一个名称为 newpeople.csv 的目录（而不是文件），该目录包含两个文件：

```
part-r-00000-33184449-cb15-454c-a30f-9bb43faccac1.csv
_SUCCESS
```

如果要再次读取 newpeople.csv 中的数据生成 DataFrame，可以直接使用 newpeople.csv 目录名称，而不需要使用 part-r-00000-33184449-cb15-454c-a30f-9bb43faccac1.csv 文件（当然，使用这个文件也可以），代码如下：

```
scala> val peopleDF = spark.read.format("csv").
     | load("file:///usr/local/spark/mycode/sql/newpeople.csv")
```

如果要把一个 DataFrame 保存成文本文件，则需要使用如下语句格式：

```
scala> val peopleDF = spark.read.format("json").
     | load("file:///usr/local/spark/examples/src/main/resources/people.json")
scala> peopleDF.rdd.
     | saveAsTextFile("file:///usr/local/spark/mycode/sql/newpeople.txt")
```

5.5 DataFrame 的常用操作

DataFrame 创建好以后，可以执行一些常用的 DataFrame 操作，包括 printSchema()、select()、filter()、groupBy()和 sort()等。

- printSchema()

可以使用 printSchema()操作，打印出 DataFrame 的模式（Schema）信息（见图 5-7）。

```
scala> df.printSchema()
root
 |-- age: long (nullable = true)
 |-- name: string (nullable = true)
```

图 5-7 printSchema()操作执行效果

- select()

select()操作的功能，是从 DataFrame 中选取部分列的数据。如图 5-8 所示，select()操作选取了 name 和 age 这两个列，并且把 age 这个列的值增加 1。

```
scala> df.select(df("name"),df("age")+1).show()
+-------+---------+
|   name|(age + 1)|
+-------+---------+
|Michael|     null|
|   Andy|       31|
| Justin|       20|
+-------+---------+
```

图 5-8 select()操作执行效果

select()操作还可以实现对列名称进行重命名的操作。如图 5-9 所示，name 列名称被重命名为 username。

```
scala> df.select(df("name").as("username"),df("age")).show()
+--------+----+
|username| age|
+--------+----+
| Michael|null|
|    Andy|  30|
|  Justin|  19|
+--------+----+
```

图 5-9 重命名列执行效果

- filter()

filter()操作可以实现条件查询，找到满足条件要求的记录。如图 5-10 所示，df.filter(df("age")>20)用于查询所有 age 字段大于 20 的记录。

```
scala> df.filter(df("age")>20).show()
+---+----+
|age|name|
+---+----+
| 30|Andy|
+---+----+
```

图 5-10 filter()操作执行效果

- groupBy()

groupBy()操作用于对记录进行分组。如图 5-11 所示，可以根据 age 字段进行分组，并对每个分组中包含的记录数量进行统计。

```
scala> df.groupBy("age").count().show()
+----+-----+
| age|count|
+----+-----+
|  19|    1|
|null|    1|
|  30|    1|
+----+-----+
```

图 5-11 groupBy()操作执行效果

- sort()

sort()操作用于对记录进行排序。如图 5-12 所示，df.sort(df("age").desc)表示根据 age 字段进行降序排序。df.sort(df("age").desc,df("name").asc)表示根据 age 字段进行降序排序，当 age 字段的值相同时，再根据 name 字段进行升序排序。

```
scala> df.sort(df("age").desc).show()
+----+-------+
| age|   name|
+----+-------+
|  30|   Andy|
|  19| Justin|
|null|Michael|
+----+-------+

scala> df.sort(df("age").desc,df("name").asc).show()
+----+-------+
| age|   name|
+----+-------+
|  30|   Andy|
|  19| Justin|
|null|Michael|
+----+-------+
```

图 5-12 sort()操作执行效果

5.6 从 RDD 转换得到 DataFrame

Spark 提供了两种方法来实现从 RDD 转换得到 DataFrame。

- 利用反射机制推断RDD模式：利用反射机制来推断包含特定类型对象的RDD模式（Schema），适合用于对已知数据结构的RDD转换。
- 使用编程方式定义RDD模式：使用编程接口构造一个模式（Schema），并将其应用在已知的RDD上。

5.6.1 利用反射机制推断 RDD 模式

在“/usr/local/spark/examples/src/main/resources/”目录下，有个 Spark 安装时自带的样例数据 people.txt，其内容如下：

```
Michael, 29
Andy, 30
Justin, 19
```

现在要把 people.txt 加载到内存中生成一个 DataFrame，并查询其中的数据。完整的代码及其执行过程如下：

```
scala> import org.apache.spark.sql.catalyst.encoders.ExpressionEncoder
import org.apache.spark.sql.catalyst.encoders.ExpressionEncoder
scala> import org.apache.spark.sql.Encoder
import org.apache.spark.sql.Encoder
scala> import spark.implicits._  //导入包，支持把一个RDD隐式转换为一个DataFrame
import spark.implicits._
scala> case class Person(name: String, age: Long)  //定义一个case class
defined class Person
scala> val peopleDF = spark.sparkContext.
     | textFile("file:///usr/local/spark/examples/src/main/resources/people.txt").
     | map(_.split(",")).
     | map(attributes => Person(attributes(0), attributes(1).trim.toInt)).toDF()
peopleDF: org.apache.spark.sql.DataFrame = [name: string, age: bigint]
scala> peopleDF.createOrReplaceTempView("people") //必须注册为临时表才能供下面的查询使用
scala> val personsRDD = spark.sql("select name,age from people where age > 20")
//最终生成一个DataFrame，下面是系统执行返回的信息
personsRDD: org.apache.spark.sql.DataFrame = [name: string, age: bigint]
scala> personsRDD.map(t => "Name: "+t(0)+ ","+"Age: "+t(1)).show()  //DataFrame 中的每个元素都是一行记录，包含name和age两个字段，分别用t(0)和t(1)来获取值
//下面是系统执行返回的信息
+------------------+
| value|
+------------------+
|Name:Michael,Age:29|
| Name:Andy,Age:30|
+------------------+
```

在上面的代码中，首先通过 import 语句导入所需的包，然后，定义了一个名称为 Person 的 case class，也就是说，在利用反射机制推断 RDD 模式时，需要先定义一个 case class，因为，只有 case class 才能被 Spark 隐式地转换为 DataFrame。spark.sparkContext.textFile()执行以后，系统会把 people.txt 文件加载到内存中生成一个 RDD，每个 RDD 元素都是 String 类型，3 个元素分别是"Michael,29" "Andy,30"和"Justin,19"。然后，对这个 RDD 调用 map(_.split(","))方法得到一个新的 RDD，这个 RDD 中的 3 个元素分别是 Array("Michael","29")、Array("Andy", "30")和 Array("Justin", "19")。接下来，继续对 RDD 执行 map(attributes => Person(attributes(0), attributes(1).trim.toInt))操作，这时得到新的 RDD，

每个元素都是一个 Person 对象，3 个元素分别是 Person("Michael",29)、Person ("Andy", 30)和 Person ("Justin", 19)。然后，在这个 RDD 上执行 toDF()操作，把 RDD 转换成 DataFrame。从 toDF()操作执行后系统返回的信息可以看出，新生成的名称为 peopleDF 的 DataFrame，每条记录的模式（schema）信息是[name: string, age: bigint]。

生成 DataFrame 以后，可以进行 SQL 查询。但是，Spark 要求必须把 DataFrame 注册为临时表，才能供后面的查询使用。因此，通过 peopleDF.createOrReplaceTempView("people")这条语句，把 peopleDF 注册为临时表，这个临时表的名称是 people。

val personsRDD = spark.sql("select name,age from people where age > 20")这条语句的功能是从临时表 people 中查询所有 age 字段的值大于 20 的记录。从语句执行后返回的信息可以看出，personsRDD 也是一个 DataFrame。最终，通过 personsRDD.map(t => "Name: "+t(0)+ ","+"Age: "+t(1)) .show()操作，把 personsRDD 中的元素进行格式化以后再输出。

5.6.2 使用编程方式定义 RDD 模式

当无法提前定义 case class 时，就需要采用编程方式定义 RDD 模式。例如，现在需要通过编程方式把“/usr/local/spark/examples/src/main/resources/people.txt”加载进来生成 DataFrame，并完成 SQL 查询。完成这项工作主要包含 3 个步骤（见图 5-13）。

- 第一步：制作“表头”；
- 第二步：制作“表中的记录”；
- 第三步：把“表头”和“表中的记录”拼装在一起。

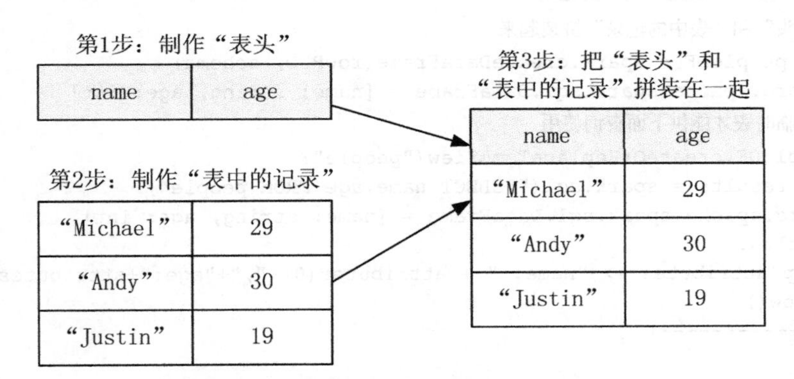

图 5-13 通过编程方式定义 RDD 模式的实现过程

“表头”也就是表的模式（Schema），需要包含字段名称、字段类型和是否允许空值等信息，SparkSQL 提供了 StructType(fields:Seq[StructField])类来表示表的模式信息。生成一个 StructType 对象时，需要提供 fields 作为输入参数，fields 是一个集合类型，里面的每个集合元素都是 StructField 类型。Spark SQL 中的 StructField(name, dataType, nullable)是用来表示表的字段信息的，其中，name 表示字段名称，dataType 表示字段的数据类型，nullable 表示字段的值是否允许为空值。

在制作“表中的记录”时，每条记录都应该被封装到一个 Row 对象中，并把所有记录的 Row 对象一起保存到一个 RDD 中。

制作完“表头”和“表中的记录”以后，可以通过 spark.createDataFrame()语句，把表头和表中的记录拼装在一起，得到一个 DataFrame，用于后续的 SQL 查询。

下面是利用 Spark SQL 查询 people.txt 的完整代码：

```
scala> import org.apache.spark.sql.types._
import org.apache.spark.sql.types._
scala> import org.apache.spark.sql.Row
import org.apache.spark.sql.Row
//生成字段
scala>  val  fields  =  Array(StructField("name",StringType,true),  StructField("age",
IntegerType,true))
fields:  Array[org.apache.spark.sql.types.StructField]  =  Array(StructField(name,
StringType,true), StructField(age,IntegerType,true))
scala> val schema = StructType(fields)
schema: org.apache.spark.sql.types.StructType = StructType(StructField(name,StringType,
true), StructField(age, IntegerType,true))
//从上面信息可以看出，schema 描述了模式信息，模式中包含 name 和 age 两个字段
//schema 就是"表头"
//下面加载文件生成 RDD
scala> val peopleRDD = spark.sparkContext.
     | textFile("file:///usr/local/spark/examples/src/main/resources/people.txt")
peopleRDD: org.apache.spark.rdd.RDD[String] = file:///usr/local/spark/examples/src/
main/resources/people.txt MapPartitionsRDD[1] at textFile at <console>:26
//对 peopleRDD 这个 RDD 中的每一行元素都进行解析
scala> val rowRDD = peopleRDD.map(_.split(",")).
     | map(attributes => Row(attributes(0), attributes(1).trim.toInt))
rowRDD: org.apache.spark.rdd.RDD[org.apache.spark.sql.Row] = MapPartitionsRDD[3] at map
at <console>:29
//上面得到的 rowRDD 就是"表中的记录"
//下面把"表头"和"表中的记录"拼装起来
scala> val peopleDF = spark.createDataFrame(rowRDD, schema)
peopleDF: org.apache.spark.sql.DataFrame = [name: string, age: int]
//必须注册为临时表才能供下面查询使用
scala> peopleDF.createOrReplaceTempView("people")
scala> val results = spark.sql("SELECT name,age FROM people")
results: org.apache.spark.sql.DataFrame = [name: string, age: int]
scala> results.
     | map(attributes => "name: " + attributes(0)+","+"age:"+attributes(1)).
     | show()
+--------------------+
| value|
+--------------------+
|name: Michael,age:29|
| name: Andy,age:30|
| name: Justin,age:19|
+--------------------+
```

在上述代码中，数组 fields 是 Array(StructField("name",StringType,true), StructField("age",IntegerType,true))，里面包含了字段的描述信息。val schema = StructType(fields)语句把 fields 作为输入，生成一个 StructType 对象，即 schema，里面包含了表的模式信息，也就是"表头"。

通过上述步骤，就得到了表的模式信息，相当于做好了"表头"，下面需要制作"表中的记录"。val peopleRDD = spark.sparkContext.textFile()语句从 people.txt 文件中加载数据生成 RDD，名称为 peopleRDD，每个 RDD 元素都是 String 类型，3 个元素分别是"Michael,29""Andy, 30"和"Justin,19"。

然后，对这个 RDD 调用 map(_.split(","))方法得到一个新的 RDD，这个 RDD 中的 3 个元素分别是 Array("Michael","29")、Array("Andy", "30")和 Array("Justin", "19")。接下来，对这个 RDD 调用 map(attributes => Row(attributes(0), attributes(1).trim.toInt))操作得到一个新的 RDD，即 rowRDD，这个 RDD 中的每个元素都是一个 Row 对象，也就是说，经过 map()操作以后，Array("Michael","29")被转换成了 Row("Michael",29)，Array("Andy","30")被转换成了 Row("Andy",30)，Array("Justin","19")被转换成了 Row("Justin",19)。这样就完成了记录的制作，这时 rowRDD 包含了 3 个 Row 对象。

下面需要把"表头"和"表中的记录"进行拼装，val peopleDF = spark.createDataFrame(rowRDD, schema)语句就实现了这个功能，它把表头 schema 和表中的记录 rowRDD 拼装在一起，得到一个 DataFrame，名称为 peopleDF。

peopleDF.createOrReplaceTempView("people")语句把 peopleDF 注册为临时表，从而可以支持 SQL 查询。最后，执行 spark.sql("SELECT name,age FROM people")语句，查询得到结果 results，并使用 map()方法对记录进行格式化，由于 results 里面的每条记录都包含两个字段，即 name 和 age，因此，attributes(0)表示 name 字段的值，attributes(1)表示 age 字段的值。

5.7 使用 Spark SQL 读写数据库

本节介绍在 Spark 中通过 JDBC 连接数据库以及连接 Hive 读写数据的方法。

5.7.1 通过 JDBC 连接数据库

1. 准备工作

这里采用 MySQL 数据库来存储和管理数据。在 Linux 系统中安装 MySQL 数据库的方法，这里不做介绍，具体安装方法可以参考本教材官网的"实验指南"栏目的"在 Ubuntu 中安装 MySQL"。

安装成功以后，在 Linux 中启动 MySQL 数据库，命令如下：

```
$ service mysql start
$ mysql -u root -p  #屏幕会提示输入密码
```

在 MySQL Shell 环境中，输入下面 SQL 语句完成数据库和表的创建：

```
mysql> create database spark;
mysql> use spark;
mysql> create table student (id int(4), name char(20), gender char(4), age int(4));
mysql> insert into student values(1,'Xueqian','F',23);
mysql> insert into student values(2,'Weiliang','M',24);
mysql> select * from student;
```

要想顺利连接 MySQL 数据库，还需要使用 MySQL 数据库驱动程序。请到 MySQL 官网下载 MySQL 的 JDBC 驱动程序，或者直接到本教材官网的"下载专区"的"软件"目录中下载驱动程序文件 mysql-connector-java-5.1.40.tar.gz。把该驱动程序解压缩到 Spark 的安装目录"/usr/local/spark/jars"下。

启动一个 spark-shell。启动 Spark Shell 时，必须指定 MySQL 连接驱动 jar 包，命令如下：

```
$ cd /usr/local/spark
$ ./bin/spark-shell  --jars  \
>/usr/local/spark/jars/mysql-connector-java-5.1.40/mysql-connector-java-5.1.40-bin.j
ar  \
> --driver-class-path \
>/usr/local/spark/jars/mysql-connector-java-5.1.40/mysql-connector-java-5.1.40-bin.jar
```

2. 读取 MySQL 数据库中的数据

spark.read.format("jdbc")操作可以实现对 MySQL 数据库的读取。执行以下命令连接数据库，读取数据并显示：

```
scala> val jdbcDF = spark.read.format("jdbc").
     | option("url","jdbc:mysql://localhost:3306/spark").
     | option("driver","com.mysql.jdbc.Driver").
     | option("dbtable", "student").
     | option("user", "root").
     | option("password", "hadoop").
     | load()
scala> jdbcDF.show()
+---+--------+------+---+
| id|    name|gender|age|
+---+--------+------+---+
|  1| Xueqian|     F| 23|
|  2|Weiliang|     M| 24|
+---+--------+------+---+
```

在通过 JDBC 连接 MySQL 数据库时，需要通过 option()方法设置相关的连接参数，表 5-1 给出了各个参数的含义。

表 5-1 JDBC 连接参数及其含义

参数名称	参数的值	含义
url	jdbc:mysql://localhost:3306/spark	数据库的连接地址
driver	com.mysql.jdbc.Driver	数据库的 JDBC 驱动程序
dbtable	student	所要访问的表
user	root	用户名
password	hadoop	用户密码

3. 向 MySQL 数据库写入数据

在 MySQL 数据库中，已经创建了一个名称为 spark 的数据库，并创建了一个名称为 student 的表。下面将要向 MySQL 数据库写入两条记录。为了对比数据库记录的变化，可以查看一下数据库的当前内容（见图 5-14）。

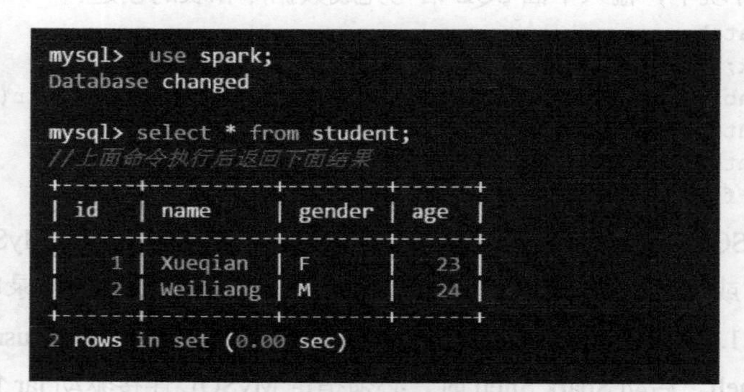
```
mysql> use spark;
Database changed

mysql> select * from student;
//上面命令执行后返回下面结果
+------+----------+--------+------+
| id   | name     | gender | age  |
+------+----------+--------+------+
|    1 | Xueqian  | F      |   23 |
|    2 | Weiliang | M      |   24 |
+------+----------+--------+------+
2 rows in set (0.00 sec)
```

图 5-14 在 MySQL 数据库中查询 student 表

向 spark.student 表中插入两条记录的完整代码如下：

```
//代码文件为 InsertStudent.scala
import java.util.Properties
```

```
import org.apache.spark.sql.types._
import org.apache.spark.sql.Row

//下面设置两条数据，表示两个学生的信息
val studentRDD = spark.sparkContext.parallelize(Array("3 Rongcheng M 26","4 Guanhua M 27")).map(_.split(" "))

//下面设置模式信息
val schema = StructType(List(StructField("id", IntegerType, true),StructField("name", StringType, true),StructField("gender", StringType, true),StructField("age", IntegerType, true)))

//下面创建 Row 对象，每个 Row 对象都是 rowRDD 中的一行
val rowRDD = studentRDD.map(p => Row(p(0).toInt, p(1).trim, p(2).trim, p(3).toInt))

//建立起 Row 对象和模式之间的对应关系，也就是把数据和模式对应起来
val studentDF = spark.createDataFrame(rowRDD, schema)

//下面创建一个 prop 变量用来保存 JDBC 连接参数
val prop = new Properties()
prop.put("user","root") //表示用户名是 root
prop.put("password","hadoop") //表示密码是 hadoop
prop.put("driver","com.mysql.jdbc.Driver") //表示驱动程序是 com.mysql.jdbc.Driver

//下面连接数据库，采用 append 模式，表示追加记录到数据库 spark 的 student 表中
studentDF.write.mode("append").jdbc("jdbc:mysql://localhost:3306/spark","spark.student",prop)
```

可以在 spark-shell 中执行上述代码，也可以编写独立应用程序编译打包后通过 spark-submit 提交运行。执行以后，可以到 MySQL Shell 环境中使用 SQL 语句查询 student 表，可以发现新增加的两条记录，具体命令及其执行效果如下：

```
mysql> select * from student;
+------+-----------+--------+------+
| id | name | gender | age |
+------+-----------+--------+------+
| 1 | Xueqian | F | 23 |
| 2 | Weiliang | M | 24 |
| 3 | Rongcheng | M | 26 |
| 4 | Guanhua | M | 27 |
+------+-----------+--------+------+
4 rows in set (0.00 sec)
```

5.7.2 连接 Hive 读写数据

Hive 是一个构建在 Hadoop 之上的数据仓库工具，可以支持大规模数据存储、分析，具有良好的可扩展性。在某种程度上，Hive 可以看作是用户编程接口，因为它本身并不会存储和处理数据，而是依赖于分布式文件系统 HDFS 来实现数据的存储，依赖于分布式并行计算模型 MapReduce 来实现数据的处理。

1. 准备工作

在使用 Spark SQL 访问 Hive 之前，需要安装 Hive。关于 Hive 的安装，这里不做介绍，可以到

本教材官网的“下载专区”的“软件”目录中下载 Hive 安装文件 apache-hive-1.2.1-bin.tar.gz，然后参考本教材官网的“实验指南”栏目的“Hive 的安装”，来完成数据仓库 Hive 的安装。这里假设已经完成了 Hive 的安装，并且使用的是 MySQL 数据库来存放 Hive 的元数据。

此外，为了让 Spark 能够访问 Hive，必须为 Spark 添加 Hive 支持。Spark 官方提供的预编译版本，通常是不包含 Hive 支持的，需要采用源码编译的方式，得到一个包含 Hive 支持的 Spark 版本。

启动 spark-shell 以后，可以通过如下命令测试已经安装的 Spark 是否包含 Hive 支持：

```
scala> import org.apache.spark.sql.hive.HiveContext
```

如果 Spark 不包含 Hive 支持，则会显示如图 5-15 所示的信息。

```
scala> import org.apache.spark.sql.hive.HiveContext
<console>:25: error: object hive is not a member of package org.apache.spark.sql
       import org.apache.spark.sql.hive.HiveContext
                                   ^
```

图 5-15　Spark 不包含 Hive 支持时的 import 语句执行效果

如果安装的 Spark 版本已经包含了 Hive 支持，那么应该显示如图 5-16 所示的正确信息。

```
scala> import org.apache.spark.sql.hive.HiveContext
import org.apache.spark.sql.hive.HiveContext
```

图 5-16　Spark 包含 Hive 支持时的 import 语句执行效果

当 Spark 版本不包含 Hive 支持时，可以采用源码编译方法得到支持 Hive 的 Spark 版本。在 Linux 中使用浏览器访问 Spark 官网（http://spark.apache.org/downloads.html）（见图 5-17），在“Choose a package type”中选择“Source Code”，然后下载 spark-2.1.0.tgz 文件。下载后的文件，默认被保存到当前 Linux 登录用户的用户主目录的“下载”目录下。例如，当前是使用 hadoop 用户登录 Linux 系统，则会被默认存放到“/home/hadoop/下载”目录下。或者，也可以直接到本教材官网的“下载专区”的“软件”目录中下载文件 spark-2.1.0.tgz。

Download Apache Spark™

1. Choose a Spark release: 2.1.0 (Dec 28 2016)
2. Choose a package type: Source Code
3. Choose a download type: Direct Download
4. Download Spark: spark-2.1.0.tgz
5. Verify this release using the 2.1.0 signatures and checksums and project release KEYS.

Note: Starting version 2.0, Spark is built with Scala 2.11 by default. Scala 2.10 users should download the Spark source package and build with Scala 2.10 support.

图 5-17　Spark 官网下载页面

下载完 spark-2.1.0.tgz 文件以后，使用如下命令进行文件解压缩：

```
$ cd /home/hadoop/下载 #spark-2.1.0.tgz 就在这个目录下面
$ ls  #可以看到刚才下载的 spark-2.1.0.tgz 文件
$ sudo tar -zxf ./spark-2.1.0.tgz -C /home/hadoop/
$ cd /home/hadoop
```

```
$ ls  #这时可以看到解压得到的目录spark-2.1.0
```

在编译Spark源码时，需要给出计算机上已经安装好的Hadoop的版本，可以使用如下命令查看Hadoop版本信息：

```
$ hadoop version
```

运行如下编译命令，对Spark源码进行编译：

```
$ cd /home/hadoop/spark-2.1.0
$ ./dev/make-distribution.sh --tgz --name h27hive -Pyarn -Phadoop-2.7 \
>  -Dhadoop.version=2.7.1 -Phive -Phive-thriftserver -DskipTests
```

编译成功后会得到文件名“spark-2.1.0-bin-h27hive.tgz”，这个就是包含Hive支持的Spark安装文件（spark-2.1.0-bin-h27hive.tgz文件也可以直接从本教材官网的“下载专区”的“软件”目录中直接下载）。然后，就可以按照本教材第3章中介绍的方法完成Spark的安装，这样安装以后的Spark版本就会包含Hive支持。

2. 在Hive中创建数据库和表

由于之前安装的Hive是使用MySQL数据库来存放Hive的元数据，因此，在使用Hive之前，必须首先启动MySQL数据库，命令如下：

```
$ service mysql start
```

由于Hive是基于Hadoop的数据仓库，使用HiveQL语言撰写的查询语句，最终都会被Hive自动解析成MapReduce任务由Hadoop去具体执行，因此，需要启动Hadoop，然后再启动Hive，命令如下：

```
$ cd /usr/local/hadoop
$ ./sbin/start-all.sh   #启动Hadoop
$ cd /usr/local/hive
$ ./bin/hive  #启动Hive
```

进入Hive，新建一个数据库sparktest，并在这个数据库下面创建一个表student，然后录入两条数据，命令如下：

```
hive> create database if not exists sparktest;  #创建数据库sparktest
hive> show databases;  #显示一下是否创建出了sparktest数据库
#下面在数据库sparktest中创建一个表student
hive> create table if not exists sparktest.student(
> id int,
> name string,
> gender string,
> age int);
hive> use sparktest;  #切换到sparktest
hive> show tables;  #显示sparktest数据库下面有哪些表
hive> insert into student values(1,'Xueqian','F',23);  #插入一条记录
hive> insert into student values(2,'Weiliang','M',24);  #再插入一条记录
hive> select * from student;  #显示student表中的记录
```

3. 连接Hive读写数据

为了能够让Spark顺利访问Hive，需要修改“/usr/local/sparkwithhive/conf/spark-env.sh”这个配置文件，修改后的配置文件内容如下：

```
export SPARK_DIST_CLASSPATH=$(/usr/local/hadoop/bin/hadoop classpath)
export JAVA_HOME=/usr/lib/jvm/java-8-openjdk-amd64
```

```
export CLASSPATH=$CLASSPATH:/usr/local/hive/lib
export SCALA_HOME=/usr/local/scala
export HADOOP_CONF_DIR=/usr/local/hadoop/etc/hadoop
export HIVE_CONF_DIR=/usr/local/hive/conf
export SPARK_CLASSPATH=$SPARK_CLASSPATH:/usr/local/hive/lib/mysql-connector-java-5.1.
40-bin.jar
```

- 从 Hive 中读取数据

安装好包含 Hive 支持的 Spark 版本以后，启动进入 spark-shell，执行以下命令从 Hive 中读取数据：

```
scala> import org.apache.spark.sql.Row
scala> import org.apache.spark.sql.SparkSession
scala> case class Record(key: Int, value: String)
scala> val warehouseLocation = "spark-warehouse"
scala> val spark = SparkSession.builder().
     | appName("Spark Hive Example").
     | config("spark.sql.warehouse.dir", warehouseLocation).
     | enableHiveSupport().getOrCreate()
scala> import spark.implicits._
scala> import spark.sql
//下面是运行结果
scala> sql("SELECT * FROM sparktest.student").show()
+---+--------+------+---+
| id|    name|gender|age|
+---+--------+------+---+
|  1| Xueqian|     F| 23|
|  2|Weiliang|     M| 24|
+---+--------+------+---+
```

- 向 Hive 写入数据

编写程序向 Hive 数据库的 sparktest.student 表中插入两条数据，在插入数据之前，先查看一下已有的两条数据，命令如下：

```
hive> use sparktest;
hive> select * from student;
OK
1   Xueqian F   23
2   Weiliang    M   24
Time taken: 0.05 seconds, Fetched: 2 row(s)
```

在 spark-shell 中执行如下代码，向 Hive 数据库的 sparktest.student 表中插入两条数据：

```
scala> import java.util.Properties
scala> import org.apache.spark.sql.types._
scala> import org.apache.spark.sql.Row
//下面设置两条数据表示两个学生信息
scala> val studentRDD = spark.sparkContext.
     | parallelize(Array("3 Rongcheng M 26","4 Guanhua M 27")).map(_.split(" "))
//下面设置模式信息
scala> val schema = StructType(List(StructField("id", IntegerType, true),StructField
("name",  StringType,  true),StructField("gender",  StringType,  true),StructField("age",
IntegerType, true)))
//下面创建 Row 对象，每个 Row 对象都是 rowRDD 中的一行
scala> val rowRDD = studentRDD.
     | map(p => Row(p(0).toInt, p(1).trim, p(2).trim, p(3).toInt))
//建立起 Row 对象和模式之间的对应关系，也就是把数据和模式对应起来
```

```
scala> val studentDF = spark.createDataFrame(rowRDD, schema)
//查看 studentDF
scala> studentDF.show()
+---+---------+------+---+
| id| name|gender|age|
+---+---------+------+---+
| 3|Rongcheng| M| 26|
| 4| Guanhua| M| 27|
+---+---------+------+---+
//下面注册临时表
scala> studentDF.registerTempTable("tempTable")
//下面执行向 Hive 中插入记录的操作
scala> sql("insert into sparktest.student select * from tempTable")
```

在 Hive 中执行以下命令查看 Hive 数据库内容的变化：

```
hive> use sparktest;
hive> select * from student;
OK
1   Xueqian F   23
2   Weiliang    M   24
3   Rongcheng   M   26
4   Guanhua M   27
Time taken: 0.049 seconds, Fetched: 4 row(s)
```

可以看到，向 Hive 中插入数据的操作执行成功了。

5.8 本章小结

在大数据的处理框架上提供 SQL 支持，一方面可以简化开发人员的编程工作，另一方面可以用大数据技术实现对结构化数据的高效复杂分析。本章在开头部分介绍的数据仓库 Hive，就相当于提供了一种编程语言接口，只要求用户输入 SQL 语句，它就可以自动把 SQL 语句转化为底层的 MapReduce 程序。Shark 在设计上完全照搬了 Hive，实现了 SQL 语句到 Spark 程序的转换。但是，Shark 存在很多设计上的缺陷，因此，Spark SQL 摈弃了 Shark 的设计思路，进行了组件的重新设计，获得了较好的性能。

本章介绍了 Spark SQL 的数据模型 DataFrame，它是一个由多个列组成的结构化的分布式数据集合，相当于关系数据库中的一张表。DataFrame 是 Spark SQL 中的最基本的概念，可以通过多种方式创建。例如，结构化的数据集、Hive 表、外部数据库或者是 RDD 等。DataFrame 创建好以后，可以执行一些常用的 DataFrame 操作，包括 printSchema()、select()、filter()、groupBy()和 sort()等。从 RDD 转换得到 DataFrame，有时候可以实现自动的隐式转换，但是，有时候需要通过编程的方式实现转换，主要有两种方式，即利用反射机制推断 RDD 模式和使用编程方式定义 RDD 模式。

本章最后介绍了在 Spark 中通过 JDBC 连接 MySQL 数据库的详细过程，同时给出了连接 Hive 读写数据的具体方法。

5.9 习题

1. 请阐述 Hive 中 SQL 查询转化为 MapReduce 作业的具体过程。

2. 请阐述 Shark 和 Hive 的关系以及 Shark 有什么缺陷。
3. 请阐述 Shark 与 Spark SQL 的关系。
4. 请分析 Spark SQL 出现的原因。
5. RDD 和 DataFrame 有什么区别？
6. Spark SQL 支持读写哪些类型的数据？
7. 从 RDD 转换得到 DataFrame 可以有哪两种方式？
8. 使用编程方式定义 RDD 模式的基本步骤是什么？
9. 为了使得 Spark SQL 能够访问 Hive，需要做哪些准备工作？

实验 4　Spark SQL 编程初级实践

一、实验目的

（1）通过实验掌握 Spark SQL 的基本编程方法。
（2）熟悉 RDD 到 DataFrame 的转化方法。
（3）熟悉利用 Spark SQL 管理来自不同数据源的数据。

二、实验平台

操作系统：Ubuntu16.04。
Spark 版本：2.1.0。
数据库：MySQL。

三、实验内容和要求

1. Spark SQL 基本操作

将下列 JSON 格式数据复制到 Linux 系统中，并保存命名为 employee.json。

```
{ "id":1 , "name":" Ella" , "age":36 }
{ "id":2, "name":"Bob","age":29 }
{ "id":3 , "name":"Jack","age":29 }
{ "id":4 , "name":"Jim","age":28 }
{ "id":4 , "name":"Jim","age":28 }
{ "id":5 , "name":"Damon" }
{ "id":5 , "name":"Damon" }
```

为 employee.json 创建 DataFrame，并写出 Scala 语句完成下列操作：

（1）查询所有数据；
（2）查询所有数据，并去除重复的数据；
（3）查询所有数据，打印时去除 id 字段；
（4）筛选出 age>30 的记录；
（5）将数据按 age 分组；
（6）将数据按 name 升序排列；

（7）取出前 3 行数据；

（8）查询所有记录的 name 列，并为其取别名为 username；

（9）查询年龄 age 的平均值；

（10）查询年龄 age 的最小值。

2. 编程实现将 RDD 转换为 DataFrame

源文件内容如下（包含 id,name,age）：

```
1,Ella,36
2,Bob,29
3,Jack,29
```

请将数据复制保存到 Linux 系统中，命名为 employee.txt，实现从 RDD 转换得到 DataFrame，并按“id:1,name:Ella,age:36”的格式打印出 DataFrame 的所有数据。请写出程序代码。

3. 编程实现利用 DataFrame 读写 MySQL 的数据

（1）在 MySQL 数据库中新建数据库 sparktest，再创建表 employee，包含表 5-2 所示的两行数据。

表 5-2　　employee 表原有数据

id	name	gender	age
1	Alice	F	22
2	John	M	25

（2）配置 Spark，通过 JDBC 连接数据库 MySQL，编程实现利用 DataFrame 插入表 5-3 所示的两行数据到 MySQL 中，最后打印出 age 的最大值和 age 的总和。

表 5-3　　employee 表新增数据

id	name	gender	age
3	Mary	F	26
4	Tom	M	23

四、实验报告

<table>
<tr><td colspan="3">《Spark 编程基础》实验报告</td></tr>
<tr><td>题目：</td><td>姓名：</td><td>日期：</td></tr>
<tr><td colspan="3">实验环境：</td></tr>
<tr><td colspan="3">实验内容与完成情况：</td></tr>
<tr><td colspan="3">出现的问题：</td></tr>
<tr><td colspan="3">解决方案（列出遇到的问题和解决办法，列出没有解决的问题）：</td></tr>
</table>

06 第6章　Spark Streaming

流计算是一种典型的大数据计算模式，可以实现对源源不断到达的流数据的实时处理分析。Spark Streaming 是构建在 Spark 上的流计算框架，它扩展了 Spark 处理大规模流式数据的能力，使得 Spark 可以同时支持批处理与流处理，因此，越来越多的企业开始应用 Spark，逐渐从“Hadoop+Storm”架构转向 Spark 架构。

本章首先介绍流计算概念、流计算框架和处理流程，以及 Spark Streaming 的设计思路，然后介绍 Spark Streaming 工作机制和程序开发基本步骤，并阐述了使用基本输入源和高级输入源时的流计算程序编写方法，最后介绍了转换操作和输出操作。

6.1 流计算概述

本节内容首先介绍静态数据和流数据的区别，以及针对这两种数据的计算模式，即批量计算和实时计算，然后介绍流计算的概念、框架和处理流程。

6.1.1 静态数据和流数据

数据总体上可以分为静态数据和流数据。

1. 静态数据

如果把数据存储系统比作一个“水库”，那么，存储在数据存储系统中的静态数据就像水库中的水一样，是静止不动的。很多企业为了支持决策分析而构建的数据仓库系统（见图 6-1），其中存放的大量历史数据就是静态数据，这些数据来自不同的数据源，利用 ETL（Extract-Transform-Load）工具加载到数据仓库中，并且不会发生更新，技术人员可以利用数据挖掘和 OLAP（On-Line Analytical Processing）分析工具从这些静态数据中找到对企业有价值的信息。

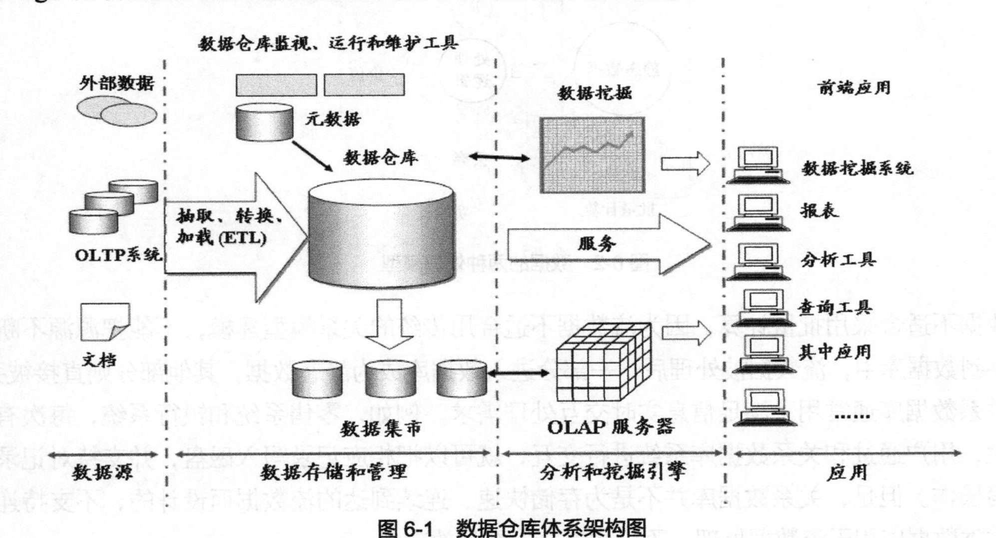

图 6-1 数据仓库体系架构图

2. 流数据

近年来，在 Web 应用、网络监控、传感监测、电信金融、生产制造等领域，兴起了一种新的数据密集型应用——流数据，即数据以大量、快速、时变的流形式持续到达。以传感监测为例，在大气中放置 PM2.5 传感器实时监测大气中的 PM2.5 的浓度，监测数据会源源不断地实时传输回数据中心，监测系统对回传数据进行实时分析，预判空气质量变化趋势，如果空气质量在未来一段时间内会达到影响人体健康的程度，就启动应急响应机制。在电子商务中，淘宝等网站可以从用户单击流、浏览历史和行为（如放入购物车）中实时发现用户的即时购买意图和兴趣，为之实时推荐相关商品，从而有效提高商品销量，同时也增加了用户的购物满意度，可谓“一举两得”。

从概念上而言，流数据（或数据流）是指在时间分布和数量上无限的一系列动态数据集合体；数据记录是流数据的最小组成单元。流数据具有如下特征。

- 数据快速持续到达，潜在大小也许是无穷无尽的。

- 数据来源众多，格式复杂。
- 数据量大，但是不十分关注存储，一旦流数据中的某个元素经过处理，要么被丢弃，要么被归档存储。
- 注重数据的整体价值，不过分关注个别数据。
- 数据顺序颠倒，或者不完整，系统无法控制将要处理的新到达的数据元素的顺序。

6.1.2 批量计算和实时计算

对静态数据和流数据的处理，对应着两种截然不同的计算模式：批量计算和实时计算，如图6-2所示。批量计算以“静态数据”为对象，可以在很充裕的时间内对海量数据进行批量处理，计算得到有价值的信息。Hadoop 就是典型的批处理模型，由 HDFS 和 HBase 存放大量的静态数据，由 MapReduce 负责对海量数据执行批量计算。

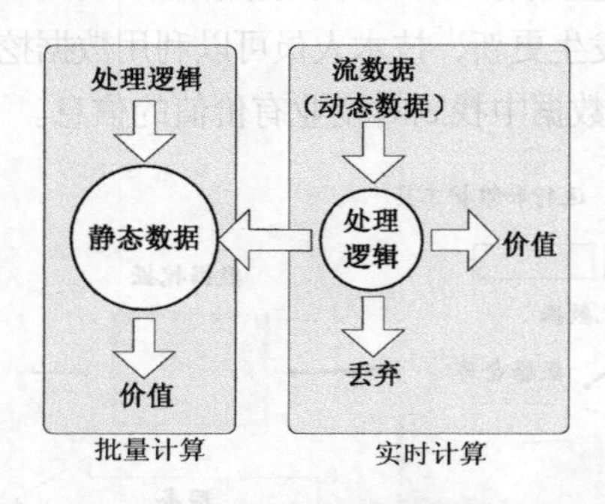

图 6-2 数据的两种处理模型

流数据不适合采用批量计算，因为流数据不适合用传统的关系模型建模，不能把源源不断的流数据保存到数据库中，流数据被处理后，一部分进入数据库成为静态数据，其他部分则直接被丢弃。传统的关系数据库通常用于满足信息实时交互处理需求。例如，零售系统和银行系统，每次有一笔业务发生，用户通过和关系数据库系统进行交互，就可以把相应记录写入磁盘，并支持对记录进行随机读写操作。但是，关系数据库并不是为存储快速、连续到达的流数据而设计的，不支持连续处理，把这类数据库用于流数据处理，不仅成本高，而且效率低。

流数据必须采用实时计算，实时计算最重要的一个需求是能够实时得到计算结果，一般要求响应时间为秒级。当只需要处理少量数据时，实时计算并不是问题；但是，在大数据时代，不仅数据格式复杂、来源众多，而且数据量巨大，这就对实时计算提出了很大的挑战。因此，针对流数据的实时计算——流计算，应运而生。

6.1.3 流计算概念

图 6-3 是一个流计算的示意图，流计算平台实时获取来自不同数据源的海量数据，通过实时分析处理，获得有价值的信息。

总的来说，流计算秉承一个基本理念，即数据的价值随着时间的流逝而降低。因此，当事件出现时就应该立即进行处理，而不是缓存起来进行批量处理。为了及时处理流数据，就需要一个低延迟、可扩展、高可靠的处理引擎。对于一个流计算系统来说，它应达到如下需求。

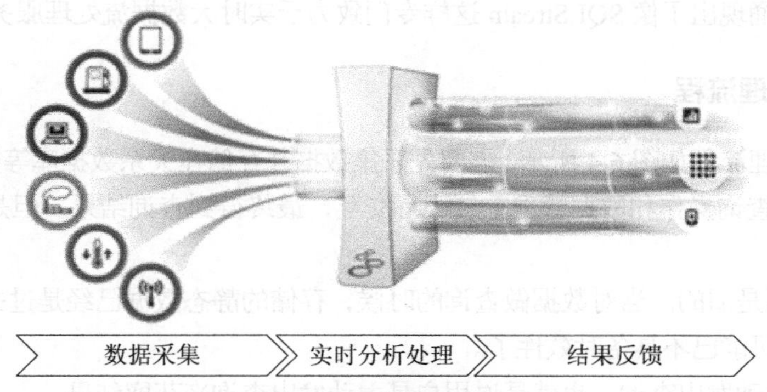

图 6-3　流计算示意图

- 高性能。处理大数据的基本要求，如每秒处理几十万条数据。
- 海量式。支持 TB 级甚至是 PB 级的数据规模。
- 实时性。必须保证一个较低的延迟时间，达到秒级别，甚至是毫秒级别。
- 分布式。支持大数据的基本架构，必须能够平滑扩展。
- 易用性。能够快速进行开发和部署。
- 可靠性。能可靠地处理流数据。

针对不同的应用场景，相应的流计算系统会有不同的需求，但是，针对海量数据的流计算，无论在数据采集、数据处理中都应达到秒级别的要求。

6.1.4　流计算框架

目前业内已涌现出许多的流计算框架与平台，这里做一个简单的汇总。

第一类是商业级的流计算平台，代表如下。

- IBM InfoSphere Streams。商业级高级计算平台，可以帮助用户开发应用程序来快速摄取、分析和关联来自数千个实时源的信息。
- IBM StreamBase。IBM 开发的另一款商业流计算系统，在金融部门和政府部门使用。

第二类是开源流计算框架，代表如下。

- Twitter Storm。免费、开源的分布式实时计算系统，可简单、高效、可靠地处理大量的流数据；阿里巴巴公司的 JStorm，是参考 Twitter Storm 开发的实时流式计算框架，可以看成是 Storm 的 Java 增强版本，在网络 I/O、线程模型、资源调度、可用性及稳定性上做了持续改进，已被越来越多企业使用。
- Yahoo! S4（Simple Scalable Streaming System）。开源流计算平台，是通用的、分布式的、可扩展的、分区容错的、可插拔的流式系统。

第三类是公司为支持自身业务开发的流计算框架，虽然未开源，但有不少的学习资料可供了解、学习，主要如下。

- Facebook Puma。Facebook 使用 Puma 和 HBase 相结合来处理实时数据。
- DStream。百度开发的通用实时流数据计算系统。
- 银河流数据处理平台。淘宝开发的通用流数据实时计算系统。
- Super Mario。基于 Erlang 语言和 Zookeeper 模块开发的高性能流数据处理框架。

此外，业界也涌现出了像 SQLStream 这样专门致力于实时大数据流处理服务的公司。

6.1.5 流计算处理流程

传统的数据处理流程如图 6-4 所示，需要先采集数据并存储在关系数据库等数据管理系统中，之后用户便可以通过查询操作和数据管理系统进行交互，最终得到查询结果。但是，这样一个流程隐含了两个前提。

- 存储的数据是旧的。当对数据做查询的时候，存储的静态数据已经是过去某一时刻的快照，这些数据在查询时可能已不具备时效性了。
- 需要用户主动发出查询。也就是说用户是主动发出查询来获取结果。

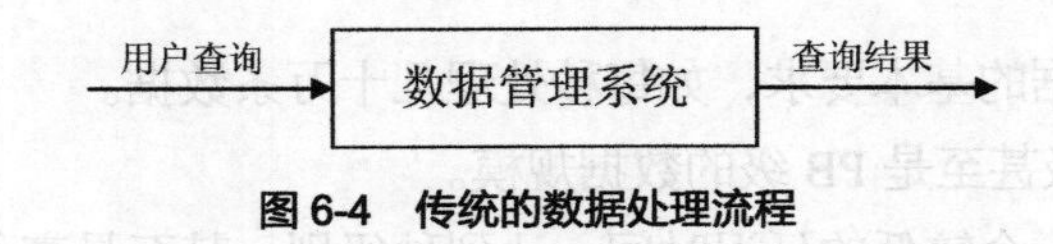

图 6-4 传统的数据处理流程

流计算的处理流程如图 6-5 所示，一般包含 3 个阶段：数据实时采集、数据实时计算和实时查询服务。

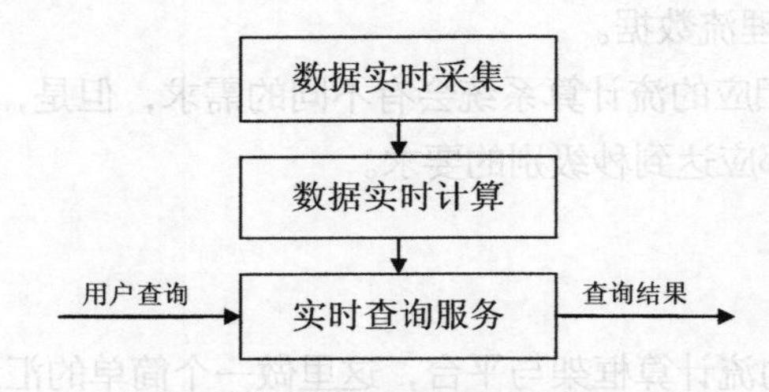

图 6-5 流计算的数据处理流程

1. 数据实时采集

数据实时采集阶段通常采集多个数据源的海量数据，需要保证实时性、低延迟与稳定可靠。以日志数据为例，由于分布式集群的广泛应用，数据分散存储在不同的机器上，因此需要实时汇总来自不同机器上的日志数据。

目前有许多互联网公司发布的开源分布式日志采集系统均可满足每秒数百 MB 的数据采集和传输需求，如 Facebook 的 Scribe、LinkedIn 的 Kafka、阿里巴巴的 TimeTunnel，以及基于 Hadoop 的 Chukwa 和 Flume 等。

数据采集系统的基本架构一般有 3 个部分（见图 6-6）。

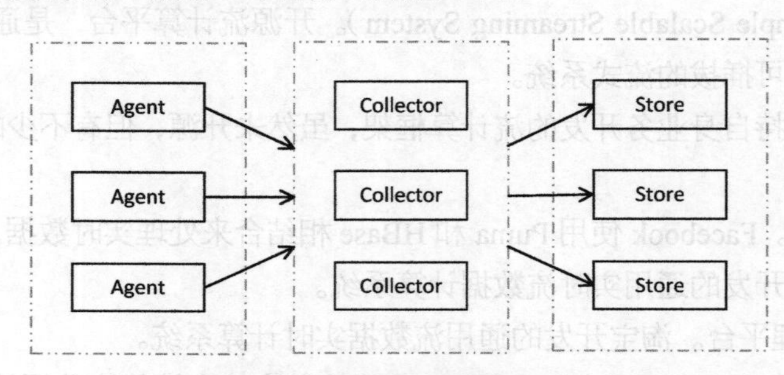

图 6-6 数据采集系统基本架构

- Agent：主动采集数据，并把数据推送到 Collector 部分。
- Collector：接收多个 Agent 的数据，并实现有序、可靠、高性能的转发。
- Store：存储 Collector 转发过来的数据。

但对流计算来说，一般在 Store 部分不进行数据的存储，而是将采集的数据直接发送给流计算平台进行实时计算。

2. 数据实时计算

数据实时计算阶段对采集的数据进行实时的分析和计算。数据实时计算的流程如图 6-7 所示，流处理系统接收数据采集系统不断发来的实时数据，实时地进行分析计算，并反馈实时结果。经流处理系统处理后的数据，可视情况进行存储，以便之后再进行分析计算。在时效性要求较高的场景中，处理之后的数据也可以直接丢弃。

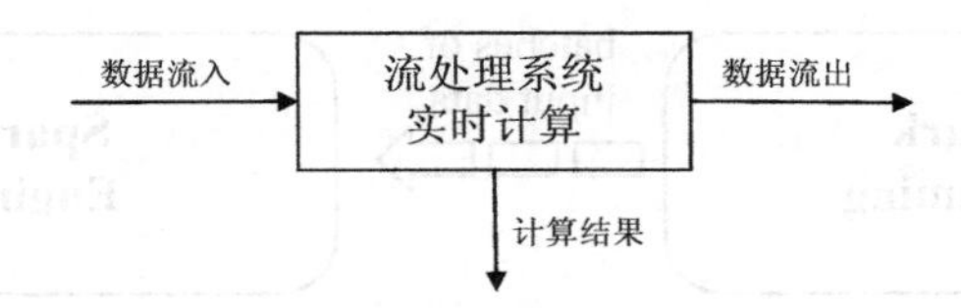

图 6-7　数据实时计算的流程

3. 实时查询服务

流计算的第三个阶段是实时查询服务，经由流计算框架得出的结果可供用户进行实时查询、展示或储存。传统的数据处理流程，用户需要主动发出查询才能获得想要的结果。而在流处理流程中，实时查询服务可以不断更新结果，并将用户所需的结果实时推送给用户。虽然通过对传统的数据处理系统进行定时查询，也可以实现不断更新结果和结果推送，但通过这样的方式获取的结果，仍然是根据过去某一时刻的数据得到的结果，与实时结果有着本质的区别。

由此可见，流处理系统与传统的数据处理系统有如下不同之处。

- 流处理系统处理的是实时的数据，而传统的数据处理系统处理的是预先存储好的静态数据。
- 用户通过流处理系统获取的是实时结果，而通过传统的数据处理系统获取的是过去某一时刻的结果。并且，流处理系统无需用户主动发出查询，实时查询服务可以主动将实时结果推送给用户。

6.2 Spark Streaming

Spark Streaming 是构建在 Spark 上的实时计算框架，它扩展了 Spark 处理大规模流式数据的能力。Spark Streaming 可结合批处理和交互式查询，因此，可以适用于一些需要对历史数据和实时数据进行结合分析的应用场景。

6.2.1 Spark Streaming 设计

Spark Streaming 是 Spark 的核心组件之一，为 Spark 提供了可拓展、高吞吐、容错的流计算能力。如图 6-8 所示，Spark Streaming 可整合多种输入数据源，如 Kafka、Flume、HDFS，甚至是普通的 TCP 套接字。经处理后的数据可存储至文件系统、数据库，或显示在仪表盘里。

图 6-8　Spark Streaming 支持的输入、输出数据源

Spark Streaming 的基本原理是将实时输入数据流以时间片（通常在 0.5～2 秒之间）为单位进行拆分，然后采用 Spark 引擎以类似批处理的方式处理每个时间片数据，执行流程如图 6-9 所示。

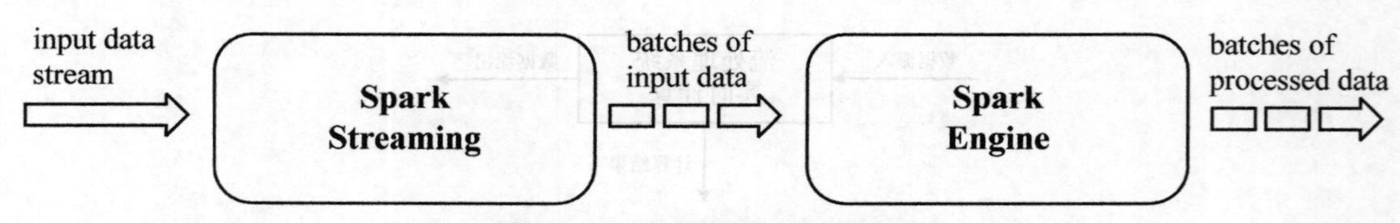

图 6-9　Spark Streaming 执行流程

Spark Streaming 最主要的抽象是离散化数据流（Discretized Stream，DStream），表示连续不断的数据流。在内部实现上，Spark Streaming 的输入数据按照时间片（如 1 秒）分成一段一段，每一段数据转换为 Spark 中的 RDD，并且对 DStream 的操作都最终被转变为对相应的 RDD 的操作。例如，如图 6-10 所示，在进行单词的词频统计时，一个又一个句子会像流水一样源源不断到达，Spark Streaming 会把数据流切分成一段一段，每段形成一个 RDD，即 RDD @ time 1、RDD @ time 2、RDD @ time 3 和 RDD @ time 4 等，每个 RDD 里面都包含了一些句子，这些 RDD 就构成了一个 DStream（名称为 lines）。对这个 DStream 执行 flatMap 操作时，实际上会被转换成针对每个 RDD 的 flatMap 操作，转换得到的每个新的 RDD 中都包含了一些单词，这些新的 RDD（即 RDD @ result 1、RDD @ result 2、RDD @ result 3、RDD @ result 4 等）又构成了一个新的 DStream（名称为 words）。整个流式计算可根据业务的需求对这些中间的结果进一步处理，或者存储到外部设备中。

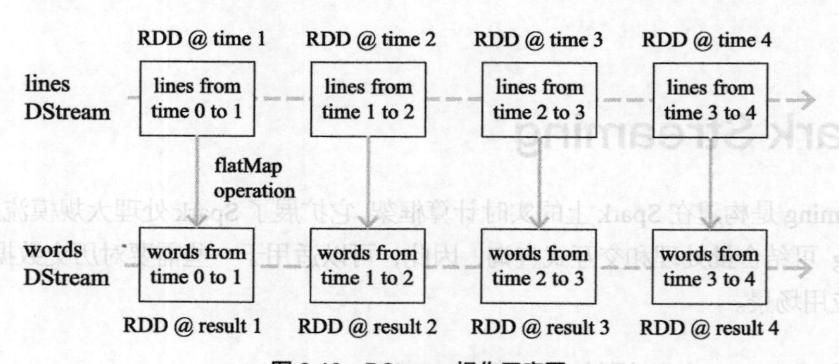

图 6-10　DStream 操作示意图

6.2.2　Spark Streaming 与 Storm 的对比

Spark Streaming 和 Storm 最大的区别在于，Spark Streaming 无法实现毫秒级的流计算，而 Storm

可以实现毫秒级响应。

Spark Streaming 无法实现毫秒级的流计算，是因为其将流数据分解为一系列批处理作业，在这个过程中，会产生多个 Spark 作业，且每一段数据的处理都会经过 Spark DAG 图分解、任务调度等过程，需要一定的开销，因此，无法实现毫秒级响应。Spark Streaming 难以满足对实时性要求非常高（如高频实时交易）的场景，但足以胜任其他流式准实时计算场景。相比之下，Storm 处理的数据单位为元组，只会产生极小的延迟。

Spark Streaming 构建在 Spark 上，一方面是因为 Spark 的低延迟执行引擎（100ms+）可以用于实时计算，另一方面，相比于 Storm，RDD 数据集更容易做高效的容错处理。此外，Spark Streaming 采用的小批量处理的方式，使得它可以同时兼容批量和实时数据处理的逻辑和算法，因此，方便了一些需要历史数据和实时数据联合分析的特定应用场合。

6.2.3 从“Hadoop+Storm”架构转向 Spark 架构

为了能同时进行批处理与流处理，企业应用中通常会采用“Hadoop+Storm”的架构（也称为 Lambda 架构）。图 6-11 给出了采用 Hadoop+Storm 部署方式的一个案例，在这种部署架构中，Hadoop 和 Storm 框架部署在资源管理框架 YARN（或 Mesos）之上，接受统一的资源管理和调度，并共享底层的数据存储（HDFS、HBase、Cassandra 等）。Hadoop 负责对批量历史数据的实时查询和离线分析，而 Storm 则负责对流数据的实时处理。

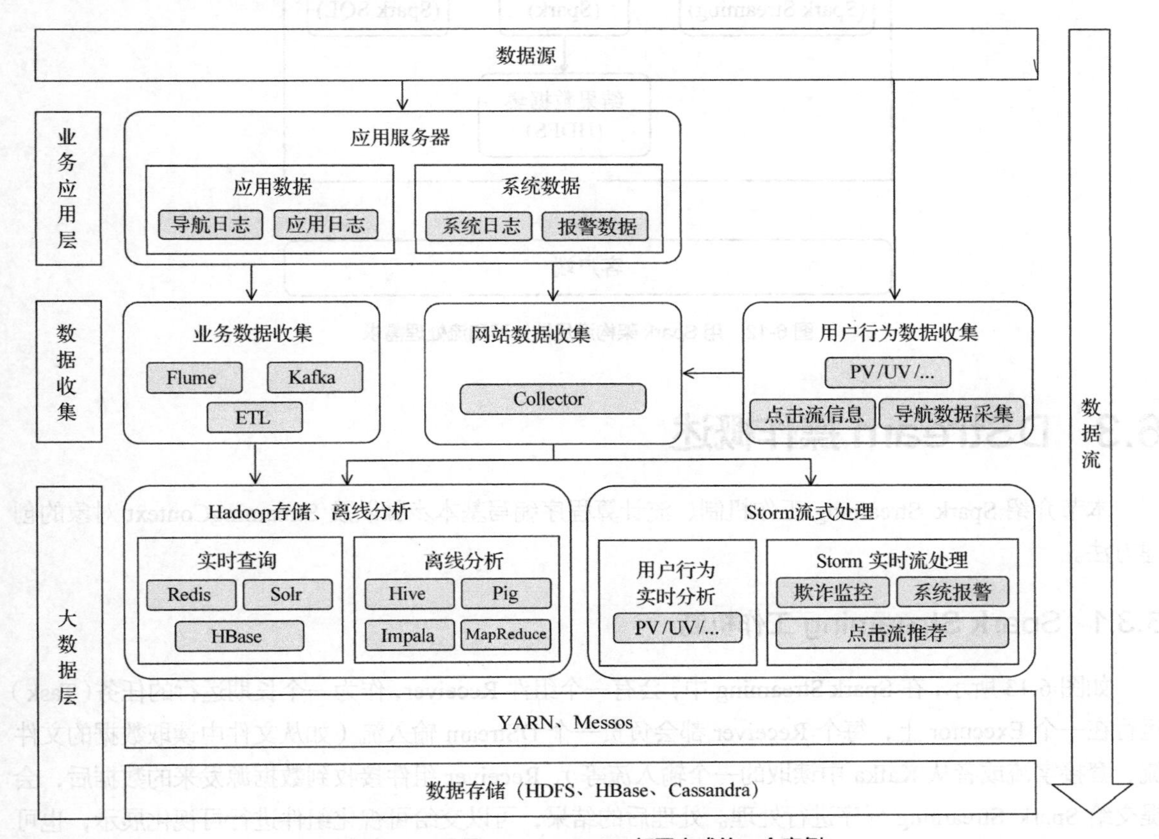

图 6-11 采用 Hadoop+Storm 部署方式的一个案例

但是，上述的这种架构部署较为繁琐。由于 Spark 同时支持批处理与流处理，因此，对于某些类型的企业应用而言，从"Hadoop+Storm"架构转向 Spark 架构（见图 6-12）就成为一种很自然的选择。采用 Spark 架构具有如下优点：

- 实现一键式安装和配置、线程级别的任务监控和告警；
- 降低硬件集群、软件维护、任务监控和应用开发的难度；
- 便于做成统一的硬件、计算平台资源池。

需要说明的是，正如前面介绍的那样，Spark Streaming 无法实现毫秒级的流计算，因此，对于需要毫秒级实时响应的企业应用而言，仍然需要采用流计算框架（如 Storm）。

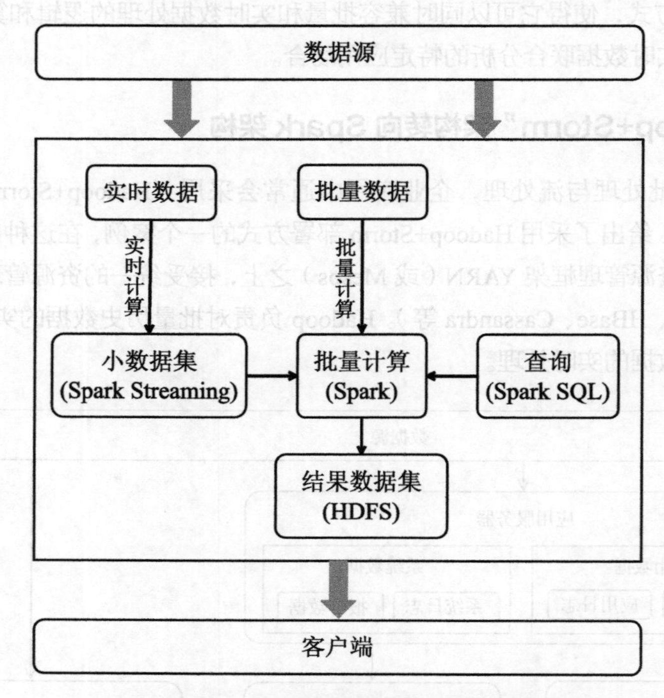

图 6-12　用 Spark 架构满足批处理和流处理需求

6.3 DStream 操作概述

本节介绍 Spark Streaming 工作机制、流计算程序编写基本步骤以及 StreamingContext 对象的创建方法。

6.3.1 Spark Streaming 工作机制

如图 6-13 所示，在 Spark Streaming 中，会有一个组件 Receiver，作为一个长期运行的任务（Task）运行在一个 Executor 上，每个 Receiver 都会负责一个 DStream 输入流（如从文件中读取数据的文件流、套接字流或者从 Kafka 中读取的一个输入流等）。Receiver 组件接收到数据源发来的数据后，会提交给 Spark Streaming 程序进行处理。处理后的结果，可以交给可视化组件进行可视化展示，也可以写入到 HDFS、HBase 中。

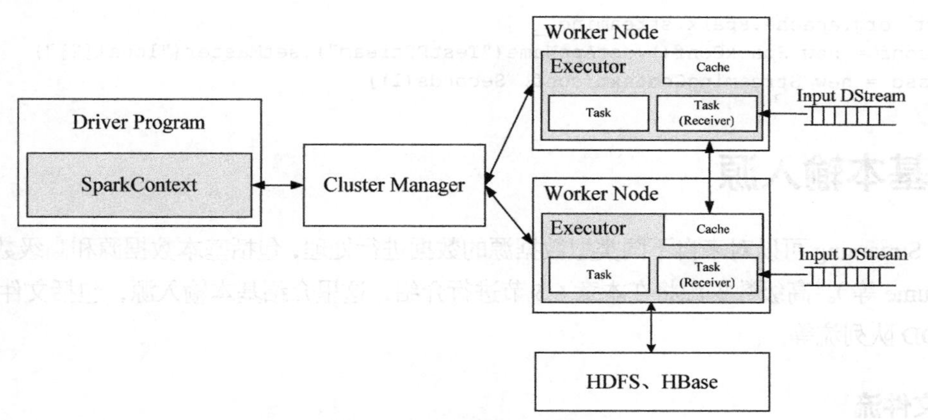

图 6-13　Spark Streaming 工作机制

6.3.2　编写 Spark Streaming 程序的基本步骤

编写 Spark Streaming 程序的基本步骤如下：

- 通过创建输入 DStream（Input Dstream）来定义输入源。流计算处理的数据对象是来自输入源的数据，这些输入源会源源不断产生数据，并发送给 Spark Streaming，由 Receiver 组件接收到以后，交给用户自定义的 Spark Streaming 程序进行处理；
- 通过对 DStream 应用转换操作和输出操作来定义流计算。流计算过程通常是由用户自定义实现的，需要调用各种 DStream 操作实现用户处理逻辑；
- 调用 StreamingContext 对象的 start()方法来开始接收数据和处理流程；
- 通过调用 StreamingContext 对象的 awaitTermination()方法来等待流计算进程结束，或者可以通过调用 StreamingContext 对象的 stop()方法来手动结束流计算进程。

6.3.3　创建 StreamingContext 对象

在 RDD 编程中需要生成一个 SparkContext 对象，在 Spark SQL 编程中需要生成一个 SparkSession 对象，同理，如果要运行一个 Spark Streaming 程序，就需要首先生成一个 StreamingContext 对象，它是 Spark Streaming 程序的主入口。

可以从一个 SparkConf 对象创建一个 StreamingContext 对象。登录 Linux 系统后，启动 spark-shell。进入 spark-shell 以后，就已经获得了一个默认的 SparkConext 对象，也就是 sc。因此，可以采用如下方式来创建 StreamingContext 对象：

```
scala> import org.apache.spark.streaming._
scala> val ssc = new StreamingContext(sc, Seconds(1))
```

new StreamingContext(sc, Seconds(1))的两个参数中，sc 表示 SparkContext 对象，Seconds(1)表示在对 Spark Streaming 的数据流进行分段时，每 1 秒切成一个分段。可以调整分段大小，比如使用 Seconds(5)就表示每 5 秒切成一个分段，但是，无法实现毫秒级别的分段，因此，Spark Streaming 无法实现毫秒级别的流计算。

如果是编写一个独立的 Spark Streaming 程序，而不是在 spark-shell 中运行，则需要在代码文件中通过如下方式创建 StreamingContext 对象：

```
import org.apache.spark._
```

```
import  org.apache.spark.streaming._
val  conf = new SparkConf().setAppName("TestDStream").setMaster("local[2]")
val  ssc = new StreamingContext(conf, Seconds(1))
```

6.4 基本输入源

Spark Streaming 可以对来自不同类型数据源的数据进行处理，包括基本数据源和高级数据源（如 Kafka、Flume 等）。高级数据源将在本章 6.5 节进行介绍，这里介绍基本输入源，包括文件流、套接字流和 RDD 队列流等。

6.4.1 文件流

在文件流的应用场景中，需要编写 Spark Streaming 程序，一直对文件系统中的某个目录进行监听，一旦发现有新的文件生成，Spark Streaming 就会自动把文件内容读取过来，使用用户自定义的处理逻辑进行处理。

1. 在 spark-shell 中创建文件流

首先，在 Linux 系统中打开第一个终端（为了便于区分多个终端，这里称为“数据源终端”），创建一个 logfile 目录，命令如下：

```
$ cd  /usr/local/spark/mycode
$ mkdir  streaming
$ cd  streaming
$ mkdir  logfile
```

然后，在 Linux 系统中打开第二个终端（为了便于区分多个终端，这里称为“流计算终端”），启动进入 spark-shell，然后，依次输入如下语句：

```
scala> import  org.apache.spark.streaming._
scala> val  ssc = new StreamingContext(sc, Seconds(20))
scala> val  lines = ssc.
     | textFileStream("file:///usr/local/spark/mycode/streaming/logfile")
scala> val  words = lines.flatMap(_.split(" "))
scala> val  wordCounts = words.map(x => (x, 1)).reduceByKey(_ + _)
scala> wordCounts.print()
scala> ssc.start()
scala> ssc.awaitTermination()
```

在上面代码中，ssc.textFileStream()语句用于创建一个“文件流”类型的输入源。接下来的 lines.flatMap()、words.map()和 wordCounts.print()是流计算处理过程，负责对文件流中发送过来的文件内容进行词频统计。ssc.start()语句用于启动流计算过程，实际上，当在 spark-shell 中输入 ssc.start()并按 Enter 键后，Spark Streaming 就开始进行循环监听，下面的 ssc.awaitTermination()是无法输入到屏幕上的，但是，为了程序完整性，这里还是给出 ssc.awaitTermination()。可以使用组合键 Ctrl+C，在任何时候手动停止这个流计算过程。

在 spark-shell 中输入 ssc.start()以后，程序就开始自动进入循环监听状态，屏幕上会不断显示如下类似信息：

```
//这里省略若干屏幕信息
-------------------------------------------
Time: 1479431100000 ms
-------------------------------------------
```

```
//这里省略若干屏幕信息
-------------------------------------------
Time: 1479431120000 ms
-------------------------------------------
//这里省略若干屏幕信息
-------------------------------------------
Time: 1479431140000 ms
-------------------------------------------
```

这时可以切换到第一个 Linux 终端（即“数据源终端”），在“/usr/local/spark/mycode/streaming/logfile”目录下新建一个 log.txt 文件，在文件中输入一些英文语句后保存并退出文件编辑器。然后，切换到第二个 Linux 终端（即“流计算终端”），最多等待 20 秒，就可以看到词频统计结果。

2. 采用独立应用程序方式创建文件流

首先，创建代码目录和代码文件 TestStreaming.scala。在 Linux 系统中，关闭之前打开的所有 Linux 终端，重新打开一个终端（为了便于区分多个终端窗口，这里称为“流计算终端”），执行如下命令：

```
$ cd /usr/local/spark/mycode
$ mkdir streaming
$ cd streaming
$ mkdir file
$ cd file
$ mkdir -p src/main/scala
$ cd src/main/scala
$ vim TestStreaming.scala
```

然后，在 TestStreaming.scala 代码文件里面输入以下代码：

```
import org.apache.spark._
import org.apache.spark.streaming._
object WordCountStreaming {
  def main(args: Array[String]) {
    val sparkConf = new SparkConf().setAppName("WordCountStreaming").setMaster("local[2]")
    //设置为本地运行模式，两个线程，一个监听，另一个处理数据
    val ssc = new StreamingContext(sparkConf, Seconds(2))   // 时间间隔为 2 秒
    val lines = ssc.textFileStream("file:///usr/local/spark/mycode/streaming/logfile")
    //这里采用本地文件，当然也可以采用 HDFS 文件
    val words = lines.flatMap(_.split(" "))
    val wordCounts = words.map(x => (x, 1)).reduceByKey(_ + _)
    wordCounts.print()
    ssc.start()
    ssc.awaitTermination()
  }
}
```

在“/usr/local/spark/mycode/streaming/file”目录下创建一个 simple.sbt 文件，里面输入如下代码：

```
name := "Simple Project"
version := "1.0"
scalaVersion := "2.11.8"
libraryDependencies += "org.apache.spark" % "spark-streaming_2.11" % "2.1.0"
```

使用 sbt 工具对代码进行编译打包，命令如下：

```
$ cd /usr/local/spark/mycode/streaming/file
$ /usr/local/sbt/sbt package
```

打包成功以后，就可以输入以下命令启动这个程序：

```
$ cd /usr/local/spark/mycode/streaming/file
$ /usr/local/spark/bin/spark-submit \
```

```
> --class "WordCountStreaming" \
> ./target/scala-2.11/simple-project_2.11-1.0.jar
```

在“流计算终端”内执行上面命令后，程序就进入了监听状态。新建另一个 Linux 终端（这里称为“数据源终端”），在“/usr/local/spark/mycode/streaming/logfile”目录下再新建一个 log2.txt 文件，文件里面输入一些单词，保存文件并退出文件编辑器。再次切换回“流计算终端”，最多等待 20 秒以后，按组合键 Ctrl+C 或者 Ctrl+D 停止监听程序，就可以看到“流计算终端”的屏幕上会打印出单词统计信息。

6.4.2 套接字流

Spark Streaming 可以通过 Socket 端口监听并接收数据，然后进行相应处理。

1. Socket 工作原理

在网络编程中，大量的数据交换都是通过 Socket 实现的。Socket 工作原理和日常生活的电话交流非常类似。在日常生活中，用户 A 要打电话给用户 B，首先，用户 A 拨号，用户 B 听到电话铃声后提起电话，这时 A 和 B 就建立起了连接，二者之间就可以通话了。等交流结束以后，挂断电话结束此次交谈。Socket 工作过程也是类似的，即“open（拨电话）—write/read（交谈）—close（挂电话）”模式。如图 6-14 所示，服务器端先初始化 Socket，然后与端口绑定（Bind），对端口进行监听（Listen），调用 accept()方法进入阻塞状态，等待客户端连接。客户端初始化一个 Socket，然后连接服务器（Connect），如果连接成功，这时客户端与服务器端的连接就建立了。客户端发送数据请求，服务器端接收请求并处理请求，然后把回应数据发送给客户端，客户端读取数据，最后关闭连接，一次交互结束。

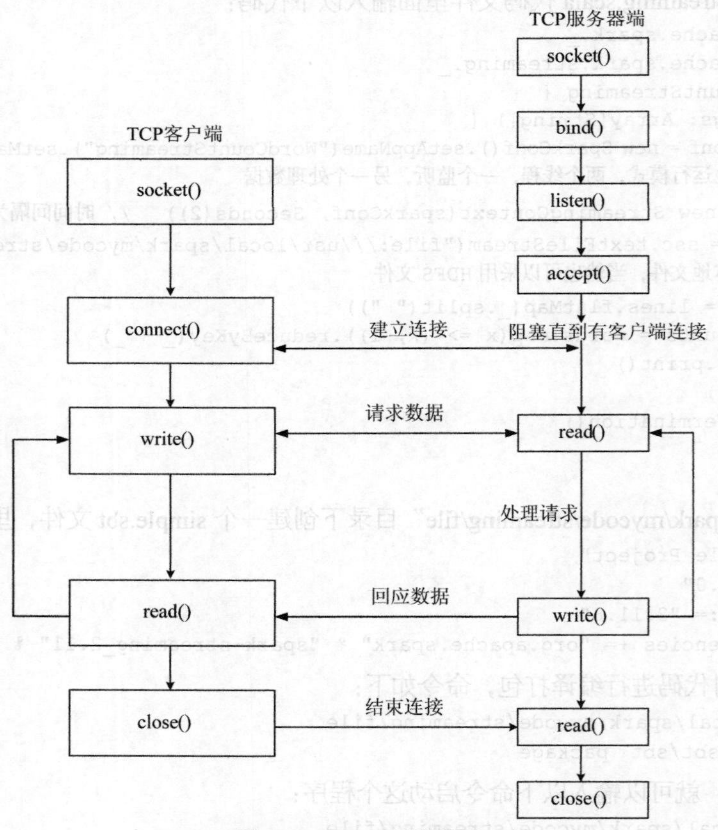

图 6-14 Socket 工作原理

2. 使用套接字流作为数据源

在套接字流作为数据源的应用场景中，Spark Streaming 程序就是图 6-14 所示的 Socket 通信的客户端，它通过 Socket 方式请求数据，获取数据以后启动流计算过程进行处理。

下面编写一个 Spark Streaming 独立应用程序来实现这个应用场景。首先创建代码目录和代码文件 NetworkWordCount.scala。关闭 Linux 系统中已经打开的所有终端，新建一个终端（为了便于区分，这里称为“流计算终端”），在该终端里执行如下命令：

```
$ cd /usr/local/spark/mycode
$ mkdir streaming #如果已经存在该目录，则不用创建
$ cd streaming
$ mkdir socket
$ cd socket
$ mkdir -p src/main/scala #如果已经存在该目录，则不用创建
$ cd /usr/local/spark/mycode/streaming/socket/src/main/scala
$ vim NetworkWordCount.scala #这里使用 vim 编辑器创建文件
```

在代码文件 NetworkWordCount.scala 中输入如下内容：

```
package org.apache.spark.examples.streaming
import org.apache.spark._
import org.apache.spark.streaming._
import org.apache.spark.storage.StorageLevel
object NetworkWordCount {
  def main(args: Array[String]) {
    if (args.length < 2) {
      System.err.println("Usage: NetworkWordCount <hostname> <port>")
      System.exit(1)
    }
    StreamingExamples.setStreamingLogLevels()
    val sparkConf = new SparkConf().setAppName("NetworkWordCount").setMaster("local[2]")
    val ssc = new StreamingContext(sparkConf, Seconds(1))
    val lines = ssc.socketTextStream(args(0), args(1).toInt, StorageLevel.MEMORY_AND_
DISK_SER)
    val words = lines.flatMap(_.split(" "))
    val wordCounts = words.map(x => (x, 1)).reduceByKey(_ + _)
    wordCounts.print()
    ssc.start()
    ssc.awaitTermination()
  }
}
```

在上面代码中，StreamingExamples.setStreamingLogLevels()用于设置 log4j 的日志级别，从而使得在程序运行过程中，wordCounts.print()语句的打印信息能够得到正确显示；StreamingExamples 是在另一个代码文件 StreamingExamples.scala 中定义的。ssc.socketTextStream()用于创建一个“套接字流”类型的输入源。ssc.socketTextStream()有 3 个输入参数，其中，args(0)提供了主机地址，args(1).toInt 提供了通信端口号，Socket 客户端使用该主机地址和端口号与服务器端建立通信，StorageLevel.MEMORY_AND_DISK_SER 表示 Spark Streaming 作为客户端，在接收到来自服务器端的数据以后，采用的存储方式为 MEMORY_AND_DISK_SER，即使用内存和磁盘作为存储介质。lines.flatMap()、words.map()和 wordCounts.print()是自定义的处理逻辑，用于实现对源源不断到达的流数据执行词频统计。

在与代码文件 NetworkWordCount.scala 相同的目录下，新建一个代码文件 StreamingExamples.scala，输入如下代码：

```
package org.apache.spark.examples.streaming
import org.apache.spark.internal.Logging
import org.apache.log4j.{Level, Logger}
/** Utility functions for Spark Streaming examples. */
object StreamingExamples extends Logging {
  /** Set reasonable logging levels for streaming if the user has not configured log4j. */
  def setStreamingLogLevels() {
    val log4jInitialized = Logger.getRootLogger.getAllAppenders.hasMoreElements
    if (!log4jInitialized) {
      // We first log something to initialize Spark's default logging, then we override the
      // logging level.
      logInfo("Setting log level to [WARN] for streaming example." +
        " To override add a custom log4j.properties to the classpath.")
      Logger.getRootLogger.setLevel(Level.WARN)
    }
  }
}
```

StreamingExamples.scala 代码中定义了一个单例对象 StreamingExamples，它继承自 org.apache.spark.internal.Logging 类，在该单例对象中定义了一个方法 setStreamingLogLevels()，它会把 log4j 日志的级别设置为 WARN。由于单例对象中的方法都是静态方法，因此，在 NetworkWordCount.scala 中可以直接调用 StreamingExamples.setStreamingLogLevels()。

在"/usr/local/spark/mycode/streaming/socket"目录下创建一个 simple.sbt 文件，里面输入如下代码：

```
name := "Simple Project"
version := "1.0"
scalaVersion := "2.11.8"
libraryDependencies += "org.apache.spark" % "spark-streaming_2.11" % "2.1.0"
```

使用 sbt 工具对代码进行编译打包，命令如下：

```
$ cd  /usr/local/spark/mycode/streaming/socket
$ /usr/local/sbt/sbt  package
```

打包成功以后，就可以输入以下命令启动这个程序：

```
$ cd  /usr/local/spark/mycode/streaming/socket
$ /usr/local/spark/bin/spark-submit  \
> --class "org.apache.spark.examples.streaming.NetworkWordCount"  \
> ./target/scala-2.11/simple-project_2.11-1.0.jar  \
> localhost  9999
```

执行上面命令以后，就在当前的 Linux 终端（即"流计算终端"）内顺利启动了 Socket 客户端。现在，再打开一个新的 Linux 终端（这里称为"数据源终端"），启动一个 Socket 服务器端，让该服务器端接收客户端的请求，并给客户端不断发送数据流。通常，Linux 发行版中都带有 NetCat（简称 nc），可以使用如下 nc 命令生成一个 Socket 服务器端：

```
$ nc  -lk  9999
```

在上面的 nc 命令中，-l 这个参数表示启动监听模式，也就是作为 Socket 服务器端，nc 会监听本机（localhost）的 9999 号端口，只要监听到来自客户端的连接请求，就会与客户端建立连接通道，把数据发送给客户端；-k 参数表示多次监听，而不是只监听 1 次。

由于之前已经在"流计算终端"内运行了 NetworkWordCount 程序，该程序扮演了 Socket 客户端的角色，会向本地（localhost）主机的 9999 号端口发起连接请求，所以，"数据源终端"内的 nc 程序就会监听到本地（localhost）主机的 9999 号端口有来自客户端（NetworkWordCount 程序）的连接请求，于是就会建立服务器端（nc 程序）和客户端（NetworkWordCount 程序）之间的连接通道。连接通道建立以后，nc 程序就会把我们在“数据源终端”内手动输入的内容，全部发送给“流计算终端”内的 NetworkWordCount 程序进行处理。为了测试程序运行效果，在“数据源终端”内执行上面的 nc 命令后，可以通过键盘输入一行英文句子后按 Enter 键，反复多次输入英文句子并按 Enter 键，nc 程序会自动把一行又一行的英文句子不断发送给“流计算终端”的 NetworkWordCount 程序。在“流计算终端”内，NetworkWordCount 程序会不断接收到 nc 发来的数据，每隔 1 秒就会执行词频统计，并打印出词频统计信息，在“流计算终端”的屏幕上出现类似如下的结果：

```
-------------------------------------------
Time: 1479431100000 ms
-------------------------------------------
(hello,1)
(world,1)
-------------------------------------------
Time: 1479431120000 ms
-------------------------------------------
(hadoop,1)
-------------------------------------------
Time: 1479431140000 ms
-------------------------------------------
(spark,1)
```

3. 使用 Socket 编程实现自定义数据源

在之前的实例中，采用了 nc 程序作为数据源。现在把数据源的产生方式修改一下，不使用 nc 程序，而是采用自己编写的程序产生 Socket 数据源。

关闭 Linux 系统中已经打开的所有终端，新建一个终端（这里称为“数据源终端”），在该终端里执行如下命令新建一个代码文件 DataSourceSocket.scala：

```
$ cd /usr/local/spark/mycode/streaming/socket/src/main/scala
$ vim DataSourceSocket.scala
```

在 DataSourceSocket.scala 中输入如下代码：

```
package org.apache.spark.examples.streaming
import java.io.{PrintWriter}
import java.net.ServerSocket
import scala.io.Source
object DataSourceSocket {
 def index(length: Int) = { //返回位于 0 到 length-1 之间的一个随机数
   val rdm = new java.util.Random
   rdm.nextInt(length)
 }
 def main(args: Array[String]) {
   if (args.length != 3) {
     System.err.println("Usage: <filename> <port> <millisecond>")
     System.exit(1)
   }
   val fileName = args(0)  //获取文件路径
   val lines = Source.fromFile(fileName).getLines.toList  //读取文件中的所有行的内容
   val rowCount = lines.length  //计算出文件的行数
   val listener = new ServerSocket(args(1).toInt)  //创建监听特定端口的 ServerSocket 对象
   while (true) {
     val socket = listener.accept()
     new Thread() {
```

```
        override def run = {
          println("Got client connected from: " + socket.getInetAddress)
          val out = new PrintWriter(socket.getOutputStream(), true)
          while (true) {
            Thread.sleep(args(2).toLong)  //每隔多长时间发送一次数据
            val content = lines(index(rowCount))  //从 lines 列表中取出一个元素
            println(content)
            out.write(content + '\n')  //写入要发送给客户端的数据
            out.flush()  //发送数据给客户端
          }
          socket.close()
        }
      }.start()
    }
  }
}
```

上面代码的功能是，从一个文件中读取内容，把文件的每一行作为一个字符串，每次随机选择文件中的一行，源源不断发送给客户端（即 NetworkWordCount 程序）。DataSourceSocket 程序在运行时，需要为该程序提供 3 个参数，即<filename>、<port>和<millisecond>，其中，<filename>表示作为数据源头的文件的路径，<port>表示 Socket 通信的端口号，<millisecond>表示 Socket 服务器端（即 DataSourceSocket 程序）每隔多长时间向客户端（即 NetworkWordCount 程序）发送一次数据。

val lines = Source.fromFile(fileName).getLines.toList 语句执行后，文件中的所有行的内容都会被读取到列表 lines 中。val listener = new ServerSocket(args(1).toInt)语句用于在服务器端创建监听特定端口（端口是 args(1).toInt）的 ServerSocket 对象，ServerSocket 负责接收客户端的连接请求。val socket = listener.accept()语句执行后，listener 会进入阻塞状态，一直等待客户端（即 NetworkWordCount 程序）的连接请求。一旦 listener 监听到在特定端口（如 9999）上有来自客户端的请求，就会执行 new Thread()，生成新的线程，负责和客户端建立连接，并发送数据给客户端。

由于之前已经在“/usr/local/spark/mycode/streaming/socket/”目录下创建了 simple.sbt 文件，所以，现在可以直接使用 sbt 工具对代码进行编译打包，命令如下：

```
$ cd  /usr/local/spark/mycode/streaming/socket
$ /usr/local/sbt/sbt  package
```

DataSourceSocket 程序需要把一个文本文件作为输入参数，所以，在启动这个程序之前，需要首先创建一个文本文件“/usr/local/spark/mycode/streaming/socket/word.txt”并随便输入几行英文语句。然后，就可以在当前终端（数据源终端）内执行如下命令启动 DataSourceSocket 程序：

```
$ cd /usr/local/spark/mycode/streaming/socket
$ /usr/local/spark/bin/spark-submit  \
> --class "org.apache.spark.examples.streaming.DataSourceSocket" \
> ./target/scala-2.11/simple-project_2.11-1.0.jar  \
> ./word.txt  9999  1000
```

DataSourceSocket 程序启动后，会一直监听 9999 端口，一旦监听到客户端的连接请求，就会建立连接，每隔 1000 毫秒（1 秒）向客户端源源不断发送数据。

下面就可以启动客户端，即 NetworkWordCount 程序。新建一个终端（这里称为“流计算终端”），输入以下命令启动 NetworkWordCount 程序：

```
$ cd  /usr/local/spark/mycode/streaming/socket
$ /usr/local/spark/bin/spark-submit  \
```

```
> --class "org.apache.spark.examples.streaming.NetworkWordCount" \
> ./target/scala-2.11/simple-project_2.11-1.0.jar \
> localhost 9999
```

执行上面命令以后，就在当前的Linux终端（即“流计算终端”）内顺利启动了Socket客户端，它会向本机（Localhost）的9999号端口发起Socket连接。在另外一个终端（数据源终端）内正在运行的DataSourceSocket程序，一直在监听9999端口，一旦监听到NetworkWordCount程序的连接请求，就会建立连接，每隔1000毫秒（1秒）向NetworkWordCount源源不断发送数据。流计算终端内的NetworkWordCount程序收到数据后，就会执行词频统计，打印出类似如下的统计信息：

```
-------------------------------------------
Time: 1479431100000 ms
-------------------------------------------
(hello,1)
(world,1)
-------------------------------------------
Time: 1479431120000 ms
-------------------------------------------
(hadoop,1)
-------------------------------------------
Time: 1479431140000 ms
-------------------------------------------
(spark,1)
```

6.4.3 RDD队列流

在编写Spark Streaming应用程序的时候，可以调用StreamingContext对象的queueStream()方法来创建基于RDD队列的DStream。例如，streamingContext.queueStream(queueOfRDD)，其中，queueOfRDD是一个RDD队列。

这里给出一个RDD队列流的实例，在该实例中，每隔1秒创建一个RDD放入队列，Spark Streaming每隔两秒就从队列中取出数据进行处理。

在Linux系统中打开一个终端，在“/usr/local/spark/mycode/streaming/rddqueue”目录下，新建一个TestRDDQueueStream.scala代码文件，输入以下代码：

```
package org.apache.spark.examples.streaming
import org.apache.spark.SparkConf
import org.apache.spark.rdd.RDD
import org.apache.spark.streaming.StreamingContext._
import org.apache.spark.streaming.{Seconds, StreamingContext}
object QueueStream {
  def main(args: Array[String]) {
    val sparkConf = new SparkConf().setAppName("TestRDDQueue").setMaster("local[2]")
    val ssc = new StreamingContext(sparkConf, Seconds(2))
    val rddQueue =new scala.collection.mutable.SynchronizedQueue[RDD[Int]]()
    val queueStream = ssc.queueStream(rddQueue)
    val mappedStream = queueStream.map(r => (r % 10, 1))
    val reducedStream = mappedStream.reduceByKey(_ + _)
    reducedStream.print()
    ssc.start()
    for (i <- 1 to 10){
        rddQueue += ssc.sparkContext.makeRDD(1 to 100,2)
        Thread.sleep(1000)
    }
```

```
    ssc.stop()
  }
}
```

在上面代码中，val queueStream = ssc.queueStream(rddQueue)语句用于创建一个“RDD 队列流”类型的数据源。在该程序中，Spark Streaming 会每隔两秒从 rddQueue 这个队列中取出数据（即若干个 RDD）进行处理。

val mappedStream = queueStream.map(r => (r % 10, 1))语句会把 queueStream 中的每个 RDD 元素进行转换。例如，如果取出的 RDD 元素是 67，就会被转换成一个元组(7,1)。

val reducedStream = mappedStream.reduceByKey(_ + _)语句负责统计每个余数的出现次数。reducedStream.print()负责打印输出统计结果。

ssc.start()语句执行以后，流计算过程就开始了，Spark Streaming 会每隔两秒从 rddQueue 这个队列中取出数据（即若干个 RDD）进行处理。但是，这时的 RDD 队列 rddQueue 中没有任何 RDD 存在，所以，下面通过一个 for (i <- 1 to 10)循环，不断向 rddQueue 中加入新生成的 RDD。ssc.sparkContext.makeRDD(1 to 100,2)的功能是创建一个 RDD，这个 RDD 被分成两个分区，RDD 中包含 100 个元素，即 1,2,3,…,99,100。

for 循环执行 10 次以后，ssc.stop()语句被执行，整个流计算过程停止。

下面就可以运行该程序。在“/usr/local/spark/mycode/streaming/rddqueue”目录下创建一个 simple.sbt 文件，然后使用 sbt 工具进行编译打包，并执行如下命令运行该程序：

```
$ cd  /usr/local/spark/mycode/streaming/rddqueue
$ /usr/local/spark/bin/spark-submit  \
> --class "org.apache.spark.examples.streaming.QueueStream" \
> ./target/scala-2.11/simple-project_2.11-1.0.jar
```

执行上面命令以后，程序就开始运行，可以看到类似下面的结果：

```
-------------------------------------------
Time: 1479522100000 ms
-------------------------------------------
(4,10)
(0,10)
(6,10)
(8,10)
(2,10)
(1,10)
(3,10)
(7,10)
(9,10)
(5,10)
```

6.5 高级数据源

Spark Streaming 是用来进行流计算的组件，可以把 Kafka（或 Flume）作为数据源，让 Kafka（或 Flume）产生数据发送给 Spark Streaming 应用程序，Spark Streaming 应用程序再对接收到的数据进行实时处理，从而完成一个典型的流计算过程。这里仅以 Kafka 为例进行介绍，Spark 和 Flume 的组合使用也是类似的，这里不再赘述，可以参考本教材官网的“实验指南”栏目的“使用 Flume 作为 Spark 的数据源”。

6.5.1 Kafka 简介

Kafka 是一种高吞吐量的分布式发布订阅消息系统，为了更好地理解和使用 Kafka，这里介绍一下 Kafka 的相关概念：

- Broker：Kafka 集群包含一个或多个服务器，这些服务器被称为 Broker。
- Topic：每条发布到 Kafka 集群的消息都有一个类别，这个类别被称为 Topic。物理上不同 Topic 的消息分开存储，逻辑上一个 Topic 的消息虽然保存于一个或多个 Broker 上，但用户只需指定消息的 Topic，即可生产或消费数据，而不必关心数据存于何处。
- Partition：是物理上的概念，每个 Topic 包含一个或多个 Partition。
- Producer：负责发布消息到 Kafka Broker。
- Consumer：消息消费者，向 Kafka Broker 读取消息的客户端。
- Consumer Group：每个 Consumer 属于一个特定的 Consumer Group，可为每个 Consumer 指定 Group Name，若不指定 Group Name，则属于默认的 Group。

6.5.2 Kafka 准备工作

1. 安装 Kafka

访问 Kafka 官网下载页面（https://kafka.apache.org/downloads），下载 Kafka 稳定版本，或者直接到本教材官网的“下载专区”的“软件”目录中下载安装文件 kafka_2.11-0.10.2.0.tgz。下载完安装文件以后，就可以安装到 Linux 系统中，具体安装过程可以参照本教材官网的“实验指南”栏目的“Kafka 的安装和使用方法”。为了让 Spark Streaming 应用程序能够顺利使用 Kafka 数据源，在下载 Kafka 安装文件的时候要注意，Kafka 版本号一定要和自己电脑上已经安装的 Scala 版本号一致才可以。本教材安装的 Spark 版本号是 2.1.0，Scala 版本号是 2.11，所以，一定要选择 Kafka 版本号是 2.11 开头的。例如，到 Kafka 官网中，可以下载安装文件 kafka_2.11-0.10.2.0，前面的 2.11 就是支持的 Scala 版本号，后面的 0.10.2.0 是 Kafka 自身的版本号。

2. 启动 Kafka

首先需要启动 Kafka。请登录 Linux 系统（本教材统一使用 hadoop 用户登录），打开一个终端，输入下面命令启动 Zookeeper 服务：

```
$ cd  /usr/local/kafka
$ ./bin/zookeeper-server-start.sh  config/zookeeper.properties
```

注意，执行上面命令以后，终端窗口会返回一堆信息，然后就停住不动了，没有回到 Shell 命令提示符状态，这时，不要误以为死机了，而是 Zookeeper 服务器已经启动，正在处于服务状态。所以，不要关闭这个终端窗口，一旦关闭，Zookeeper 服务就停止了。

请另外打开第二个终端，然后输入下面命令启动 Kafka 服务：

```
$ cd  /usr/local/kafka
$ ./bin/kafka-server-start.sh  config/server.properties
```

同样，执行上面命令以后，终端窗口会返回一堆信息，然后就会停住不动，没有回到 Shell 命令提示符状态，这时，同样不要误以为死机了，而是 Kafka 服务器已经启动，正在处于服务状态。所以，不要关闭这个终端窗口，一旦关闭，Kafka 服务就停止了。

当然，还有一种方式是采用下面加了“&”的命令：

```
$ cd  /usr/local/kafka
$ bin/kafka-server-start.sh  config/server.properties  &
```

这样，Kafka 就会在后台运行，即使关闭了这个终端，Kafka 也会一直在后台运行。不过，采用这种方式时，有时候我们往往就忘记了还有 Kafka 在后台运行，所以，建议暂时不要用这种命令形式。

3. 测试 Kafka 是否正常工作

下面先测试一下 Kafka 是否可以正常使用。再打开第三个终端，然后输入下面命令创建一个自定义名称为“wordsendertest”的 Topic：

```
$ cd  /usr/local/kafka
$ ./bin/kafka-topics.sh  --create  --zookeeper  localhost:2181 \
> --replication-factor  1  --partitions  1  --topic  wordsendertest
#这个 Topic 叫 wordsendertest，2181 是 Zookeeper 默认的端口号，--partitions 是 Topic 里面的分区数，
--replication-factor 是备份的数量，在 Kafka 集群中使用，由于这里是单机版，所以不用备份
#可以用 list 列出所有创建的 Topic，来查看上面创建的 Topic 是否存在
$ ./bin/kafka-topics.sh  --list  --zookeeper  localhost:2181
```

这个名称为“wordsendertest”的 Topic，就是专门负责采集发送一些单词的。

下面用生产者（Producer）来产生一些数据，请在当前终端内继续输入下面命令：

```
$ ./bin/kafka-console-producer.sh  --broker-list  localhost:9092 \
> --topic  wordsendertest
```

上面命令执行后，就可以在当前终端内用键盘输入一些英文单词，例如可以输入：

```
hello hadoop
hello spark
```

这些单词就是数据源，会被 Kafka 捕捉到以后发送给消费者。现在可以启动一个消费者，来查看刚才生产者产生的数据。请另外打开第四个终端，输入下面命令：

```
$ cd /usr/local/kafka
$./bin/kafka-console-consumer.sh --zookeeper localhost:2181 \
> --topic  wordsendertest  --from-beginning
```

可以看到，屏幕上会显示出如下结果，也就是刚才在另外一个终端里面输入的内容：

```
hello hadoop
hello spark
```

到这里，与 Kafka 相关的准备工作就顺利结束了。注意，所有这些终端窗口都不要关闭，要继续留着后面使用。

6.5.3 Spark 准备工作

1. 添加相关 jar 包

Kafka 和 Flume 等高级输入源，需要依赖独立的库（jar 文件）。已经安装好的 Spark 版本，这些 jar 包都不在里面，为了证明这一点，现在可以测试一下。请打开一个新的终端，然后启动 spark-shell，命令如下：

```
$ cd  /usr/local/spark
$ ./bin/spark-shell
```

启动成功后，在 spark-shell 中执行下面 import 语句：

```
scala> import  org.apache.spark.streaming.kafka._
```

```
<console>:25: error: object kafka is not a member of package org.apache.spark.streaming
        import org.apache.spark.streaming.kafka._
                                          ^
```

可以看到，马上会报错，因为找不到相关的jar包。所以，需要下载spark-streaming-kafka-0-8_2.11相关jar包。

现在请在Linux系统中打开浏览器，访问MVNREPOSITORY官网（http://mvnrepository.com/artifact/org.apache.spark/spark-streaming-kafka-0-8_2.11/2.1.0），里面有提供spark-streaming-kafka-0-8_2.11-2.1.0.jar文件的下载，其中，2.11表示Scala的版本号，2.1.0表示Spark版本号。下载后的文件会被默认保存在当前Linux登录用户的下载目录下，本教材统一使用hadoop用户名登录Linux系统，所以，文件下载后会被保存到"/home/hadoop/下载"目录下面。

或者也可以直接到本教材官网的"下载专区"的"软件"目录中下载spark-streaming-kafka-0-8_2.11-2.1.0.jar文件。

现在，需要把这个文件复制到Spark目录的jars目录下。请新打开一个终端，输入如下命令：

```
$ cd /usr/local/spark/jars
$ mkdir  kafka
$ cd ~/下载
$ cp ./spark-streaming-kafka-0-8_2.11-2.1.0.jar  /usr/local/spark/jars/kafka
```

这样，就把spark-streaming-kafka-0-8_2.11-2.1.0.jar文件拷贝到了"/usr/local/spark/jars/kafka"目录下。

下面还要继续把Kafka安装目录的libs目录下的所有jar文件复制到"/usr/local/spark/jars/kafka"目录下，请在终端中执行下面命令：

```
$ cd /usr/local/kafka/libs
$ ls
$ cp ./*  /usr/local/spark/jars/kafka
```

2. 启动spark-shell

然后，执行如下命令启动spark-shell：

```
$ cd /usr/local/spark
$ ./bin/spark-shell  --jars /usr/local/spark/jars/*:/usr/local/spark/jars/kafka/*
```

启动成功后，再次执行如下命令：

```
scala> import  org.apache.spark.streaming.kafka._
//会显示下面信息
import org.apache.spark.streaming.kafka._
```

也就是说，现在使用import语句，不会像之前那样出现错误信息，说明已经导入成功。至此，我们就已经准备好了Spark环境，可以支持Kafka相关编程了。

6.5.4 编写Spark Streaming程序使用Kafka数据源

1. 编写生产者（Producer）程序

请新打开一个终端，然后，执行如下命令创建代码目录和代码文件：

```
$ cd /usr/local/spark/mycode
$ mkdir  kafka
$ cd  kafka
$ mkdir  -p  src/main/scala
$ cd  src/main/scala
```

```
$ vim KafkaWordProducer.scala
```

这里使用 vim 编辑器新建了 KafkaWordProducer.scala，它是用来产生一系列字符串的程序，会产生随机的整数序列，每个整数被当作一个单词，提供给 KafkaWordCount 程序去进行词频统计。请在 KafkaWordProducer.scala 中输入以下代码：

```
package org.apache.spark.examples.streaming
import java.util.HashMap
import org.apache.kafka.clients.producer.{KafkaProducer, ProducerConfig, ProducerRecord}
import org.apache.spark.SparkConf
import org.apache.spark.streaming._
import org.apache.spark.streaming.kafka._
object KafkaWordProducer {
  def main(args: Array[String]) {
    if (args.length < 4) {
      System.err.println("Usage: KafkaWordProducer <metadataBrokerList> <topic> " +
        "<messagesPerSec> <wordsPerMessage>")
      System.exit(1)
    }
    val Array(brokers, topic, messagesPerSec, wordsPerMessage) = args
    // Zookeeper 连接属性
    val props = new HashMap[String, Object]()
    props.put(ProducerConfig.BOOTSTRAP_SERVERS_CONFIG, brokers)
    props.put(ProducerConfig.VALUE_SERIALIZER_CLASS_CONFIG,
      "org.apache.kafka.common.serialization.StringSerializer")
    props.put(ProducerConfig.KEY_SERIALIZER_CLASS_CONFIG,
    "org.apache.kafka.common.serialization.StringSerializer")
    val producer = new KafkaProducer[String, String](props)
   // 发送一些信息
    while(true) {
      (1 to messagesPerSec.toInt).foreach { messageNum =>
        val str = (1 to wordsPerMessage.toInt).map(x => scala.util.Random.nextInt(10).
toString)
          .mkString(" ")
                    print(str)
                    println()
        val message = new ProducerRecord[String, String](topic, null, str)
        producer.send(message)
      }
     Thread.sleep(1000)
    }
  }
}
```

2. 编写消费者（Consumer）程序

在“/usr/local/spark/mycode/kafka/src/main/scala”目录下创建代码文件 KafkaWordCount.scala，用于单词词频统计，它会把 KafkaWordProducer 发送过来的单词进行词频统计，代码内容如下：

```
package org.apache.spark.examples.streaming
import org.apache.spark._
import org.apache.spark.SparkConf
import org.apache.spark.streaming._
import org.apache.spark.streaming.kafka._
import org.apache.spark.streaming.StreamingContext._
import org.apache.spark.streaming.kafka.KafkaUtils

object KafkaWordCount{
```

```
def main(args:Array[String]){
StreamingExamples.setStreamingLogLevels()
val sc = new SparkConf().setAppName("KafkaWordCount").setMaster("local[2]")
val ssc = new StreamingContext(sc,Seconds(10))
ssc.checkpoint("file:///usr/local/spark/mycode/kafka/checkpoint") //设置检查点，如果存放在 HDFS 上面，则写成类似 ssc.checkpoint("/user/hadoop/checkpoint")这种形式，但是，要启动 Hadoop
val zkQuorum = "localhost:2181" //Zookeeper 服务器地址
val group = "1"  //Topic 所在的 group，可以设置为自己想要的名称，比如不用 1，而是 val group = "test-consumer-group"
val topics = "wordsender"  //topics 的名称
val numThreads = 1  //每个 topic 的分区数
val topicMap =topics.split(",").map((_,numThreads.toInt)).toMap
val lineMap = KafkaUtils.createStream(ssc,zkQuorum,group,topicMap)
val lines = lineMap.map(_._2)
val words = lines.flatMap(_.split(" "))
val pair = words.map(x => (x,1))
val wordCounts = pair.reduceByKeyAndWindow(_ + _,_ - _,Minutes(2),Seconds(10),2) //这行代码的含义在下一节的窗口转换操作中会有介绍
wordCounts.print
ssc.start
ssc.awaitTermination
}
}
```

在 KafkaWordCount.scala 代码中，ssc.checkpoint()用于创建检查点，实现容错功能。在 Spark Streaming 中，如果是文件流类型的数据源，Spark 自身的容错机制可以保证数据不会发生丢失。但是，对于 Flume 和 Kafka 等数据源，当数据源源不断到达时，会首先被放入到缓存中，尚未被处理，可能会发生丢失。为了避免系统失败时发生数据丢失，可以通过 ssc.checkpoint()创建检查点。但是，需要注意的是，检查点之后的数据仍然可能发生丢失，如果要保证数据不发生丢失，可以开启 Spark Streaming 的预写式日志（WAL:Write Ahead Logs）功能，当采用预写式日志以后，接收数据的正确性只在数据被预写到日志以后 Receiver 才会确认，这样，当系统发生失败导致缓存中的数据丢失时，就可以从日志中恢复丢失的数据。预写式日志需要额外的开销，因此，在默认情况下，Spark Streaming 的预写式日志功能是关闭的，如果要开启该功能，需要设置 SparkConf 的属性"spark.streaming.receiver.writeAheadLog.enable"为"true"。ssc.checkpoint()在创建检查点的同时，系统也把检查点的文件写入路径"file:///usr/local/spark/mycode/kafka/checkpoint"作为预写式日志的存放路径。

3. 编写日志格式设置程序

在"/usr/local/spark/mycode/kafka/src/main/scala"目录下创建代码文件 StreamingExamples.scala，用于设置 log4j 日志级别。StreamingExamples.scala 里面的代码内容和 6.4.2 节中的 StreamingExamples.scala 相同。

4. 编译打包程序

经过前面的步骤，现在在"/usr/local/spark/mycode/kafka/src/main/scala"目录下，就有了如下 3 个代码文件：

```
KafkaWordProducer.scala
KafkaWordCount.scala
StreamingExamples.scala
```

然后，请执行下面命令新建一个 simple.sbt 文件：

```
$ cd  /usr/local/spark/mycode/kafka/
$ vim  simple.sbt
```

在 simple.sbt 中输入以下代码：

```
name := "Simple Project"
version := "1.0"
scalaVersion := "2.11.8"
libraryDependencies += "org.apache.spark" %% "spark-core" % "2.1.0"
libraryDependencies += "org.apache.spark" % "spark-streaming_2.11" % "2.1.0"
libraryDependencies += "org.apache.spark" % "spark-streaming-kafka-0-8_2.11" % "2.1.0"
```

然后执行下面命令，进行编译打包：

```
$ cd  /usr/local/spark/mycode/kafka/
$ /usr/local/sbt/sbt  package
```

打包成功后，就可以执行程序测试效果了。

5. 运行程序

首先，启动 Hadoop，因为如果前面 KafkaWordCount.scala 代码文件中采用了 ssc.checkpoint ("/user/hadoop/checkpoint")这种形式，这时的检查点是被写入 HDFS，因此需要启动 Hadoop。启动 Hadoop 的命令如下：

```
$ cd  /usr/local/hadoop
$ ./sbin/start-dfs.sh
```

启动 Hadoop 成功以后，就可以测试刚才生成的词频统计程序了。

要注意，之前已经启动了 Zookeeper 服务和 Kafka 服务，因为之前那些终端窗口都没有关闭，所以，这些服务一直都在运行。如果不小心关闭了之前的终端窗口，那就参照前面的内容，再次启动 Zookeeper 服务，启动 Kafka 服务。

然后，新打开一个终端，执行如下命令，运行"KafkaWordProducer"程序，生成一些单词（是一堆整数形式的单词）：

```
$ cd  /usr/local/spark
$ /usr/local/spark/bin/spark-submit  \
> --driver-class-path /usr/local/spark/jars/*:/usr/local/spark/jars/kafka/*  \
> --class "org.apache.spark.examples.streaming.KafkaWordProducer"  \
> /usr/local/spark/mycode/kafka/target/scala-2.11/simple-project_2.11-1.0.jar  \
> localhost:9092  wordsender  3  5
```

注意，上面命令中，"localhost:9092 wordsender 3 5"是提供给 KafkaWordProducer 程序的 4 个输入参数，第 1 个参数"localhost:9092"是 Kafka 的 Broker 的地址，第 2 个参数"wordsender"是 Topic 的名称，我们在 KafkaWordCount.scala 代码中已经把 Topic 名称写死掉，所以，KafkaWordCount 程序只能接收名称为"wordsender"的 Topic。第 3 个参数"3"表示每秒发送 3 条消息，第 4 个参数"5"表示每条消息包含 5 个单词（实际上就是 5 个整数）。

执行上面命令后，屏幕上会不断滚动出现类似如下的新单词：

```
3 3 6 3 4
9 4 0 8 1
0 3 3 9 3
0 8 4 0 9
8 7 2 9 5
……
```

不要关闭这个终端窗口，让它一直不断发送单词。然后，再打开一个终端，执行下面命令，运行 KafkaWordCount 程序，执行词频统计：

```
$ cd  /usr/local/spark
$/usr/local/spark/bin/spark-submit  \
> --driver-class-path /usr/local/spark/jars/*:/usr/local/spark/jars/kafka/*  \
> --class "org.apache.spark.examples.streaming.KafkaWordCount"  \
> /usr/local/spark/mycode/kafka/target/scala-2.11/simple-project_2.11-1.0.jar
```

运行上述命令以后，系统就启动了词频统计功能，屏幕上就会显示如下类似信息：

```
-------------------------------------------
Time: 1488156500000 ms
-------------------------------------------
(4,5)
(8,12)
(6,14)
(0,19)
(2,11)
(7,20)
(5,10)
(9,9)
(3,9)
(1,11)
……
```

这些信息说明，Spark Streaming 程序顺利接收到了 Kafka 发来的单词信息，并进行词频统计得到结果。

6.6　转换操作

在流计算应用场景中，数据流会源源不断到达，Spark Streaming 会把连续的数据流切分成一个又一个分段（见本章前面的图 6-10），然后，对每个分段内的 DStream 数据进行处理，也就是对 DStream 进行各种转换操作，包括无状态转换操作和有状态转换操作。

6.6.1　DStream 无状态转换操作

对于 DStream 无状态转换操作而言，不会记录历史状态信息，每次对新的批次数据进行处理时，只会记录当前批次数据的状态。之前在“套接字流”部分介绍的词频统计程序 NetworkWordCount，就是采用无状态转换，每次统计都是只统计当前批次到达的单词的词频，和之前批次的单词无关，不会进行历史词频的累计。表 6-1 给出了常用的 DStream 无状态转换操作。

表 6–1　　常用的 DStream 无状态转换操作

操作	含义
map(func)	对源 DStream 的每个元素，采用 func 函数进行转换，得到一个新的 Dstream
flatMap(func)	与 map 相似，但是每个输入项可以被映射为零个或者多个输出项
filter(func)	返回一个新的 DStream，仅包含源 DStream 中满足函数 func 的项
repartition(numPartitions)	通过创建更多或者更少的分区改变 DStream 的并行程度
reduce(func)	利用函数 func 聚集源 DStream 中每个 RDD 的元素，返回一个包含单元素 RDD 的新 DStream
count()	统计源 DStream 中每个 RDD 的元素数量
union(otherStream)	返回一个新的 DStream，包含源 DStream 和其他 DStream 的元素

续表

操作	含义
countByValue()	应用于元素类型为 K 的 DStream 上，返回一个（K,V）键值对类型的新 DStream，每个键的值是在原 DStream 的每个 RDD 中的出现次数
reduceByKey(func, [numTasks])	当在一个由(K,V)键值对组成的 DStream 上执行该操作时，返回一个新的由（K,V）键值对组成的 DStream，每一个 key 的值均由给定的 recuce 函数（func）聚集起来
join(otherStream, [numTasks])	当应用于两个 DStream（一个包含（K,V）键值对,一个包含（K,W）键值对），返回一个包含(K, (V, W))键值对的新 Dstream
cogroup(otherStream, [numTasks])	当应用于两个 DStream（一个包含（K,V）键值对,一个包含（K,W）键值对），返回一个包含(K, Seq[V], Seq[W])的元组
transform(func)	通过对源 DStream 的每个 RDD 应用 RDD-to-RDD 函数，创建一个新的 DStream，支持在新的 DStream 中做任何 RDD 操作

6.6.2 DStream 有状态转换操作

DStream 有状态转换操作包括滑动窗口转换操作和 updateStateByKey 操作。

1. 滑动窗口转换操作

如图 6-15 所示，事先设定一个滑动窗口的长度（也就是窗口的持续时间），设定滑动窗口的时间间隔（每隔多长时间执行一次计算），让窗口按照指定时间间隔在源 DStream 上滑动，每次窗口停放的位置上，都会有一部分 Dstream（或者一部分 RDD）被框入窗口内，形成一个小段的 Dstream，可以启动对这个小段 DStream 的计算，也就是对 DStream 执行各种转换操作，表 6-2 给出了常用的滑动窗口转换操作。

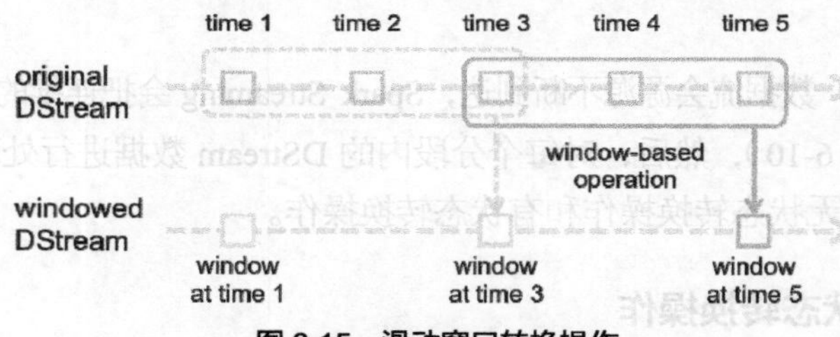

图 6-15　滑动窗口转换操作

表 6-2　常用的滑动窗口转换操作

操作	含义
window(windowLength, slideInterval)	基于源 DStream 产生的窗口化的批数据，计算得到一个新的 Dstream
countByWindow(windowLength, slideInterval)	返回流中元素的一个滑动窗口数
reduceByWindow(func, windowLength, slideInterval)	返回一个单元素流。利用函数 func 对滑动窗口内的元素进行聚集，得到一个单元素流。函数 func 必须满足结合律，从而可以支持并行计算
reduceByKeyAndWindow(func, windowLength, slideInterval, [numTasks])	应用到一个（K,V）键值对组成的 DStream 上时，会返回一个由（K,V）键值对组成的新的 DStream。每一个 key 的值均由给定的 reduce 函数（func 函数）进行聚合计算。注意：在默认情况下，这个算子利用了 Spark 默认的并发任务数去分组。可以通过 numTasks 参数的设置来指定不同的任务数
reduceByKeyAndWindow(func, invFunc, windowLength, slideInterval, [numTasks])	更加高效的 reduceByKeyAndWindow，每个窗口的 reduce 值，是基于先前窗口的 reduce 值进行增量计算得到的；它会对进入滑动窗口的新数据进行 reduce 操作，并对离开窗口的老数据进行“逆向 reduce”操作。但是，只能用于“可逆 reduce 函数”，即那些 reduce 函数都有一个对应的“逆向 reduce 函数”（以 InvFunc 参数传入）
countByValueAndWindow(windowLength, slideInterval, [numTasks])	应用到一个（K,V）键值对组成的 DStream 上，返回一个由（K,V）键值对组成的新的 DStream。每个 key 的值都是它们在滑动窗口中出现的频率

这里以 reduceByKeyAndWindow(func, invFunc, windowLength, slideInterval, [numTasks])这个函数为例介绍滑动窗口转换操作。在上一节的“Apache Kafka 作为 DStream 数据源”内容中，已经使用了窗口转换操作，在 KafkaWordCount.scala 代码中，可以找到下面这一行代码：

```
val wordCounts = pair.reduceByKeyAndWindow(_ + _,_ - _,Minutes(2),Seconds(10),2)
```

这行代码中就使用了滑动窗口转换操作 reduceByKeyAndWindow()，为了便于理解，表 6-3 给出了该函数的各个参数的取值。

表 6-3　　reduceByKeyAndWindow()中各个参数的取值

参数	值	含义
func	_+_	等价于匿名函数 (a,b)=>a+b
invFunc	_-_	等价于匿名函数 (a,b)=>a-b
windowLength	Minutes(2)	滑动窗口大小为 2 分钟
slideInterval	Seconds(10)	每隔 10 秒滑动一次
numTasks	2	启动的任务数量为 2

可以看出，在 KafkaWordCount 程序中，在执行词频统计时，采用了滑动窗口的方式，滑动窗口大小为两分钟，每隔 10 秒滑动一次。当滑动窗口停在某个位置上时，当前窗口内框住的一段 DStream，包含了很多个 RDD 元素，每个 RDD 元素都是一行句子，KafkaWordCount 程序会对当前滑动窗口内的所有 RDD 元素进行词频统计。比较简单的方法是，直接对当前滑动窗口内的所有 RDD 元素使用匿名函数“_ + _”进行重新计算，得到词频统计结果。这种方法的缺陷非常明显，它没有利用历史上已经得到的词频统计结果，每当滑动窗口移动到一个新的位置，都要全部重新进行词频统计。

实际上，更加高效、代价更小的方式是增量计算，也就是只针对发生变化的部分进行计算。pair.reduceByKeyAndWindow(_ + _,_ - _,Minutes(2),Seconds(10),2)就采用了增量计算的方式，图 6-16 给出了这种计算过程的示意图。

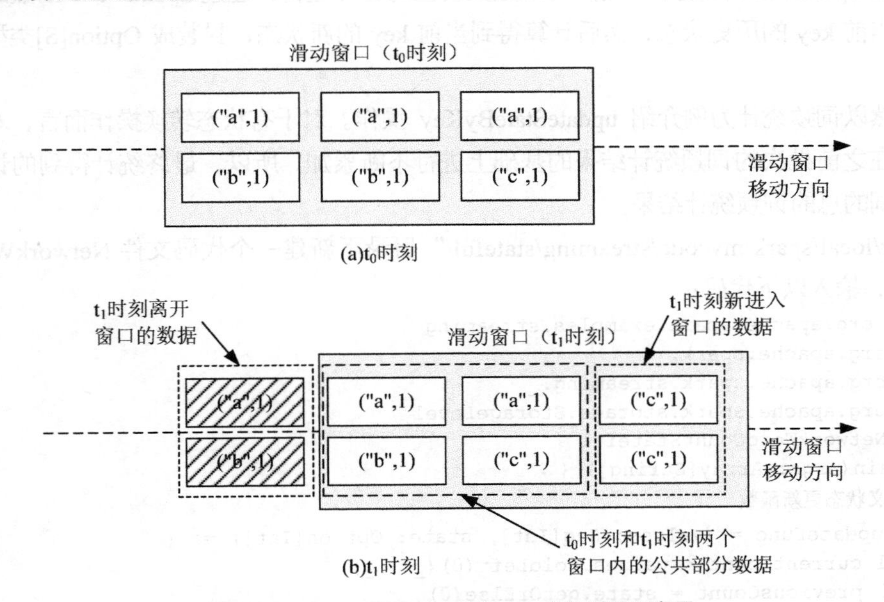

图 6-16　reduceByKeyAndWindow 操作过程示意图

在图 6-16 中，在最初始的 t_0 时刻，滑动窗口框住了 6 个 RDD 元素，分别是("a",1), ("a",1), ("a",1), ("b",1), ("b",1), ("c",1)，这时，pair.reduceByKeyAndWindow()操作对这 6 个 RDD 元素进行词频统计，得到的统计结果是("a",3), ("b",2), ("c",1)。在 t_1 时刻，滑动窗口向右移动以后，("a",1)和("b",1)离开了滑动窗口，("a",1), ("a",1), ("b",1), ("c",1)仍然保留在滑动窗口内，("c",1), ("c",1)是新进入滑动窗口的数据，也就是说，在 t_1 时刻，滑动窗口内包含的 6 个元素分别是("a",1), ("a",1), ("b",1), ("c",1), ("c",1), ("c",1)。在 t_1 时刻，pair.reduceByKeyAndWindow()操作并没有对当前窗口内的 6 个元素全部重新计算词频，而是采用增量计算，也就是说，对于离开窗口的两个元素("a",1)和("b",1)，采用 invFunc 函数，即“_－_”，把它们从之前的汇总结果中减掉，对于新进入窗口的两个元素("c",1), ("c",1)，采用 func 函数，即“_+_”，把它们加入到汇总结果。通过这种方式，就避免了对滑动窗口内的所有元素进行全部重新计算，只需要对窗口内发生变化的部分（离开的元素和新进入的元素）进行增量计算即可，大大降低了计算开销。

2. updateStateByKey 操作

之前介绍的滑动窗口操作，只能对当前窗口内的数据进行计算，无法在不同批次之间维护状态。如果要跨批次维护状态，就必须使用 updateStateByKey 操作。updateStateByKey 首先会对 DStream 中的数据根据 key 做计算，然后再对各个批次的数据进行累加。updateStateByKey(updateFunc)方法的输入参数 updateFunc 是一个函数，该函数的类型如下：

(Seq[V], Option[S]) => Option[S]

其中，V 和 S 表示数据类型，如 Int。可以看出，updateFunc 函数的第 1 个输入参数属于 Seq[V]类型，表示当前 key 对应的所有 value，第 2 个输入参数属于 Option[S]类型，表示当前 key 的历史状态，函数返回值类型 Option[S]，表示当前 key 的新状态。

对于当前批次的数据，updateStateByKey 会根据 key 做计算，对于某个 key，updateStateByKey 会把该 key 对应的所有 value 进行归并，得到(key,value-list)的形式，其中，value-list 被封装到序列 Seq[V]中。然后，在 updataFunc 函数中，用户可以定义自己的处理逻辑，通过 updataFunc 函数的第 2 个输入参数获取当前 key 的历史状态，然后计算得到当前 key 的新状态，封装成 Option[S]类型，作为函数返回值。

这里仍然以词频统计为例介绍 updateStateByKey 操作。对于有状态转换操作而言，本批次的词频统计，会在之前批次的词频统计结果的基础上进行不断累加，所以，最终统计得到的词频，是所有批次的单词的总的词频统计结果。

在“/usr/local/spark/mycode/streaming/stateful/”目录下新建一个代码文件 NetworkWordCount Stateful.scala，输入以下代码：

```
package org.apache.spark.examples.streaming
import org.apache.spark._
import org.apache.spark.streaming._
import org.apache.spark.storage.StorageLevel
object NetworkWordCountStateful {
  def main(args: Array[String]) {
    //定义状态更新函数
    val updateFunc = (values: Seq[Int], state: Option[Int]) => {
      val currentCount = values.foldLeft(0)(_ + _)
      val previousCount = state.getOrElse(0)
      Some(currentCount + previousCount)
```

```
        }
        StreamingExamples.setStreamingLogLevels()  //设置 log4j 日志级别
    val conf = new SparkConf().setMaster("local[2]").setAppName("NetworkWordCountStateful")
        val sc = new StreamingContext(conf, Seconds(5))
        //设置检查点，检查点具有容错机制
        sc.checkpoint("file:///usr/local/spark/mycode/streaming/stateful/")
        val lines = sc.socketTextStream("localhost", 9999)
        val words = lines.flatMap(_.split(" "))
        val wordDstream = words.map(x => (x, 1))
        val stateDstream = wordDstream.updateStateByKey[Int](updateFunc)
        stateDstream.print()
        sc.start()
        sc.awaitTermination()
    }
}
```

同时，在与 NetworkWordCountStateful.scala 文件相同的目录下，新建一个 StreamingExamples.scala 文件，用于设置 log4j 日志级别，该文件的代码前面已经给出，这里不再赘述。

NetworkWordCountStateful 程序中，val lines = sc.socketTextStream("localhost", 9999)这行语句定义了一个“套接字流”类型的数据源，这个数据源可以用 nc 程序产生。需要注意的是，在代码中，已经确定了 Socket 客户端会向主机名为 localhost 的 9999 号端口发起 Socket 通信请求，所以，后面在启动 nc 程序时，需要把端口号设置为 9999。

val stateDstream = wordDstream.updateStateByKey[Int](updateFunc)这行语句用于执行词频统计，updateStateByKey()函数的输入参数是 updateFunc 函数。updateFunc 函数是一个用户自定义函数，它在 NetworkWordCountStateful.scala 中的定义如下：

```
val updateFunc = (values: Seq[Int], state: Option[Int]) => {
    val currentCount = values.foldLeft(0)(_ + _)
    val previousCount = state.getOrElse(0)
    Some(currentCount + previousCount)
}
```

可以看出，updateFunc 函数有两个输入参数，即 values:Seq[Int]和 state:Option[Int]。在执行当前批次数据的词频统计时，updateStateByKey 会根据 key 对当前批次内的所有(key,value)进行计算，当处理到某个 key 时，updateStateByKey 会把所有 key 相同的(key,value)都进行归并（Merge），得到(key,value-list)的形式，其中，value-list 被封装成 Seq[Int]类型。然后，当前 key 对应的 value-list 和历史状态信息（以前批次的词频统计累加结果），分别通过 values 和 state 这两个输入参数传递给 updateFunc 函数，用户在编程时可以直接使用 values 和 state。updateFunc 函数中包含了我们自定义的词频统计处理逻辑，其中，val currentCount = values.foldLeft(0)(_ + _)这行语句会对当前 key 对应的 value-list 进行汇总求和，val previousCount = state.getOrElse(0)这行语句用于获取当前 key 对应的历史状态信息（以前批次的词频统计累加结果），也就是当前 key 在历史所有批次数据中出现的总次数。因为历史状态信息 state 是被封装成 Option 类型，对于 Option 类型而言，可以把它看作是一个容器，只不过这个容器中要么只包含一个元素（被包装在 Some 中返回），要么就不存在元素（返回 None）。对于当前的 key，如果以前曾经出现过，那么就会存在统计结果，被保存在与这个 key 对应的历史状态信息中；如果这个 key 在以前所有历史批次中都没有出现，在当前批次第一次出现了，那么就不会存在历史统计结果，也就不会存在历史状态信息。state.getOrElse(0)的含义是，如果 state 中存在元素（即存在历史词频统计结果），就获得历史词频统计结果，如果 state 中不存在元素（即没有历史统计结果），就返回 0。Some(currentCount + previousCount)会把当前 key 的历史统计结果和当前统计结果进行求和，得到最新的词频统计结果，并封装成 Some 类型返回。

在"/usr/local/spark/mycode/streaming/stateful/"目录下新建一个 simple.sbt 文件，然后，使用 sbt 工具进行编译打包。打包成功后，在当前 Linux 终端（称为"流计算终端"）内执行如下命令提交运行程序：

```
$ cd /usr/local/spark/mycode/streaming/stateful
$ /usr/local/spark/bin/spark-submit  \
> --class "org.apache.spark.examples.streaming.NetworkWordCountStateful" \
>./target/scala-2.11/simple-project_2.11-1.0.jar
```

执行上述的命令后，NetworkWordCountStateful 程序就启动了，它会向主机名为 localhost 的 9999 号端口发起 Socket 通信请求。这里我们让 nc 程序扮演 Socket 服务器端，也就是让 NetworkWordCountStateful 程序和 nc 程序建立 Socket 连接。一旦 Socket 连接建立，NetworkWordCountStateful 程序接收来自 nc 程序的数据，并进行词频统计。下面新打开一个终端（称为"数据源终端"），执行如下命令启动 nc 程序并手动输入一些单词：

```
$ nc -lk 9999
#在这个窗口中手动输入一些单词
hadoop
spark
hadoop
spark
hadoop
spark
```

切换到刚才的流计算终端，可以看到已经输出了类似如下的词频统计信息：

```
-------------------------------------------
Time: 1479890485000 ms
-------------------------------------------
(spark,1)
(hadoop,1)

-------------------------------------------
Time: 1479890490000 ms
-------------------------------------------
(spark,2)
(hadoop,3)
```

从上面的词频统计结果可以看出，Spark Streaming 每隔 5 秒执行一次词频统计，并且每次词频统计都包含了历史的词频统计结果。

6.7 输出操作

在 Spark 应用中，外部系统经常需要使用到 Spark Streaming 处理后的数据，因此，需要采用输出操作把 DStream 的数据输出到数据库或者文件系统中。

6.7.1 把 DStream 输出到文本文件中

把 DStream 输出到文本文件比较简单，只需要在 DStream 上调用 saveAsTextFiles()方法即可。下面对 NetworkWordCountStateful.scala 代码做简单修改，把生成的词频统计结果写入到文本文件中。

修改后的 NetworkWordCountStateful.scala 代码文件内容如下：

```
package org.apache.spark.examples.streaming
import org.apache.spark._
import org.apache.spark.streaming._
import org.apache.spark.storage.StorageLevel
object NetworkWordCountStateful {
 def main(args: Array[String]) {
   //定义状态更新函数
   val updateFunc = (values: Seq[Int], state: Option[Int]) => {
     val currentCount = values.foldLeft(0)(_ + _)
     val previousCount = state.getOrElse(0)
     Some(currentCount + previousCount)
   }
   StreamingExamples.setStreamingLogLevels()  //设置 log4j 日志级别
val conf = new SparkConf().setMaster("local[2]").setAppName("NetworkWordCountStateful")
   val sc = new StreamingContext(conf, Seconds(5))
   //设置检查点，检查点具有容错机制
   sc.checkpoint("file:///usr/local/spark/mycode/streaming/dstreamoutput/")
   val lines = sc.socketTextStream("localhost", 9999)
   val words = lines.flatMap(_.split(" "))
   val wordDstream = words.map(x => (x, 1))
   val stateDstream = wordDstream.updateStateByKey[Int](updateFunc)
   stateDstream.print()
//下面是新增的语句，把 DStream 保存到文本文件中
stateDstream.saveAsTextFiles("file:///usr/local/spark/mycode/streaming/dstreamoutput
/output")
   sc.start()
   sc.awaitTermination()
 }
}
```

按照本章 6.5.2 节中的方法对 NetworkWordCountStateful.scala 代码进行编译打包，然后提交运行，就可以把词频统计结果写入到“/usr/local/spark/mycode/streaming/dstreamoutput/output”目录中，可以发现，在这个目录下，生成了很多文本文件，内容如下：

```
output -1479951955000
output -1479951960000
output -1479951965000
output -1479951970000
output -1479951975000
output-1479951980000
output-1479951985000
```

因为在 NetworkWordCountStateful 程序中，流计算过程每 5 秒执行一次，因此，每次执行都会把词频统计结果写入一个新的文件，所以，就会生成多个文件。

6.7.2 把 DStream 写入到关系数据库中

启动 MySQL 数据库，在第 5 章中，已经创建了一个名称为 spark 的数据库，现在继续在 spark 数据库中创建一个名称为 WordCount 的表，需要在 MySQL Shell 中执行如下命令：

```
mysql> use  spark;
mysql> create  table  wordcount  (word char(20), count int(4));
```

修改 NetworkWordCountStateful.scala 代码，在里面增加保存数据库的语句，修改后的代码内容

如下：

```
package org.apache.spark.examples.streaming
import java.sql.{PreparedStatement, Connection, DriverManager}
import java.util.concurrent.atomic.AtomicInteger
import org.apache.spark.SparkConf
import org.apache.spark.streaming.{Seconds, StreamingContext}
import org.apache.spark.streaming.StreamingContext._
import org.apache.spark.storage.StorageLevel
object NetworkWordCountStateful {
  def main(args: Array[String]) {
    //定义状态更新函数
    val updateFunc = (values: Seq[Int], state: Option[Int]) => {
      val currentCount = values.foldLeft(0)(_ + _)
      val previousCount = state.getOrElse(0)
      Some(currentCount + previousCount)
    }
    StreamingExamples.setStreamingLogLevels()  //设置 log4j 日志级别
val conf = new SparkConf().setMaster("local[2]").setAppName("NetworkWordCountStateful")
    val sc = new StreamingContext(conf, Seconds(5))
    //设置检查点，检查点具有容错机制
    sc.checkpoint("file:///usr/local/spark/mycode/streaming/dstreamoutput/")
    val lines = sc.socketTextStream("localhost", 9999)
    val words = lines.flatMap(_.split(" "))
    val wordDstream = words.map(x => (x, 1))
    val stateDstream = wordDstream.updateStateByKey[Int](updateFunc)
    stateDstream.print()
//下面是新增的语句，把 DStream 保存到 MySQL 数据库中
     stateDstream.foreachRDD(rdd => {//函数体的左大括号
      //内部函数
      def func(records: Iterator[(String,Int)]) {
        var conn: Connection = null
        var stmt: PreparedStatement = null
        try {
          val url = "jdbc:mysql://localhost:3306/spark"
          val user = "root"
          val password = "hadoop"  //数据库密码是 hadoop
          conn = DriverManager.getConnection(url, user, password)
          records.foreach(p => {
            val sql = "insert into wordcount(word,count) values (?,?)"
            stmt = conn.prepareStatement(sql);
            stmt.setString(1, p._1.trim)
                  stmt.setInt(2,p._2.toInt)
            stmt.executeUpdate()
          })
  } catch {
          case e: Exception => e.printStackTrace()
        } finally {
          if (stmt != null) {
            stmt.close()
          }
          if (conn != null) {
            conn.close()
          }
        }
```

```
      }
      val repartitionedRDD = rdd.repartition(3)
      repartitionedRDD.foreachPartition(func)
    }) //函数体的右大括号
    sc.start()
    sc.awaitTermination()
  }
}
```

在 NetworkWordCountStateful.scala 代码中，stateDstream.foreachRDD()语句负责把 DStream 保存到 MySQL 数据库中。由于 DStream 是由一系列 RDD 构成的，因此，stateDstream.foreachRDD()操作会遍历 stateDstream 中的每个 RDD，并把 RDD 中的每个(key,value)都保存到 MySQL 数据库中。当遍历到 stateDstream 中的某一个 RDD 时，该 RDD 会赋值给 foreachRDD()方法的圆括号内的变量 rdd，然后，执行 val repartitionedRDD = rdd.repartition(3)语句，对 rdd 进行重新分区，接下来，执行 repartitionedRDD.foreachPartition(func)。foreachPartition(func)方法的输入参数是函数 func，这是一个内部函数，它的功能是把当前分区内的所有(key,value)都保存到数据库中。

6.8 本章小结

Spark Streaming 是 Spark 生态系统中实现流计算功能的组件。本章介绍了 Spark Streaming 的设计原理，它把连续的数据流切分成多个分段，每个分段采用 Spark 引擎进行批处理，从而间接实现了流处理的功能。由于 Spark 是基于内存的计算框架，因此，Spark Streaming 具有较好的实时性。

本章还介绍了开发 Spark Streaming 程序的基本步骤，给出了创建 StreamingContext 对象的方法。同时，分别以文件流、套接字流和 RDD 队列流等作为基本数据源，详细描述了流计算程序的编写方法。Spark Streaming 还可以和 Kafka、Flume 等数据采集工具进行组合使用，由这些数据采集工具提供数据源。

Dstream 包含无状态转换操作和有状态转换操作，前者无法维护历史批次的状态信息，而后者可以在跨批次数据之间维护历史状态信息。

本章最后介绍了如何把 Dstream 数据输出到文本文件和关系数据库中。

6.9 习题

1. 请阐述静态数据和流数据的区别。
2. 请阐述批量计算和实时计算的区别。
3. 对于一个流计算系统而言，在功能设计上应该实现哪些需求？
4. 请阐述典型的流计算框架有哪些。
5. 请阐述流计算的基本处理流程。
6. 请阐述数据采集系统的各个组成部分的功能。
7. 请阐述数据实时计算的基本流程。
8. 请阐述 Spark Streaming 的基本设计原理。
9. 请对 Spark Streaming 与 Storm 进行比较，各自有什么优缺点？

10. 请阐述企业应用中“Hadoop+Storm”架构是如何部署的。

11. 请阐述 Spark Streaming 的工作机制。

12. 请阐述 Spark Streaming 程序编写的基本步骤。

13. Spark Streaming 主要包括哪 3 种类型的基本输入源?

14. 请阐述使用 Kafka 作为 Spark 数据源时，如何编写 Spark Streaming 应用程序。

15. 请阐述 DStream 有状态转换操作和无状态转换操作的区别。

实验 5 Spark Streaming 编程初级实践

一、实验目的

（1）通过实验学习日志采集工具 Flume 的安装和使用方法。

（2）掌握采用 Flume 作为 Spark Streaming 数据源的编程方法。

二、实验平台

操作系统：Ubuntu16.04。

Spark 版本：2.1.0。

Flume 版本：1.7.0。

三、实验内容和要求

1. 安装 Flume

Flume 是 Cloudera 提供的一个分布式、可靠、可用的系统，它能够将不同数据源的海量日志数据进行高效收集、聚合、移动，最后存储到一个中心化数据存储系统中。Flume 的核心是把数据从数据源收集过来，再送到目的地。请到 Flume 官网下载 Flume1.7.0 安装文件，下载地址如下：

http://www.apache.org/dyn/closer.lua/flume/1.7.0/apache-flume-1.7.0-bin.tar.gz

或者也可以直接到本教材官网的“下载专区”中的“软件”目录中下载 apache-flume-1.7.0-bin.tar.gz。

下载后，把 Flume1.7.0 安装到 Linux 系统的“/usr/local/flume”目录下，具体安装和使用方法可以参考教材官网的“实验指南”栏目中的“日志采集工具 Flume 的安装与使用方法”。

2. 使用 Avro 数据源测试 Flume

Avro 可以发送一个给定的文件给 Flume，Avro 源使用 AVRO RPC 机制。请对 Flume 的相关配置文件进行设置，从而可以实现如下功能：在一个终端中新建一个文件 helloworld.txt（里面包含一行文本“Hello World”），在另外一个终端中启动 Flume 以后，可以把 helloworld.txt 中的文本内容显示出来。

3. 使用 netcat 数据源测试 Flume

请对 Flume 的相关配置文件进行设置，从而可以实现如下功能：在一个 Linux 终端（即“Flume 终端”）中，启动 Flume，在另一个终端（即“Telnet 终端”）中，输入命令“telnet localhost 44444”，然后，在 Telnet 终端中输入任何字符，让这些字符可以顺利地在 Flume 终端中显示出来。

4. 使用 Flume 作为 Spark Streaming 数据源

Flume 是非常流行的日志采集系统，可以作为 Spark Streaming 的高级数据源。请把 Flume Source 设置为 netcat 类型，从终端上不断给 Flume Source 发送各种消息，Flume 把消息汇集到 Sink，这里把 Sink 类型设置为 avro，由 Sink 把消息推送给 Spark Streaming，由自己编写的 Spark Streaming 应用程序对消息进行处理。

四、实验报告

《Spark 编程基础》实验报告		
题目：	姓名：	日期：
实验环境：		
实验内容与完成情况：		
出现的问题：		
解决方案（列出遇到的问题和解决办法，列出没有解决的问题）：		

07 第7章　Spark MLlib

MLlib（Machine Learning Library）是 Spark 的机器学习库，旨在简化机器学习的工程实践，并能够方便地扩展到更大规模数据。MLlib 提供了主要的机器学习算法，包括用于特征预处理的数理统计方法，特征提取、转换和选择，以及分类、回归、聚类、关联规则、推荐、优化、算法的评估等。本章首先介绍机器学习的概念，然后介绍 MLlib 的基本原理和算法，包括机器学习工作流、特征提取和转换、分类、聚类、推荐等算法，最后介绍模型选择和超参数调整方法。

7.1 基于大数据的机器学习

机器学习可以看作是一门人工智能的科学，该领域的主要研究对象是人工智能。机器学习强调三个关键词：算法、经验、性能，其处理过程如图 7-1 所示。在数据的基础上，通过算法构建出模型并对模型进行评估。评估的性能如果达到要求，就用该模型来测试其他的数据；如果达不到要求，就要调整算法来重新建立模型，再次进行评估。如此循环往复，最终获得满意的模型来处理其他数据。机器学习技术和方法已经被成功应用到多个领域，如个性推荐系统、金融反欺诈、语音识别、自然语言处理和机器翻译、模式识别、智能控制等。

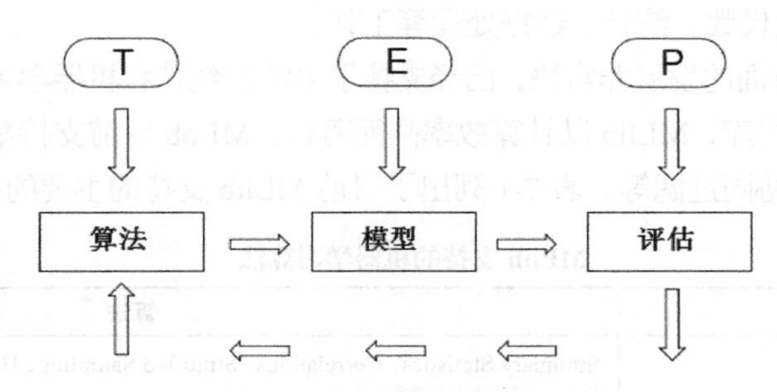

图 7-1 机器学习处理过程

传统的机器学习算法，由于技术和单机存储的限制，只能在少量数据上使用，因此，传统的统计、机器学习算法依赖于数据抽样。但是在实际应用中，样本往往很难做到随机，导致学习的模型不是很准确，在测试数据上的效果也不太好。随着 HDFS 等分布式文件系统的出现，我们可以对海量数据进行存储和管理，并利用 MapReduce 框架在全量数据上进行机器学习，这在一定程度上解决了统计随机性的问题，提高了机器学习的精度。但是，正如第 1 章所述，MapReduce 自身存在缺陷，延迟高、磁盘开销大、无法高效支持迭代计算，这使得 MapReduce 无法高效地实现分布式机器学习算法。因为通常情况下，机器学习算法参数学习的过程都是迭代计算，本次计算的结果要作为下一次迭代的输入。这个过程中，MapReduce 只能把中间结果存储到磁盘中，然后在下一次计算的时候重新从磁盘读取数据；对于迭代频发的算法，这是制约其性能的瓶颈。相比而言，Spark 立足于内存计算，适用于迭代式计算，能很好地与机器学习算法相匹配。这也是近年来 Spark 平台流行的重要原因，业界的很多业务纷纷从 Hadoop 平台转向 Spark 平台。

在大数据上的机器学习，需要处理全量数据并进行大量的迭代计算，这就要求机器学习平台具备强大的处理能力和分布式计算能力。然而，对于普通开发者来说，实现一个分布式机器学习算法，仍然是一件极具挑战的事情。为此，Spark 提供了一个基于海量数据的机器学习库，它提供了常用机器学习算法的分布式实现，对于开发者而言，只需要有 Spark 编程基础，并且了解机器学习算法的基本原理和方法中相关参数的含义，就可以轻松地通过调用相应的 API，来实现基于海量数据的机器学习过程。同时，spark-shell 也提供即席（Ad Hoc）查询的功能，算法工程师可以边写代码、边运行、边看结果。Spark 提供的各种高效的工具，使得机器学习过程更加直观便捷。例如，可以通过 sample 函数非常方便地进行抽样。Spark 发展到目前，已经拥有了实时批计算、批处理、算法库、SQL、流计算等模块，成为了一个全平台的系统，把机器学习作为关键模块加入到 Spark 中也是大势所趋。

7.2 机器学习库 MLlib 概述

MLlib 由一些通用的学习算法和工具组成，包括分类、回归、聚类、协同过滤、降维等，同时还包括底层的优化原语和高层的管道 API。具体来说，MLlib 主要包括以下几方面的内容：

- 算法工具：常用的学习算法，如分类、回归、聚类和协同过滤；
- 特征化工具：特征提取、转化、降维和选择工具；
- 流水线（Pipeline）：用于构建、评估和调整机器学习工作流的工具；
- 持久性：保存和加载算法、模型和管道；
- 实用工具：线性代数、统计、数据处理等工具。

Spark 在机器学习方面的发展非常快，已经支持了主流的统计和机器学习算法。纵观所有基于分布式架构的开源机器学习库，MLlib 以计算效率高而著称。MLlib 目前支持常见的机器学习算法，包括分类、回归、聚类和协同过滤等。表 7-1 列出了目前 MLlib 支持的主要的机器学习算法。

表 7–1 MLlib 支持的机器学习算法

类型	算法
基本统计（Basic Statistics）	Summary Statistics，Correlations，Stratified Sampling，Hypothesis Testing，Random Data Generation
分类和回归（Classification and Regression）	Support Vector Machines（SVM），Logistic Regression，Linear Regression，Naive Bayes，Decision Trees，Random Forest，Gradient-Boosted Trees
协同过滤 (Collaborative Filtering)	Alternating Least Squares（ALS）
聚类（Clustering）	K-Means, Gaussian Mixture Model, Latent Dirichlet allocation (LDA), Bisecting k-means
降维（Dimensionality Reduction）	Singular Value Decomposition（SVD），Principal Component Analysis（PCA）
特征抽取和转换（Feature Extraction and Transformation）	Term Frequency-Inverse Document Frequency（TF-IDF），Word2Vec，StandardScaler，Normalizer

MLlib 库从 1.2 版本以后分为两个包：

（1）spark.mllib 包含基于 RDD 的原始算法 API。Spark MLlib 历史比较长，在 1.0 以前的版本中就已经包含，提供的算法实现都是基于原始的 RDD。

（2）spark.ml 则提供了基于 DataFrame 的、高层次的 API，其中，ML Pipeline API 可以用来构建机器学习流水线（PipeLine），弥补了原始 MLlib 库的不足，向用户提供了一个基于 DataFrame 的机器学习流水线式 API 套件。

使用 ML Pipeline API 可以很方便地进行数据处理、特征转换、规范化，以及将多个机器学习算法联合起来构建一个单一完整的机器学习工作流。这种方式提供了更灵活的方法，更符合机器学习过程的特点，也更容易从其他语言进行迁移。因此，Spark 官方推荐使用 spark.ml 包。如果新的算法能够适用于机器学习流水线(Pipeline)的概念，就应该将其放到 spark.ml 包中，如特征提取器和转换器等。需要注意的是，从 Spark2.0 开始，基于 RDD 的 API 进入维护模式，即不增加任何新的特性，并预期于 3.0 版本的时候被移除出 MLlib。

本章内容采用 MLlib 的 spark.ml 包，从基本的机器学习算法入手来介绍 Spark 的机器学习库。

7.3　基本数据类型

spark.ml 包提供了一系列基本数据类型以支持底层的机器学习算法，主要的数据类型包括本地向量、标注点、本地矩阵等。本地向量与本地矩阵作为公共接口提供简单数据模型，底层的线性代数操作由 Breeze 库和 jblas 库提供；标注点类型表示监督学习的训练样本。本节介绍这些数据类型的用法。

7.3.1　本地向量

本地向量分为稠密向量（DenseVector）和稀疏向量（SparseVector）两种。稠密向量使用双精度浮点型数组来表示每一维的元素，稀疏向量则是基于一个整型索引数组和一个双精度浮点型的值数组。例如，向量(1.0, 0.0, 3.0)的稠密向量表示形式是[1.0,0.0,3.0]，而稀疏向量形式则是(3, [0,2], [1.0, 3.0])，其中，3 是向量的长度，[0,2]是向量中非 0 维度的索引值，表示位置为 0、2 的两个元素为非零值，而[1.0, 3.0]则是按索引排列的数组元素值。

所有本地向量都以 org.apache.spark.ml.linalg.Vector 为基类，DenseVector 和 SparseVector 分别是它的两个继承类，故推荐使用 Vectors 工具类下定义的工厂方法来创建本地向量。需要注意的是，Scala 会默认引入 scala.collection.immutable.Vector，如果要使用 spark.ml 包提供的向量类型，则要显式地引入 org.apache.spark.ml.linalg.Vector 这个类。下面给出一个实例。

```
scala> import  org.apache.spark.ml.linalg.{Vector, Vectors}
//创建一个稠密本地向量
scala> val  dv: Vector = Vectors.dense(2.0,  0.0,  8.0)
dv: org.apache.spark.ml.linalg.Vector = [2.0,0.0,8.0]
//创建一个稀疏本地向量
//方法第二个参数数组指定了非零元素的索引，而第三个参数数组则给定了非零元素值
scala> val  sv1: Vector = Vectors.sparse(3, Array(0, 2), Array(2.0, 8.0))
sv1: org.apache.spark.ml.linalg.Vector = (3,[0,2],[2.0,8.0])
//另一种创建稀疏本地向量的方法
//方法的第二个参数是一个序列，其中每个元素都是一个非零值的元组：(index,elem)
scala> val  sv2: Vector = Vectors.sparse(3, Seq((0, 2.0), (2, 8.0)))
sv2: org.apache.spark.ml.linalg.Vector = (3,[0,2],[2.0,8.0])
```

7.3.2　标注点

标注点（Labeled Point）是一种带有标签（Label/Response）的本地向量，通常用在监督学习算法中，它可以是稠密或者是稀疏的。由于标签是用双精度浮点型来存储的，因此，标注点类型在回归（Regression）和分类（Classification）问题上均可使用。例如，对于二分类问题，则正样本的标签为 1，负样本的标签为 0；对于多类别的分类问题来说，标签则应是一个以 0 开始的索引序列：0, 1, 2 …

标注点的实现类是 org.apache.spark.ml.feature.LabeledPoint，位于 org.apache.spark.ml.feature 包下，标注点的创建方法如下：

```
scala> import  org.apache.spark.ml.linalg.Vectors //引入必要的包
import org.apache.spark.ml.linalg.Vectors
scala> import  org.apache.spark.ml.feature.LabeledPoint
```

```
import org.apache.spark.ml.feature.LabeledPoint
//下面创建一个标签为1.0（分类中可视为正样本）的稠密向量标注点
scala> val  pos = LabeledPoint(1.0, Vectors.dense(2.0, 0.0, 8.0))
pos: org.apache.spark.ml.feature.LabeledPoint = (1.0,[2.0,0.0,8.0])
//创建一个标签为0.0（分类中可视为负样本）的稀疏向量标注点
scala> val  neg = LabeledPoint(0.0, Vectors.sparse(3, Array(0, 2), Array(2.0, 8.0)))
neg: org.apache.spark.ml.feature.LabeledPoint = (0.0,(3,[0,2],[2.0,8.0]))
```

在实际的机器学习问题中，稀疏向量数据是非常常见的。MLlib 提供了读取 LIBSVM 格式数据的支持，该格式被广泛用于 LIBSVM、LIBLINEAR 等机器学习库。在该格式下，每一个带标签的样本点由以下格式表示：

```
label  index1:value1  index2:value2  index3:value3 …
```

其中，label 是该样本点的标签值，一系列 index:value 则代表了该样本向量中所有非零元素的索引和元素值。需要特别注意的是，index 是以 1 开始并递增的。

下面读取一个 LIBSVM 格式文件生成向量：

```
scala> val  examples=spark.read.format("libsvm").
     | load("file:///usr/local/spark/data/MLlib/sample_libsvm_data.txt")
examples: org.apache.spark.sql.DataFrame = [label: double,  features: vector]
```

这里，spark 是 spark-shell 自动建立的 SparkSession，它的 read 属性是 org.apache.spark.sql 包下名为 DataFrameReader 类的对象，该对象提供了读取 LIBSVM 格式的方法，使用非常方便。下面继续查看加载进来的标注点的值：

```
scala> examples.collect().head
res7: org.apache.spark.MLlib.regression.LabeledPoint = (0.0,(692,[127,128,129,130,
131,154,155,156,157,158,159,181,182,183,184,185,186,187,188,189,207,208,209,210,211,212,
213,214,215,216,217,235,236,237,238,239,240,241,242,243,244,245,262,263,264,265,266,267,
268,269,270,271,272,273,289,290,291,292,293,294,295,296,297,300,301,302,316,317,318,319,
320,321,328,329,330,343,344,345,346,347,348,349,356,357,358,371,372,373,374,384,385,386,
399,400,401,412,413,414,426,427,428,429,440,441,442,454,455,456,457,466,467,468,469,470,
482,483,484,493,494,495,496,497,510,511,512,520,521,522,523,538,539,540,547,548,549,550,
566,567,568,569,570,571,572,573,574,575,576,577,578,594,595,596,597,598,599,600,601,602,
603,604,622,623,624,625,626,627,628,629,630,651,652,653,654,655,656,657],[51.0,159.0,
253.0,159.0,50...
```

这里，examples.collect()把 RDD 转换为了向量，并取第一个元素的值。每个标注点共有 692 个维，其中，第 127 列对应的值是 51.0，第 128 列对应的值是 159.0，以此类推。

7.3.3 本地矩阵

本地矩阵具有整型的行、列索引值和双精度浮点型的元素值，它存储在单机上。MLlib 支持稠密矩阵 DenseMatrix 和稀疏矩阵 SparseMatrix 两种本地矩阵。稠密矩阵将所有元素的值存储在一个列优先（Column-major）的双精度型数组中，而稀疏矩阵则将非零元素以列优先的 CSC（Compressed Sparse Column）模式进行存储。

本地矩阵的基类是 org.apache.spark.ml.linalg.Matrix，DenseMatrix 和 SparseMatrix 均是它的继承类。和本地向量类似，spark.ml 包也为本地矩阵提供了相应的工具类 Matrices，调用工厂方法即可创建实例。下面创建一个稠密矩阵：

```
scala> import  org.apache.spark.ml.linalg.{Matrix, Matrices}  //引入必要的包
import org.apache.spark.ml.linalg.{Matrix, Matrices}
//下面创建一个3行2列的稠密矩阵[ [1.0,2.0], [3.0,4.0], [5.0,6.0] ]
```

```
//注意，这里的数组参数是列优先的，即按照列的方式从数组中提取元素
scala> val  dm: Matrix = Matrices.dense(3, 2, Array(1.0, 3.0, 5.0, 2.0, 4.0, 6.0))
dm: org.apache.spark.ml.linalg.Matrix =
1.0  2.0
3.0  4.0
5.0  6.0
```

下面继续创建一个稀疏矩阵：

```
//创建一个 3 行 2 列的稀疏矩阵[ [9.0,0.0], [0.0,8.0], [0.0,6.0]]
//第一个数组参数表示列指针，即每一列元素的开始索引值
//第二个数组参数表示行索引，即对应的元素是属于哪一行
//第三个数组即是按列优先排列的所有非零元素，通过列指针和行索引即可判断每个元素所在的位置
scala> val  sm: Matrix = Matrices.sparse(3, 2, Array(0, 1, 3), Array(0, 2, 1), Array(9,
6, 8))
sm: org.apache.spark.ml.linalg.Matrix =
3 x 2 CSCMatrix
(0,0) 9.0
(2,1) 6.0
(1,1) 8.0
```

这里创建了一个 3 行 2 列的稀疏矩阵[[9.0,0.0], [0.0,8.0], [0.0,6.0]]。Matrices.sparse 的参数中，3 表示行数，2 表示列数。第 1 个数组参数表示列指针，其长度=列数+1，表示每一列元素的开始索引值。第 2 个数组参数表示行索引，即对应的元素是属于哪一行，其长度=非零元素的个数。第 3 个数组即是按列先序排列的所有非零元素。在上面的例子中，（0,1,3）表示第 1 列有 1 个（=1-0）元素，第 2 列有 2 个（=3-1）元素；第二个数组(0, 2, 1)表示共有 3 个元素，分别在第 0、2、1 行。因此，可以推算出第 1 个元素位置在（0,0），值是 9.0。

7.4 机器学习流水线

本节介绍机器学习流水线的概念及其工作过程。

7.4.1 流水线的概念

一个典型的机器学习过程从数据收集开始，要经历多个步骤才能得到需要的输出，通常会包含源数据 ETL（Extract-Transform-Load）、数据预处理、指标提取、模型训练与交叉验证、新数据预测等步骤。机器学习流水线（Machine Learning Pipeline）是对流水线式工作流程的一种抽象，它包含了以下几个概念。

（1）DataFrame。即 Spark SQL 中的 DataFrame，可容纳各种数据类型。与 RDD 数据集相比，它包含了模式（Schema）信息，类似于传统数据库中的二维表格。流水线用 DataFrame 来存储源数据。例如，DataFrame 中的列可以是文本、特征向量、真实标签和预测的标签等。

（2）转换器（Transformer）。转换器是一种可以将一个 DataFrame 转换为另一个 DataFrame 的算法。例如，一个模型就是一个转换器，它把一个不包含预测标签的测试数据集 DataFrame 打上标签，转化成另一个包含预测标签的 DataFrame。技术上，转换器实现了一个方法 transform()，它通过附加一个或多个列，将一个 DataFrame 转换为另一个 DataFrame。

（3）评估器（Estimator）。评估器是学习算法或在训练数据上的训练方法的概念抽象。在机器学

习流水线里，通常是被用来操作 DataFrame 数据并生成一个转换器。评估器实现了方法 fit()，它接受一个 DataFrame 并产生一个转换器。例如，一个随机森林算法就是一个评估器，它可以调用 fit()，通过训练特征数据而得到一个随机森林模型。

（4）流水线（PipeLine）。流水线将多个工作流阶段（转换器和评估器）连接在一起，形成机器学习的工作流，并获得结果输出。

（5）参数（Parameter）。即用来设置转换器或者评估器的参数。所有转换器和评估器可共享用于指定参数的公共 API。

7.4.2 流水线工作过程

要构建一个机器学习流水线，首先需要定义流水线中的各个 PipelineStage。PipelineStage 称为工作流阶段，包括转换器和评估器，如指标提取和转换模型训练等。有了这些处理特定问题的转换器和评估器，就可以按照具体的处理逻辑，有序地组织 PipelineStage 并创建一个流水线。例如：

```
val pipeline = new-Pipeline().setStages(Array(stage1,stage2,stage3,…))
```

在一个流水线中，上一个 PipelineStage 的输出，恰好是下一个 PipelineStage 的输入。流水线构建好以后，就可以把训练数据集作为输入参数，调用流水线实例的 fit()方法，以流的方式来处理源训练数据。该调用会返回一个 PipelineModel 类的实例，进而被用来预测测试数据的标签。更具体地说，流水线的各个阶段按顺序运行，输入的 DataFrame 在它通过每个阶段时会被转换，对于转换器阶段，在 DataFrame 上会调用 transform()方法，对于评估器阶段，先调用 fit()方法来生成一个转换器，然后在 DataFrame 上调用该转换器的 transform()方法。

例如，如图 7-2 所示，一个流水线具有 3 个阶段，前两个阶段（Tokenizer 和 HashingTF）是转换器，第三个阶段（LogisticRegression）是评估器。图 7-2 中下面一行表示流经这个流水线的数据，其中，圆柱表示 DataFrame。在原始 DataFrame 上调用 Pipeline.fit()方法执行流水线，每个阶段运行流程如下：

（1）在 Tokenizer 阶段，调用 transform()方法将原始文本文档拆分为单词，并向 DataFrame 添加一个带有单词的新列；

（2）在 HashingTF 阶段，调用其 transform()方法将 DataFrame 中的单词列转换为特征向量，并将这些向量作为一个新列添加到 DataFrame 中；

（3）在 LogisticRegression 阶段，由于它是一个评估器，因此会调用 LogisticRegression.fit()产生一个转换器 LogisticRegressionModel；如果工作流有更多的阶段，则在将 DataFrame 传递到下一个阶段之前，会调用 LogisticRegressionModel 的 transform()方法。

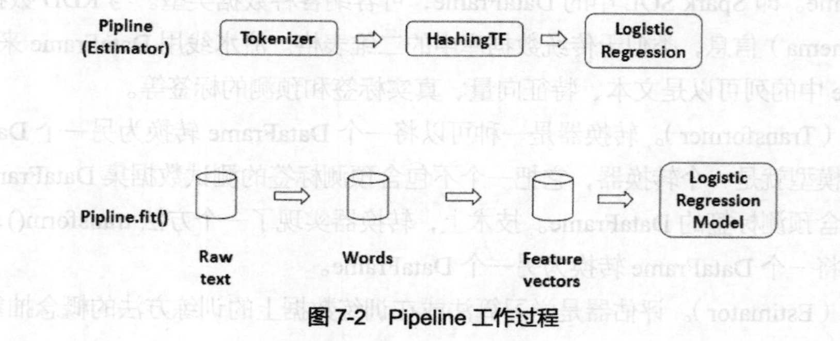

图 7-2 Pipeline 工作过程

流水线本身就是一个评估器，因此，在流水线的 fit()方法运行之后，会产生一个流水线模型（PipelineModel），这是一个转换器，可在测试数据的时候使用。如图 7-3 所示，PipelineModel 具有与原流水线相同的阶段数，但是，原流水线中的所有评估器都变为转换器。调用 PipelineModel 的 transform()方法时，测试数据按顺序通过流水线的各个阶段，每个阶段的 transform()方法更新数据集（DataFrame），并将其传递到下一个阶段。通过这种方式，流水线和 PipelineModel 确保了训练和测试数据通过相同的特征处理步骤。这里给出的示例都是用于线性流水线的，即流水线中每个阶段使用由前一阶段产生的数据。但是，也可以构建一个有向无环图（DAG）形式的流水线，以拓扑顺序指定每个阶段的输入和输出列名称。流水线的阶段必须是唯一的实例，相同的实例不应该两次插入流水线。但是，具有相同类型的两个阶段实例，可以放在同一个流水线中，流水线将使用不同的 ID 创建不同的实例。此外，DataFrame 会对各阶段的数据类型进行描述，流水线和流水线模型（PipelineModel）会在实际运行流水线之前，做类型的运行时检查，但不能使用编译时的类型检查。

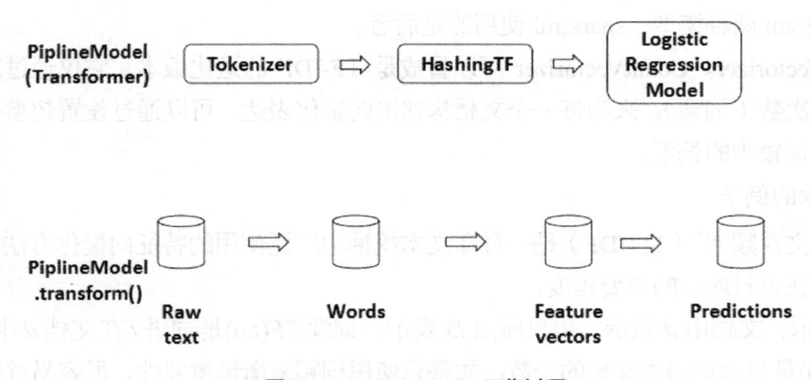

图 7-3　PipelineModel 工作过程

MLlib 评估器和转换器，使用统一的 API 指定参数。其中，Param 是一个自描述包含文档的命名参数，而 ParamMap 是一组（参数,值）对。将参数传递给算法主要有以下两种方法：

（1）设置实例的参数。例如，lr 是的一个 LogisticRegression 实例，用 lr.setMaxIter(10)进行参数设置以后，可以使 lr.fit()至多迭代 10 次；

（2）传递 ParamMap 给 fit()或 transform()函数。ParamMap 中的任何参数，将覆盖先前通过 set 方法指定的参数。

需要特别注意参数同时属于评估器和转换器的特定实例。如果同一个流水线中的两个算法实例（比如 LogisticRegression 实例 lr1 和 lr2），都需要设置 maxItera 参数，则可以建立一个 ParamMap，即 ParamMap(lr1.maxIter -> 10, lr2.maxIter -> 20)，然后传递给这个流水线。

7.5　特征提取、转换和选择

机器学习过程中，输入的数据格式多种多样，为了满足相应机器学习算法的格式，一般都需要对数据进行预处理。特征处理相关的算法大体分为以下 3 类：

（1）特征提取：从原始数据中抽取特征；

（2）特征转换：缩放、转换或修改特征；

（3）特征选择：从较大特征集中选取特征子集。

7.5.1 特征提取

特征提取（Feature Extraction）是指利用已有的特征计算出一个抽象程度更高的特征集，也指计算得到某个特征的算法。本节列举 spark.ml 包含的特征提取操作，并讲解 TF-IDF 的操作实例。

1. 特征提取操作

spark.ml 包提供的提取操作包括以下几种。

（1）TF-IDF。词频 – 逆向文件频率（Term Frequency–Inverse Document Frequency，TF-IDF）是文本挖掘领域常用的特征提取方法。给定一个语料库，TF-IDF 通过词汇在语料库中出现次数和在文档中出现次数，来衡量每一个词汇对于文档的重要程度，进而构建基于语料库的文档的向量化表达。

（2）Word2Vec。Word2Vec 是由 Google 提出的一种词嵌入（Word Embedding）向量化模型。有 CBOW 和 Skip-gram 两种模型，spark.ml 使用的是后者。

（3）CountVectorizer。CountVectorizer 可以看成是 TF-IDF 的退化版本，它仅通过度量每个词汇在文档中出现的次数（词频），来为每一个文档构建出向量化表达，可以通过设置超参数来限制向量维度，过滤掉出现较少的词汇。

2. 特征提取的例子

“词频–逆向文件频率”（TF-IDF）是一种在文本挖掘中广泛使用的特征向量化方法，它可以体现一个文档中词语在语料库中的重要程度。

词语由 t 表示，文档由 d 表示，语料库由 D 表示。词频 $TF(t,d)$是词语 t 在文档 d 中出现的次数。文件频率 $DF(t,D)$是包含词语的文档的个数。如果只使用词频来衡量重要性，很容易过度强调在文档中经常出现却没有太多实际信息的词语，如“a”“the”和“of”。如果一个词语经常出现在语料库中，意味着它并不能很好地对文档进行区分。TF-IDF 就是对文档信息进行数值化，从而衡量词语能提供多少信息来区分文档。其定义如下：

$$IDF(t,D)=\log\frac{|D|+1}{DF(t,D)+1} \tag{7-1}$$

其中，$|D|$是语料库中总的文档数。公式中使用 log 函数，当词出现在所有文档中时，它的 IDF 值变为 0。$DF(t,D)+1$ 是为了避免分母为 0 的情况。TF-IDF 度量值表示如下：

$$TFIDF(t,d,D)=TF(t,d)\cdot IDF(t,D) \tag{7-2}$$

在 spark.ml 库中，TF-IDF 被分成两部分：TF(+hashing)和 IDF。

（1）TF。HashingTF 是一个转换器，在文本处理中，接收词条的集合，然后把这些集合转化成固定长度的特征向量。这个算法在哈希的同时，会统计各个词条的词频。

（2）IDF。IDF 是一个评估器，在一个数据集上应用它的 fit()方法，产生一个 IDFModel。该 IDFModel 接收特征向量（由 HashingTF 产生），然后计算每一个词在文档中出现的频次。IDF 会减少那些在语料库中出现频率较高的词的权重。

Spark MLlib 中实现词频率统计是使用特征哈希的方式，原始特征通过哈希函数，映射到一个索引值，后面只需要统计这些索引值的频率，就可以知道对应词的频率。这种方式可以避免设计一个全局 1 对 1 的、词到索引的映射，这个映射在映射大量语料库时需要花费更长的时间。但是需要注意，通过哈希的方式可能会映射到同一个值的情况，即不同的原始特征通过哈希映射后是同一个值。为了降低这种情况出现的概率，只能对特征向量升维，提高哈希表的桶数，默认特征维度是 2^{20} = 1 048 576。

下面是一个具体实例。首先，对于一组句子，使用分解器 Tokenizer，把每个句子划分成由多个单词构成的“词袋”；然后，对每一个“词袋”，使用 HashingTF 将句子转换为特征向量，最后，使用 IDF 重新调整特征向量。这种转换通常可以提高使用文本特征的性能。具体代码如下。

第 1 步：导入 TF-IDF 所需要的包。

```
scala> import org.apache.spark.ml.feature.{HashingTF, IDF, Tokenizer}
```

第 2 步：创建一个集合，每一个句子代表一个文件。

```
scala> val sentenceData = spark.createDataFrame(Seq(
     |      (0, "I heard about Spark and I love Spark"),
     |      (0, "I wish Java could use case classes"),
     |      (1, "Logistic regression models are neat")
     |    )).toDF("label", "sentence")
sentenceData: org.apache.spark.sql.DataFrame = [label: int, sentence: string]
```

第 3 步：用 Tokenizer 把每个句子分解成单词。

```
scala> val tokenizer = new Tokenizer().setInputCol("sentence").setOutputCol("words")
scala> val wordsData = tokenizer.transform(sentenceData)
scala> wordsData.show(false)
+-----+------------------------------------+-----------------------------------------------+
|label|sentence |words |+-----+------------------------------------+------------------
-------------------------+
|0    |I heard about Spark and I love Spark|[i, heard, about, spark, and, i, love, spark]|
|0    |I wish Java could use case classes  |[i, wish, java, could, use, case, classes]   |
|1    |Logistic regression models are neat |[logistic, regression, models, are, neat]    |
+-----+------------------------------------+------------------------------------------
-----+
```

从打印结果可以看出，Tokenizer 的 transform()方法把每个句子拆分成了一个个单词，这些单词构成一个“词袋”（里面装了很多个单词）。

第 4 步：用 HashingTF 的 transform()方法把每个“词袋”哈希成特征向量。这里设置哈希表的桶数为 2000。

```
scala> val hashingTF = new HashingTF().
     |      setInputCol("words").setOutputCol("rawFeatures").setNumFeatures(2000)
scala> val featurizedData = hashingTF.transform(wordsData)
scala> featurizedData.select("words","rawFeatures").show(false)
+---------------------------------------------+-------------------------------------------
-------------------------------+
|words |rawFeatures |+---------------------------------------------+---------------------
------------------------------------------------------+
|[i, heard, about, spark, and, i, love, spark]|(2000,[240,333,1105,1329,1357,1777],
[1.0,1.0,2.0,2.0,1.0,1.0])        |
|[i, wish, java, could, use, case, classes]   |(2000,[213,342,489,495,1329,1809,1967],
[1.0,1.0,1.0,1.0,1.0,1.0,1.0])|
|[logistic, regression, models, are, neat]    |(2000,[286,695,1138,1193,1604],[1.0,1.0,1.0,
1.0,1.0])
|+---------------------------------------------+-------------------------------------------
-----------------------------+
```

可以看出，“词袋”中的每一个单词被哈希成了一个不同的索引值。以"I heard about Spark and I love Spark"为例，表 7-2 给出 featurizedData.foreach{println}执行结果的含义。

表 7-2 featurizedData 元素打印输出结果的含义

输出结果	含义
2000	代表哈希表的桶数
[240,333,1105,1329,1357,1777]	分别代表着“i, heard, about, and, love, spark”的哈希值
[1.0,1.0,2.0,2.0,1.0,1.0]	分别表示各单词的出现次数

第 5 步：调用 IDF 方法来重新构造特征向量的规模，生成的变量 idf 是一个评估器，在特征向量上应用它的 fit()方法，会产生一个 IDFModel（名称为 idfModel）。

```
scala> val  idf = new IDF().setInputCol("rawFeatures").setOutputCol("features")
scala> val  idfModel = idf.fit(featurizedData)
```

第 6 步：调用 IDFModel 的 transform()方法，可以得到每一个单词对应的 TF-IDF 度量值。

```
scala> val  rescaledData = idfModel.transform(featurizedData)
rescaledData: org.apache.spark.sql.DataFrame = [label: int, sentence: string, words: array<string>, rawFeatures: vector, features: vector]
scala> rescaledData.select("features", "label").show(false)
+----------------------------------------------------------------------------------------------------------------------------------------------------------------------------------------------------+-----+
|features                   |label|
+----------------------------------------------------------------------------------------------------------------------------------------------------------------------------------------------------+-----+
|(2000,[240,333,1105,1329,1357,1777],[0.6931471805599453,0.6931471805599453,1.3862943611198906,0.5753641449035617,0.6931471805599453,0.6931471805599453])
|0   |
|(2000,[213,342,489,495,1329,1809,1967],[0.6931471805599453,0.6931471805599453,0.6931471805599453,0.6931471805599453,0.28768207245178085,0.6931471805599453,0.6931471805599453])|0   |
|(2000,[286,695,1138,1193,1604],[0.6931471805599453,0.6931471805599453,0.6931471805599453,0.6931471805599453,0.6931471805599453])                                       |1
|
+----------------------------------------------------------------------------------------------------------------------------------------------------------------------------------------------------+-----+
```

“[240,333,1105,1329,1357,1777]”代表着“i, heard, about, and, love, spark”的哈希值。通过第 1 句与第 2 句的词汇对照，可以推测出 1329 代表了"i"，而 1105 代表了"spark"，其 TF-IDF 值分别是 0.5753641449035617 和 0. 6931471805599453。这两个单词都在第一句中出现了两次，而"i"在第二句中还多出现了一次，从而导致"i"的 TF-IDF 度量值较低。相对而言，"spark"可以对文档进行更好地区分。通过 TF-IDF 得到的特征向量，在机器学习的后续步骤中可以被应用到相关的学习方法中。

需要注意的是，为了方便调试和观察执行效果，本章的代码都是在 spark-shell 中执行，实际上，也可以编写独立应用程序，用 sbt 编译打包后使用 spark-submit 命令运行，具体方法和前几章类似，这里不再赘述，唯一的区别在于 simple.sbt 文件需要包含如下内容：

```
name := "Simple Project"
version := "1.0"
scalaVersion := "2.11.8"
libraryDependencies += "org.apache.spark" % "spark-mllib_2.11" % "2.1.0"
```

7.5.2 特征转换

机器学习处理过程经常需要对数据或者特征进行转换，通过转换可以消除原始特征之间的相关或者减少冗余，得到新的特征。本节介绍 spark.ml 包含的特征转换操作，并给出相关实例。

1. 特征转换操作

spark.ml 包提供了大量的特征转换操作。

（1）Tokenizer

Tokenizer 可以将给定的文本数据进行分割（根据空格和标点），将文本中的句子变成独立的单词序列，并转为小写表达。spark.ml 还提供了带规范表达式的升级版本 RegexTokenizer，可以为其指定一个规范表达式作为分隔符或词汇的模式（Pattern），还可以指定最小词汇长度来过滤掉那些“很短”的词汇。

（2）StopWordsRemover

StopWordsRemover 可以将文本中的停止词（出现频率很高、但对文本含义没有大的贡献的冠词、介词和部分副词等）去除，spark.ml 中已经自带了常见的西方语言的停止词表，可以直接使用。需要注意的是，StopWordsRemover 接收的文本，必须是已经过分词处理的单词序列。

（3）NGram

NGram 将经过分词的一系列词汇序列，转变成自然语言处理中常用的"n-gram"模型，即通过该词汇序列可构造出的、所有由连续相邻的 n 个词构成的序列。需要注意的是，当词汇序列小于 n 时，NGram 不产生任何输出。

（4）Binarizer

Binarizer 可以根据某一给定的阈值，将数值型特征转化为 0-1 的二元特征。对于给定的阈值来说，特征大于该阈值的样本会被映射为 1.0，反之，则被映射为 0.0。

（5）PCA

PCA（主成分分析）是一种通过数据旋转变换进行降维的统计学方法，其本质是在线性空间中进行一个基变换，使得变换后的数据投影在一组新的“坐标轴”上的方差最大化，并使得变换后的数据在一个较低维度的子空间中，尽可能地表示原有数据的性质。

（6）PolynomialExpansion

PolynomialExpansion 对给定的特征进行多项式展开操作，对于给定的“度”（如 3），它可以将原始的数值型特征，扩展到相应次数的多项式空间（所有特征相乘组成的 3 次多项式集合构成的特征空间）中去。

（7）Discrete Cosine Transform (DCT)

离散余弦变换（DCT）是快速傅里叶变换（FFT）的一种衍生形式，是信号处理中常用的变换方法，它将给定的 N 个实数值序列从时域上转变到频域上。spark.ml 库中提供的 DCT 类使用的是 DCT-II 的实现。

（8）StringIndexer

StringIndexer 可以把一列类别型的特征（或标签）进行编码，使其数值化，索引的范围从 0 开始，该过程可以使得相应的特征索引化，使得某些无法接受类别型特征的算法可以被使用，并提高决策树等机器学习算法的效率。

（9）IndexToString

与 StringIndexer 相对应，IndexToString 的作用是把已经索引化的一列标签重新映射回原有的字符形式。主要使用场景一般都是和 StringIndexer 配合，先用 StringIndexer 将标签转化成标签索引，进行模型训练，然后，在预测标签的时候，再把标签索引转化成原有的字符标签（原有标签会从列的元数据中获取）。

（10）OneHotEncoder

OneHotEncoder 会把一列类别型特征（或称名词性特征，Nominal/Categorical Features），映射成一系列的二元连续特征，原有的类别型特征有几种可能的取值，这一特征就会被映射成几个二元连续特征，每一个特征代表一种取值，若某个样本表现出该特征，则取 1，否则取 0。

（11）VectorIndexer

VectorIndexer 将整个特征向量中的类别型特征处理成索引形式。当所有特征都已经被组织在一个向量中，又想对其中某些单个类别型分量进行索引化处理时，VectorIndexer 根据用户设定的阈值，自动确定哪些分量是类别型，并进行相应的转换。

（12）Interaction

Interaction 可以接受多个向量或浮点数类型的列，并基于这些向量生成一个包含所有组合的乘积的新向量（可以看成各向量的笛卡儿积的无序版本）。新向量的维度是参与变换的所有向量的维度之积。

（13）Normalizer

Normalizer 可以对给定的数据集进行“规范化”操作，即根据设定的范数（默认为 L2-norm），将每一个样本的特征向量的模进行单位化。规范化可以消除输入数据的量纲影响，已经广泛应用于文本挖掘等领域。

（14）StandardScaler

StandardScaler 将给定的数据集进行“标准化”操作，即将每一个维度的特征都进行缩放，以将其转变为具有单位方差以及/或 0 均值的序列。

（15）MinMaxScaler

MinMaxScaler 根据给定的最大值和最小值，将数据集中的各个特征缩放到该最大值和最小值范围之内，当没有具体指定最大/最小值时，默认缩放到[0,1]区间。

（16）MaxAbsScaler

MaxAbsScaler 用每一维特征的最大绝对值对给定的数据集进行缩放，实际上是将每一维度的特征都缩放到[-1,1]区间中。

（17）Bucketizer

Bucketizer 对连续型特征进行离散化操作，使其转变为离散特征。用户需要手动给出对特征进行离散化的区间的分割位置（如分为 n 个区间，则需要有 n+1 个分割值），该区间必须是严格递增的。

（18）ElementwiseProduct

ElementwiseProduct 适合给整个特征向量进行“加权”操作，给定一个权重向量指定出每一特征的权值，它将用此向量对整个数据集进行相应的加权操作。其过程相当于代数学上的哈达玛乘积（Hadamard product）。

（19）SQLTransformer

SQLTransformer 通过 SQL 语句对原始数据集进行处理，给定输入数据集和相应的 SQL 语句，它将根据 SQL 语句定义的选择条件对数据集进行变换。目前，SQLTransformer 只支持 SQL SELECT 语句。

（20）VectorAssembler

VectorAssembler 可以将输入数据集的某一些指定的列组织成单个向量。特别适用于需要针对单个特征进行处理的场景，当处理结束后，将所有特征组织到一起，再送入那些需要向量输入的机器学习算法，如 Logistic 回归或决策树。

（21）QuantileDiscretizer

QuantileDiscretizer 可以看成是 Bucketizer 的扩展版，它将连续型特征转化为离散型特征。不同的是，它无需用户给出离散化分割的区间位置，只需要给出期望的区间数，即会自动调用相关近似算法计算出相应的分割位置。

2. 特征转换的例子

在机器学习处理过程中，为了方便相关算法的实现，经常需要把标签数据（一般是字符串）转化成整数索引，或是在计算结束后将整数索引还原为相应的标签。

spark.ml 包中提供了几个相关的转换器，例如 StringIndexer、IndexToString、OneHotEncoder、VectorIndexer，它们提供了十分方便的特征转换功能，如把标签数据（一般是字符串）转化成整数索引，并在计算结束时又把整数索引还原为标签。这些转换器类都位于 org.apache.spark.ml.feature 包下。

（1）StringIndexer

StringIndexer 是指把一组字符型标签编码成一组标签索引，索引的范围为 0 到标签数量。索引构建的顺序为标签的频率，优先编码频率较大的标签，所以，出现频率最高的标签为 0 号。如果输入的是数值型的，则会转化成字符型以后再对其进行编码。

首先，引入所需要使用的类。

```
scala> import  org.apache.spark.ml.feature.StringIndexer
```

其次，构建 1 个 DataFrame，设置 StringIndexer 的输入列和输出列的名字。

```
scala> val df1 = spark.createDataFrame(
     |          Seq((0, "a"), (1, "b"), (2, "c"), (3, "a"), (4, "a"), (5, "c"))
     |          ).toDF("id", "category")
df1: org.apache.spark.sql.DataFrame = [id: int, category: string]

scala> val  indexer = new StringIndexer().
     |          setInputCol("category").
     |          setOutputCol("categoryIndex")
```

最后，通过 fit()方法进行模型训练，用训练出的模型对原数据集进行处理，并通过 indexed1.show()进行展示。

```
scala> val indexed1 = indexer.fit(df1).transform(df1)
indexed1: org.apache.spark.sql.DataFrame = [id: int, category: string, categoryIndex:
double]

scala> indexed1.show()
+---+--------+-------------+
| id|category|categoryIndex|
+---+--------+-------------+
|  0|       a|          0.0|
|  1|       b|          2.0|
|  2|       c|          1.0|
|  3|       a|          0.0|
|  4|       a|          0.0|
|  5|       c|          1.0|
+---+--------+-------------+
```

可以看到，StringIndexer 依次按照出现频率的高低，把字符标签进行了排序，即出现最多的“a”

被编号成 0，“c”为 1，出现最少的“b”为 2。

（2）IndexToString

与 StringIndexer 相反，IndexToString 的作用是把标签索引的一列重新映射回原有的字符型标签。IndexToString 一般都和 StringIndexer 配合使用。先用 StringIndexer 转化成标签索引，进行模型训练，然后在预测标签的时候再把标签索引转化成原有的字符标签。当然，Spark 允许使用自己提供的标签。下面是一段实例代码：

```
scala> import org.apache.spark.ml.feature.IndexToString
scala> val toString = new IndexToString().
     |     setInputCol("categoryIndex").
     |     setOutputCol("originalCategory")
scala> val indexString = toString.transform(indexed1)
indexString: org.apache.spark.sql.DataFrame = [id: int, category: string, categoryIndex: double, originalCategory: string]
scala> indexString.select("id", "originalCategory").show()
+---+----------------+
| id|originalCategory|
+---+----------------+
|  0|               a|
|  1|               b|
|  2|               c|
|  3|               a|
|  4|               a|
|  5|               c|
+---+----------------+
```

这里首先用 StringIndexer 读取数据集中的“category”列，把字符型标签转化成标签索引，然后，输出到“categoryIndex”列上。而后再用 IndexToString 读取“categoryIndex”上的标签索引，获得原有数据集的字符型标签，然后再输出到“originalCategory”列上。最后，通过输出“originalCategory”列，就可以看到数据集中原有的字符标签。

（3）VectorIndexer

StringIndexer 对单个类别型特征进行转换。如果特征都已经被组织在一个向量中，又想对其中某些单个分量进行处理，则可以利用 VectorIndexer 类进行转换。StringIndexer 类的 maxCategories 超参数，可以自动识别类别型特征，并将原始值转换为类别索引。它基于不同特征值的数量来识别需要被类别化的特征。那些取值数最多不超过 maxCategories 的特征，将会被类型化并转化为索引。

下面的例子读入一个数据集，使用 VectorIndexer 训练模型，将类别特征转换为索引。

首先引入所需要的类，并构建数据集。

```
scala> import org.apache.spark.ml.feature.VectorIndexer
scala> import org.apache.spark.ml.linalg.{Vector, Vectors}
scala> val data = Seq(
     |        Vectors.dense(-1.0, 1.0, 1.0),
     |        Vectors.dense(-1.0, 3.0, 1.0),
     |        Vectors.dense(0.0, 5.0, 1.0))
data: Seq[org.apache.spark.ml.linalg.Vector] = List([-1.0,1.0,1.0], [-1.0,3.0,1.0], [0.0,5.0,1.0])
scala> val df = spark.createDataFrame(data.map(Tuple1.apply)).toDF("features")
df: org.apache.spark.sql.DataFrame = [features: vector]
```

其次，构建 VectorIndexer 转换器，设置输入和输出列，并进行模型训练。

```
scala> val indexer = new VectorIndexer().
```

```
     |       setInputCol("features").
     |       setOutputCol("indexed").
     |       setMaxCategories(2)
scala> val  indexerModel = indexer.fit(df)
```

这里设置 maxCategories 为 2，即只有种类小于 2 的特征才被认为是类别型特征，否则被认为是连续型特征。

再次，通过 VectorIndexerModel 的 categoryMaps 成员来获得被转换的特征及其映射，这里可以看到，共有两个特征被转换，分别是 0 号和 2 号。

```
scala> val  categoricalFeatures: Set[Int] = indexerModel.categoryMaps.keys.toSet
categoricalFeatures: Set[Int] = Set(0, 2)
scala>  println(s"Chose  ${categoricalFeatures.size}  categorical  features:  " + 
categoricalFeatures.mkString(", "))
Chose 2 categorical features: 0, 2
```

最后，把模型应用于原有的数据，并打印结果。

```
scala> val  indexed = indexerModel.transform(df)
indexed: org.apache.spark.sql.DataFrame = [features: vector, indexed: vector]
scala> indexed.show()
 +--------------+-------------+
 |      features|      indexed|
 +--------------+-------------+
|[-1.0,1.0,1.0]|[1.0,1.0,0.0]|
|[-1.0,3.0,1.0]|[1.0,3.0,0.0]|
| [0.0,5.0,1.0]|[0.0,5.0,0.0]|
+--------------+-------------+
```

可以看出，只有种类小于 2 的特征才被认为是类别型特征，否则被认为是连续型特征。第 0 列和第 2 列的特征由于种类数不超过 2，被划分成类别型特征，并进行了索引；而第 2 列特征有 3 个值，因此不进行类型化的索引。

7.5.3 特征选择

特征选择（Feature Selection）指的是在特征向量中选择出那些“优秀”的特征，组成新的、更“精简”的特征向量的过程。它在高维数据分析中十分常用，可以剔除掉“冗余”和“无关”的特征，提升学习器的性能。本节介绍特征选择的基本操作，并给出实例。

1. 特征选择操作

（1）VectorSlicer

VectorSlicer 的作用类似于 MATLAB/numpy 中的“列切片”，它可以根据给定的索引（整数索引值或列名索引）选择出特征向量中的部分列，并生成新的特征向量。

（2）RFormula

RFormula 提供了一种 R 语言风格的特征向量列选择功能，用户可以给其传入一个 R 表达式，它会根据该表达式，自动选择相应的特征列形成新的特征向量。

（3）ChiSqSelector

ChiSqSelector 通过卡方选择的方法来进行特征选择，它的输入需要是一个已有标签的数据集，ChiSqSelector 会针对每一个特征与标签的关系进行卡方检验，从而选择出那些统计意义上区分度最强的特征。

2. 选择操作的例子

卡方选择是统计学上常用的一种有监督特征选择方法，它通过对特征和真实标签之间进行卡方检验，来判断该特征和真实标签的关联程度，进而确定是否对其进行选择。

和 spark.ml 包中的大多数学习方法一样，spark.ml 包中的卡方选择也是以“评估器+转换器”的形式出现的，主要由 ChiSqSelector 和 ChiSqSelectorModel 两个类来实现。

首先，进行环境的设置，引入卡方选择器所需要使用的类。

```
scala> import org.apache.spark.ml.feature.{ChiSqSelector, ChiSqSelectorModel}
scala> import org.apache.spark.ml.linalg.Vectors
```

其次，创建实验数据，这是一个具有 3 个样本、4 个特征维度的数据集，标签有 1 和 0 两种，我们将在此数据集上进行卡方选择。

```
scala> val df = spark.createDataFrame(Seq(
     | (1, Vectors.dense(0.0, 0.0, 18.0, 1.0), 1),
     | (2, Vectors.dense(0.0, 1.0, 12.0, 0.0), 0),
     | (3, Vectors.dense(1.0, 0.0, 15.0, 0.1), 0)
     | )).toDF("id", "features", "label")
df: org.apache.spark.sql.DataFrame = [id: int, features: vector ... 1 more field]
scala> df.show()
+---+------------------+-----+
| id|          features|label|
+---+------------------+-----+
|  1|[0.0,0.0,18.0,1.0]|    1|
|  2|[0.0,1.0,12.0,0.0]|    0|
|  3|[1.0,0.0,15.0,0.1]|    0|
+---+------------------+-----+
```

再次，用卡方选择进行特征选择器的训练，为了便于观察，我们设置只选择和标签关联性最强的一个特征（可以通过 setNumTopFeatures(..)方法进行设置）。

```
scala> val  selector = new ChiSqSelector().
     | setNumTopFeatures(1).
     | setFeaturesCol("features").
     | setLabelCol("label").
     | setOutputCol("selected-feature")
scala> val  selector_model = selector.fit(df)
```

最后，用训练出的模型对原数据集进行处理，可以看见，第 3 列特征被选出作为最有用的特征列。

```
scala> val  selector_model = selector.fit(df)
scala> val  result = selector_model.transform(df)
result: org.apache.spark.sql.DataFrame = [id: int, features: vector ... 2 more fields]
scala> result.show(false)
+---+------------------+-----+----------------+
|id |features          |label|selected-feature|
+---+------------------+-----+----------------+
|1  |[0.0,0.0,18.0,1.0]|1.0  |[18.0]          |
|2  |[0.0,1.0,12.0,0.0]|0.0  |[12.0]          |
|3  |[1.0,0.0,15.0,0.1]|0.0  |[15.0]          |
+---+------------------+-----+----------------+
```

7.5.4 局部敏感哈希

局部敏感哈希（Locality Sensitive Hashing）是一种被广泛应用在聚类、近似最近邻（Approximate

Nearest Neighbor, ANN）、近似相似度连接（Approximate Similarity Join）等操作的哈希方法，基本思想是将那些在特征空间中相邻的点尽可能地映射到同一个哈希桶中。

spark.ml 包目前提供了两种 LSH 方法。第一种是 BucketedRandomProjectionLSH，使用欧式距离作为距离度量方法；第二种是 MinHash，使用 Jaccard 距离作为距离度量方法，显然，根据 Jaccard 相似度的性质，它只能够处理二元（0–1 值）向量。

7.6　分类算法

分类是一种重要的机器学习和数据挖掘技术。分类的目的是根据数据集的特点构造一个分类函数或分类模型（也常常称作分类器），该模型能把未知类别的样本映射到给定类别中。

分类的具体规则可描述如下：给定一组训练数据的集合 T，T 的每一条记录包含若干条属性组成一个特征向量，用矢量 $X=(x_1,x_2,\cdots,x_n)$ 表示。x_i 可以有不同的值域，当一属性的值域为连续域时，该属性为连续属性（Numerical Attribute），否则为离散属性（Discrete Attribute）。用 $C=c_1,c_2,\cdots,c_k$ 表示类别属性，即数据集有 k 个不同的类别。那么，T 就隐含了一个从矢量 X 到类别属性 C 的映射函数：$f(X)\to C$。分类的目的就是分析输入数据，通过在训练集中的数据表现出来的特性，为每一个类找到一种准确的描述或者模型，采用该种方法（模型）将隐含函数表示出来。

构造分类模型的过程一般分为训练和测试两个阶段。在构造模型之前，将数据集随机地分为训练数据集和测试数据集。先使用训练数据集来构造分类模型，然后使用测试数据集来评估模型的分类准确率。如果认为模型的准确率可以接受，就可以用该模型对其他数据元组进行分类。一般来说，测试阶段的代价远低于训练阶段。

分类算法具有多种不同的类型，例如，支持向量机 SVM、决策树算法、贝叶斯算法、KNN 算法等。spark.mllib 包支持各种分类算法，主要包含二分类、多分类和回归分析。表 7-3 列出了 spark.mllib 包为不同类型问题提供的算法。

表 7-3　　spark.mllib 包为不同类型问题提供的算法

问题类型	支持的算法
二分类	线性支持向量机，Logistic 回归，决策树，随机森林，梯度上升树，朴素贝叶斯
多类分类	Logistic 回归，决策树，随机森林，朴素贝叶斯
回归	线性最小二乘法，Lasso，岭回归，决策树，随机森林，梯度上升树，Isotonic Regression

spark.mllib 包支持的算法较为完善，而且正逐步迁移到 spark.ml 包中。本节将介绍 spark.ml 包中一些典型的分类和回归算法。

7.6.1　逻辑斯蒂回归分类器

逻辑斯蒂回归（Logistic Regression）是统计学习中的经典分类方法，属于对数线性模型。逻辑斯蒂回归的因变量可以是二分类的，也可以是多分类的。二项逻辑斯蒂回归模型如下：

$$P(Y=1\mid x)=\frac{\exp(w\cdot x+b)}{1+\exp(w\cdot x+b)} \quad （7\text{-}3）$$

$$P(Y=0\mid x)=\frac{1}{1+\exp(w\cdot x+b)} \quad （7\text{-}4）$$

其中，$x \in R^n$ 是输入，$Y \in \{0,1\}$ 是输出，w 称为权值向量，b 称为偏置，$w \cdot x$ 为 w 和 x 的内积。参数估计的方法是在给定训练样本点和已知的公式后，对于一个或多个未知参数枚举参数的所有可能取值，找到最符合样本点分布的参数（或参数组合）。假设：

$$P(Y=1|x)=\pi(x), \quad P(Y=0|x)=1-\pi(x) \tag{7-5}$$

则采用“极大似然法”来估计 w 和 b。似然函数为：

$$\prod_{i=1}^{N}[\pi(x_i)]^{y_i}[1-\pi(x_i)]^{1-y_i} \tag{7-6}$$

其中，N 是训练样本的个数，(x_i, y_i)表示样本变量 x_i 对应的值为 y_i。为方便求解，对其“对数似然”进行估计：

$$L(w)=\sum_{i=1}^{N}[y_i \log \pi(x_i)+(1-y_i)\log(1-\pi(x_i))] \tag{7-7}$$

从而对 $L(w)$求极大值，得到 w 的估计值。为了避免过拟合的问题，一般会对成本 $L(w)$增加规范化项：

$$J(w)=L(w)+\gamma \times \left(\alpha\,||w||+(1-\alpha)\frac{1}{2}||w||^2\right) \tag{7-8}$$

其中，参数 γ 称为规范化系数，定义规范化项的权重。α 称为 Elastic net 参数，取值介于 0 和 1 之间。$\alpha=0$ 时采用 L2 规范化，$\alpha=1$ 时采用 $L1$ 规范化。求极值的方法可以是梯度下降法、梯度上升法等。

本节以 iris 数据集为例进行分析，该数据集的官方下载地址为：

https://archive.ics.uci.edu/ml/machine-learning-databases/iris/iris.data

或者也可以直接到本教材官网的“下载专区”的“数据集”中下载。iris 以鸢尾花的特征作为数据来源，数据集包含 150 个数据，分为 3 类，每类 50 个数据，每个数据包含 4 个属性，是在数据挖掘、数据分类中常用的测试集、训练集。下面给出具体实验过程。

第 1 步：导入本地向量 Vector 和 Vectors，导入所需要的类。

```
scala> import  org.apache.spark.ml.linalg.{Vector,Vectors}
scala> import  org.apache.spark.ml.feature.{IndexToString, StringIndexer, VectorIndexer}
scala> import  org.apache.spark.ml.classification.LogisticRegression
scala> import  org.apache.spark.ml.{Pipeline,PipelineModel}
scala> import  org.apache.spark.sql.Row
scala> import  org.apache.spark.ml.classification.LogisticRegressionModel
scala> import  org.apache.spark.ml.evaluation.MulticlassClassificationEvaluator
```

第 2 步：用 case class 定义一个数据类 Iris，包含特征向量和标签两个部分。读取文本文件，创建一个 Iris 模式的 RDD，然后转化成 DataFrame。

```
scala> case class Iris(features: org.apache.spark.ml.linalg.Vector, label: String)
scala> val data = spark.sparkContext.
     |  textFile("file:///usr/local/spark/iris.data").
     |  map(_.split(",")).
     |  map(p => Iris(| Vectors.dense(p(0).toDouble,p(1).toDouble,p(2).toDouble, p(3).
toDouble), p(4).toString())).
     |  toDF()
scala> data.show()
+-----------------+-----------+
|         features|      label|
+-----------------+-----------+
|[5.1,3.5,1.4,0.2]|Iris-setosa|
|[4.9,3.0,1.4,0.2]|Iris-setosa|
```

```
|[4.7,3.2,1.3,0.2]|Iris-setosa|
|[4.6,3.1,1.5,0.2]|Iris-setosa|
|[5.0,3.6,1.4,0.2]|Iris-setosa|
|[5.4,3.9,1.7,0.4]|Iris-setosa|
|[4.6,3.4,1.4,0.3]|Iris-setosa|
|[5.0,3.4,1.5,0.2]|Iris-setosa|
|[4.4,2.9,1.4,0.2]|Iris-setosa|
|[4.9,3.1,1.5,0.1]|Iris-setosa|
|[5.4,3.7,1.5,0.2]|Iris-setosa|
|[4.8,3.4,1.6,0.2]|Iris-setosa|
|[4.8,3.0,1.4,0.1]|Iris-setosa|
|[4.3,3.0,1.1,0.1]|Iris-setosa|
|[5.8,4.0,1.2,0.2]|Iris-setosa|
|[5.7,4.4,1.5,0.4]|Iris-setosa|
|[5.4,3.9,1.3,0.4]|Iris-setosa|
|[5.1,3.5,1.4,0.3]|Iris-setosa|
|[5.7,3.8,1.7,0.3]|Iris-setosa|
|[5.1,3.8,1.5,0.3]|Iris-setosa|
+-----------------+-----------+
only showing top 20 rows
```

上面代码中，map(_.split(","))把每行的数据用逗号隔开。例如，数据集中，每行被分成了 5 部分，前 4 部分是鸢尾花的 4 个特征，最后一部分是鸢尾花的分类。

第 3 步：分别获取标签列和特征列，进行索引并进行重命名。

```
scala> val  labelIndexer = new StringIndexer().
     | setInputCol("label").setOutputCol("indexedLabel").fit(data)
scala> val  featureIndexer = new VectorIndexer().
     | setInputCol("features").setOutputCol("indexedFeatures").fit(data)
```

第 4 步：设置 LogisticRegression 算法的参数。这里设置了循环次数为 100 次，规范化项为 0.3 等，具体可以设置的参数，可以通过 explainParams()来获取，还能看到程序已经设置的参数的结果。

```
scala> val  lr = new LogisticRegression().
     | setLabelCol("indexedLabel").
     | setFeaturesCol("indexedFeatures").
     | setMaxIter(100).
     | setRegParam(0.3).
     | setElasticNetParam(0.8)
scala> println("LogisticRegression parameters:\n" + lr.explainParams() + "\n")
```

LogisticRegression 参数含义如表 7-4 所示。

表 7-4　　LogisticRegression 对象参数含义

参数	含义
elasticNetParam	ElasticNet 混合参数 α，α 介于 0 和 1 之间，默认为 0。当 α=0 时，是 L2 罚项；当 α=1 时，是 L1 罚项
family	描述模型的标签分类，可选项为 auto、binomial 和 multinomial，默认为 auto auto：自动选择分类的数量，如果分类数等于 1 或 2 时，设置为 binomial（二分类），否则，设置为 multinomial binomial：二元逻辑斯蒂回归 multinomial：多元逻辑斯蒂回归（softmax）
featuresCol	用来设置特征列名的参数，默认为“features”
fitIntercept	是否去匹配一个截距项，默认为 true
labelCol	用来设置标签列名的参数，默认为“label”
maxIter	最大的迭代次数，默认为 100

续表

参数	含义
predictionCol	用来设置预测列名的参数，默认为“prediction”
probabilityCol	用来设置预测属于某一类的条件概率的列名的参数，默认值为“probability”。因为不是所有的模型输出都是精确校准后的概率估计，所以这些概率应当视为置信度，而不是精确的概率估计
rawPredictionCol	用来设置原始预测值（也称为置信度）列名的参数
regParam	正则化参数，默认为 0
standardization	表示是否在模型拟合前对训练特征进行标准化处理，默认为 true
threshold	二元分类预测的阈值，默认为 0.5
thresholds	多元分类中用来调整每一个分类预测概率的阈值参数，未定义默认值。阈值参数（数组的形式）的长度要等于分类数，每一个值都要大于 0（最多只能有一个值可能等于 0），p/t 值最大的类成为预测的类，其中 p 是属于某一个分类的原始概率，t 是每个分类的阈值参数
tol	迭代算法的收敛阈值（>=0），默认为 1.0E-6
weightCol	用来设置权重列名的参数，未定义默认值，如果没有设置或设置为空，则把所有实例的权重设为 1

第 5 步：设置一个 IndexToString 的转换器，把预测的类别重新转化成字符型的。构建一个机器学习流水线，设置各个阶段。上一个阶段的输出将是本阶段的输入。

```
scala> val  labelConverter = new IndexToString().setInputCol("prediction").
     | setOutputCol("predictedLabel").setLabels(labelIndexer.labels)
scala> val lrPipeline = new Pipeline().
     |  setStages(Array(labelIndexer, featureIndexer, lr, labelConverter))
```

第 6 步：把数据集随机分成训练集和测试集，其中训练集占 70%。Pipeline 本质上是一个评估器，当 Pipeline 调用 fit()的时候就产生了一个 PipelineModel，它是一个转换器。然后，这个 PipelineModel 就可以调用 transform()来进行预测，生成一个新的 DataFrame，即利用训练得到的模型对测试集进行验证。

```
scala> val  Array(trainingData, testData) = data.randomSplit(Array(0.7, 0.3))
scala> val  lrPipelineModel = lrPipeline.fit(trainingData)
scala> val  lrPredictions = lrPipelineModel.transform(testData)
```

第 7 步：输出预测的结果，其中，select 选择要输出的列，collect 获取所有行的数据，用 foreach 把每行打印出来。

```
scala> lrPredictions.
     | select("predictedLabel", "label", "features", "probability").collect().
     | foreach{case Row(predictedLabel: String, label:String,features:Vector, prob:Vector)
=> println(s"($label, $features) --> prob=$prob, predicted Label=$predictedLabel")}
……  ……
    (Iris-setosa, [4.4,2.9,1.4,0.2]) --> prob=[0.2624350739662679,0.19160655295857498,
0.5459583730751572],   predicted   Label=Iris-setosa(Iris-setosa,    [4.6,3.6,1.0,0.2])   -->
prob=[0.2473632180957361,0.1806024356110244,0.5720343462932513], predicted Label=Iris-setosa
    (Iris-setosa, [4.8,3.0,1.4,0.1]) --> prob=[0.2597529706621392,0.18432454082078972,
0.5559224885170712],  predicted  Label=Iris-setosa(Iris-versicolor,   [4.9,2.4,3.3,1.0])  -->
prob=[0.3424659128771462,0.31400211670249883,0.34353197042035494], predicted Label=Iris-setosa
    (Iris-setosa, [4.9,3.0,1.4,0.2]) --> prob=[0.2624350739662679,0.19160655295857498,
0.5459583730751572], predicted Label=Iris-setosa
    (Iris-setosa, [4.9,3.1,1.5,0.1]) --> prob=[0.2635779329910567,0.18703879052941608,
0.5493832764795272], predicted Label=Iris-setosa
    (Iris-versicolor, [5.0,2.0,3.5,1.0]) --> prob=[0.34863710327362973,0.31966039326144235,
0.3317025034649279], predicted Label=Iris-versicolor
    (Iris-setosa, [5.0,3.2,1.2,0.2]) --> prob=[0.2548756158571469,0.18608731466228842,
```

```
0.5590370694805646], predicted Label=Iris-setosa
    (Iris-setosa, [5.0,3.4,1.6,0.4]) --> prob=[0.2749323011344446,0.21249363890622694,
0.5125740599593285], predicted Label=Iris-setosa
    (Iris-setosa, [5.0,3.5,1.6,0.6]) --> prob=[0.27934905017805023,0.22855938133781042,
0.4920915684841392], predicted Label=Iris-setosa
```

从上面的输出结果可以看出，print 打印出了特征分别属于各个类的概率，其中把概率最高的类作为预测值。

第 8 步：对训练的模型进行评估。创建一个 MulticlassClassificationEvaluator 实例，用 setter 方法把预测分类的列名和真实分类的列名进行设置，然后计算预测准确率。

```
scala> val  evaluator = new MulticlassClassificationEvaluator().
     | setLabelCol("indexedLabel").setPredictionCol("prediction")
scala> val  lrAccuracy = evaluator.evaluate(lrPredictions)
lrAccuracy: Double = 0.7430925163141574
```

从上面结果可以看到，预测的准确性达到 74.3092%。

第 9 步：可以通过 model 来获取训练得到的逻辑斯蒂模型。lrPipelineModel 是一个 PipelineModel，因此，可以通过调用它的 stages 方法来获取模型，具体如下：

```
scala> val lrModel = lrPipelineModel.
     | stages(2).asInstanceOf[LogisticRegressionModel]
scala>  println("Coefficients:  \n  " + lrModel.coefficientMatrix++"\nIntercept:
"+lrModel.interceptVector+ "\n numClasses: "+lrModel.numClasses+"\n numFeatures: "+lrModel.
numFeatures)

Coefficients:
0.0  0.0  0.0                  0.0
0.0  0.0  0.0                  0.2847340583043941
0.0  0.0  -0.26450560395456046  -0.2835878997396014
Intercept: [-0.26268599491170097,-0.6341924545429073,0.8968784494546084]
numClasses: 3
numFeatures: 4
```

7.6.2 决策树分类器

决策树（Decision Tree）是一种基本的分类与回归方法，这里主要介绍用于分类的决策树。决策树模型呈树形结构，其中，每个内部节点表示一个属性上的测试，每个分支代表一个测试输出，每个叶节点代表一种类别。学习时利用训练数据，根据损失函数最小化的原则建立决策树模型；预测时，对新的数据利用决策树模型进行分类。决策树学习通常包括 3 个步骤：特征选择、决策树的生成和决策树的剪枝。

1. **特征选择**

特征选择的目的在于选取对训练数据具有分类能力的特征，这样可以提高决策树学习的效率。通常特征选择的准则是信息增益（或信息增益比、基尼指数等），每次计算每个特征的信息增益，并比较它们的大小，选择信息增益最大（信息增益比最大、基尼指数最小）的特征。下面重点介绍一下特征选择的准则——信息增益。

首先定义信息论中广泛使用的一个度量标准——熵（Entropy），它是表示随机变量不确定性的度量。熵越大，随机变量的不确定性就越大。而信息增益（Informational Entropy）表示得知某一特征后使得信息的不确定性减少的程度。简单地说，一个属性的信息增益就是由于使用这个属性分割样例而导致的期望熵降低。信息增益、信息增益比和基尼指数的具体定义如下：

信息增益：特征 A 对训练数据集 D 的信息增益 $g(D,A)$，定义为集合 D 的经验熵 $H(D)$与特征 A 给定条件下 D 的经验条件熵 $H(D|A)$之差，即：

$$g(D,A)=H(D)-H(D|A) \tag{7-9}$$

信息增益比：特征 A 对训练数据集 D 的信息增益比 $g_R(D,A)$，定义为其信息增益 $g(D,A)$与训练数据集 D 关于特征 A 的值的熵 $H_A(D)$之比，即：

$$g_R(D,A)=\frac{g(D,A)}{H_A(D)} \tag{7-10}$$

其中，$H_A(D)=-\sum_{i=1}^{n}\frac{|D_i|}{|D|}\log_2\frac{|D_i|}{D}$，$n$ 是特征 A 取值的个数。

基尼指数：分类问题中，假设有 K 个类，样本点属于第 K 类的概率为 p_k，则概率分布的基尼指数定义为：

$$Gini(p)=\sum_{k=1}^{K}p_k(1-p_k)=1-\sum_{k=1}^{K}p_k^2 \tag{7-11}$$

2. 决策树的生成

从根节点开始，对节点计算所有可能的特征的信息增益，选择信息增益最大的特征作为节点的特征，由该特征的不同取值建立子节点，再对子节点递归地调用以上方法，构建决策树；直到所有特征的信息增均很小或没有特征可以选择为止，最后得到一棵决策树。

决策树需要有停止条件来终止其生长的过程。一般来说最低的条件是：当该节点下面的所有记录都属于同一类，或者当所有的记录属性都具有相同的值时。这两种条件是停止决策树的必要条件，也是最低的条件。在实际运用中一般希望决策树提前停止生长，限定叶节点包含的最低数据量，以防止由于过度生长造成的过拟合问题。

3. 决策树的剪枝

决策树生成算法递归地产生决策树，直到不能继续下去为止。这样产生的树往往对训练数据的分类很准确，但对未知的测试数据的分类却没有那么准确，即出现过拟合现象。解决这个问题的办法是考虑决策树的复杂度，对已生成的决策树进行简化，这个过程称为剪枝。

决策树的剪枝往往通过极小化决策树整体的损失函数来实现。一般来说，损失函数可以进行如下的定义：

$$C_a(T)=C(T)+a|T| \tag{7-12}$$

其中，T 为任意子树，$C(T)$为对训练数据的预测误差（如基尼指数），$|T|$ 为子树的叶节点个数，$a\geqslant 0$ 为参数，$C_a(T)$为参数是 a 时的子树 T 的整体损失，参数 a 权衡训练数据的拟合程度与模型的复杂度。对于固定的 a，一定存在使损失函数 $C_a(T)$ 最小的子树，将其表示为 T_a。当 a 大的时候，最优子树 T_a 偏小；当 a 小的时候，最优子树 T_a 偏大。

这里以 iris 数据集为例进行决策树的聚类分析，下面给出具体实验步骤。

第 1 步：导入需要的包。

```
scala> import org.apache.spark.ml.classification.DecisionTreeClassificationModel
scala> import org.apache.spark.ml.classification.DecisionTreeClassifier
scala> import org.apache.spark.ml.classification.DecisionTreeClassificationModel
scala> import org.apache.spark.ml.{Pipeline,PipelineModel}
scala> import org.apache.spark.ml.evaluation.MulticlassClassificationEvaluator
```

第 2 步：用 case class 定义一个数据类 Iris，创建一个 Iris 模式的 RDD 并转化成 DataFrame。

```
scala> case class Iris(features: org.apache.spark.ml.linalg.Vector, label: String)
```

```
scala> val  data = spark.sparkContext.
     | textFile("file:///usr/local/spark/iris.data").
     | map(_.split(",")).
     | map(p => Iris(Vectors.dense(p(0).toDouble,p(1).toDouble,p(2).toDouble, p(3).
toDouble), p(4).toString())).
     | toDF()
```

第3步：进一步处理特征和标签，把数据集随机分成训练集和测试集，其中训练集占70%。

```
scala> val  labelIndexer = new StringIndexer().
     | setInputCol("label").setOutputCol("indexedLabel").fit(df)
scala> val  featureIndexer = new VectorIndexer().setInputCol("features").
     | setOutputCol("indexedFeatures").setMaxCategories(4).fit(df)
scala> val  labelConverter = new IndexToString().
     | setInputCol("prediction").setOutputCol("predictedLabel").
     | setLabels(labelIndexer.labels)
scala> val Array(trainingData, testData) = data.randomSplit(Array(0.7, 0.3))
```

第4步：创建决策树模型DecisionTreeClassifier，通过setter的方法来设置决策树的参数，也可以用ParamMap来设置。这里仅需要设置特征列（FeaturesCol）和待预测列（LabelCol）。具体可以设置的参数可以通过explainParams()来获取。

```
scala> val  dtClassifier = new DecisionTreeClassifier().
     | setLabelCol("indexedLabel").setFeaturesCol("indexedFeatures")
```

DecisionTreeClassifier参数含义如表7-5所示。

表7-5 DecisionTreeClassifier对象参数含义

参数	含义
checkpointInterval	用来设置检查点的区间（>= 1）或者使检查点不生效（-1）的参数，默认为10。例如，10就意味着缓存中每隔10次循环进行一次检查
featuresCol	用来设置特征列名的参数，默认为“features”
impurity	用来设置信息增益的标准（大小写敏感）的参数，支持“entropy”和“gini”，默认是“gini”
labelCol	用来设置标签列名的参数，默认为“label”
maxBins	设置用来离散化连续性特征以及选择在每个节点上如何对特征进行分裂的最大箱数。一定要大于等于2，并且大于等于任意类属特征的类别数量，默认为32
maxDepth	设置树的最大深度（>= 0），默认为5。例如，depth设为0，是指只有一个叶子节点；depth设为1，是指有一个根节点和两个叶子节点
minInfoGain	设置可以分裂成一个树节点的最小信息增益，要大于等于0，默认为0
minInstancesPerNode	设置分裂后每一个子节点上的最少实例数量，如果一次分裂会导致左孩子节点或右孩子节点的实例数量少于minInstancesPerNode，则认为该次分裂是无效的，将舍弃该次分裂，要大于等于1，默认为1
predictionCol	用来设置预测列名的参数，默认为“prediction”
probabilityCol	用来设置预测属于某一类的条件概率的列名的参数，默认值为“probability”。因为不是所有的模型输出都是精确校准后的概率估计，所以这些概率应当视为置信度，而不是精确的概率估计
rawPredictionCol	用来设置原始预测值（也称为置信度）的列名的参数
seed	随机数种子，默认为159147643
thresholds	多元分类中用来调整每一个分类预测概率的阈值参数，未定义默认值。阈值参数（数组的形式）的长度要等于分类数，每一个值都要大于0（最多只能有一个值可能等于0），p/t值最大的类成为预测的类，其中p是属于某一个分类的原始概率，t是每个分类的阈值参数

第 5 步：构建机器学习流水线（Pipeline），在训练数据集上调用 fit()进行模型训练，并在测试数据集上调用 transform()方法进行预测。

```
scala> val lrPipeline = new Pipeline().
| setStages(Array(labelIndexer, featureIndexer, dtClassifier, labelConverter))
scala> val dtPipelineModel = lrPipeline.fit(trainingData)
scala> val dtPredictions = lrPipelineModel.transform(testData)
scala> dtPredictions.select("predictedLabel", "label", "features").show(100)
+---------------+---------------+-----------------+
| predictedLabel|          label|         features|
+---------------+---------------+-----------------+
|    Iris-setosa|    Iris-setosa|[4.6,3.2,1.4,0.2]|
|    Iris-setosa|    Iris-setosa|[4.7,3.2,1.3,0.2]|
|    Iris-setosa|    Iris-setosa|[4.8,3.1,1.6,0.2]|
|    Iris-setosa|    Iris-setosa|[4.9,3.0,1.4,0.2]|
|    Iris-setosa|    Iris-setosa|[4.9,3.1,1.5,0.1]|
|    Iris-setosa|    Iris-setosa|[5.0,3.0,1.6,0.2]|
|    Iris-setosa|    Iris-setosa|[5.0,3.3,1.4,0.2]|
|    Iris-setosa|    Iris-setosa|[5.0,3.4,1.5,0.2]|
|    Iris-setosa|    Iris-setosa|[5.0,3.5,1.6,0.6]|
|    Iris-setosa|    Iris-setosa|[5.1,3.5,1.4,0.3]|
|    Iris-setosa|    Iris-setosa|[5.1,3.7,1.5,0.4]|
|    Iris-setosa|    Iris-setosa|[5.1,3.8,1.5,0.3]|
scala> val evaluator = new MulticlassClassificationEvaluator().
     | setLabelCol("indexedLabel").setPredictionCol("prediction")
scala> val dtAccuracy = evaluator.evaluate(dtPredictions)
dtAccuracy: Double = 0.7754919499105546  //模型的预测准确率
```

第 6 步：可以通过调用 DecisionTreeClassificationModel 的 toDebugString 方法，查看训练的决策树模型结构。

```
scala> val treeModelClassifier = dtPipelineModel.
     | stages(2).asInstanceOf[DecisionTreeClassificationModel]
scala> println("Learned classification tree model:\n" + treeModelClassifier.toDebugString)
Learned classification tree model:
DecisionTreeClassificationModel (uid=dtc_d868805d4f5f) of depth 4 with 9 nodes
  If (feature 2 <= 1.9)
   Predict: 2.0
  Else (feature 2 > 1.9)
   If (feature 2 <= 4.9)
    If (feature 3 <= 1.6)
     Predict: 0.0
    Else (feature 3 > 1.6)
     If (feature 1 <= 3.0)
      Predict: 1.0
     Else (feature 1 > 3.0)
      Predict: 0.0
   Else (feature 2 > 4.9)
    Predict: 1.0
```

7.7 聚类算法

聚类又称群分析，是一种重要的机器学习和数据挖掘技术。聚类分析的目的是将数据集中的数据对象划分到若干个簇中，并且保证每个簇之间样本尽量接近，不同簇的样本间距离尽量远。通过聚类生成的簇是一组数据对象的集合，簇满足以下两个条件：

（1）每个簇至少包含一个数据对象；

（2）每个数据对象仅属于一个簇。

聚类算法可形式化描述如下：给定一组数据的集合 D，D 的每一条记录包含若干条属性组成一个特征向量，用矢量 $x=(x_1,x_2,\cdots,x_n)$ 表示。x_i 可以有不同的值域，当一属性的值域为连续域时，该属性为连续属性（Numerical Attribute），否则为离散属性（Discrete Attribute）。聚类算法将数据集 D 划分为 k 个不相交的簇 $\{C=c_1,c_2,\cdots,c_k\}$，其中 $c_i\cap c_j=\phi, i\neq j$，且 $D=\bigcup_{i=1}^{k}c_i$。

聚类分析一般属于无监督分类的范畴，按照一定的要求和规律，在没有关于分类的先验知识情况下，对数据进行区分和分类。聚类既能作为一个单独过程，用于找寻数据内部的分布结构，也可以作为分类等其他学习任务的前驱过程。聚类算法可分为划分法（Partitioning Method）、层次法（Hierarchical Method）、基于密度的方法（Density-based Method）、基于网格的方法（Grid-based Method）、基于模型的方法（Model-Based Method）。这些方法没有统一的评价指标，因为不同聚类算法的目标函数相差很大。有些聚类是基于距离的（如 K-Means），有些是假设先验分布的（如 GMM，LDA），有些是带有图聚类和谱分析性质的（如谱聚类），还有些是基于密度的（如 DBSCAN）。聚类算法应该嵌入到问题中进行评价。

在 spark.ml 包中，已经实现的聚类算法包括 K-Means、Latent Dirichlet Allocation (LDA)、Bisecting K-means、Gaussian Mixture Model (GMM)等。本节介绍其中两种聚类算法，即 K-Means 聚类算法和 GMM 聚类算法。

7.7.1 K-Means 聚类算法

K-Means 是一个迭代求解的聚类算法，属于划分（Partitioning）型的聚类方法，即首先创建 K 个划分，然后迭代地将样本从一个划分转移到另一个划分来改善最终聚类的质量。其过程大致如下：

（1）根据给定的 k 值，选取 k 个样本点作为初始划分中心；

（2）计算所有样本点到每一个划分中心的距离，并将所有样本点划分到距离最近的划分中心；

（3）计算每个划分中样本点的平均值，将其作为新的中心；

（4）循环进行 2～3 步直至最大迭代次数，或划分中心的变化小于某一预定义阈值。

显然，初始划分中心的选取，在很大程度上决定了最终聚类的质量。spark.ml 包内置的 KMeans 类，也提供了名为 K-Means 的初始划分中心选择方法，它是 KMeans++方法的并行化版本，其思想是令初始聚类中心尽可能地互相远离。

spark.ml 包下的 K-Means 方法位于 org.apache.spark.ml.clustering 包下。这里仍然使用 UCI 数据集中的鸢尾花数据 Iris 进行实验。Iris 数据的样本容量为 150，有四个实数值的特征，分别代表花朵四个部位的尺寸，以及该样本对应鸢尾花的亚种类型（共有 3 种亚种类型），如下所示：

```
5.1,3.5,1.4,0.2,setosa
...
5.4,3.0,4.5,1.5,versicolor
...
7.1,3.0,5.9,2.1,virginica
...
```

下面给出具体实验步骤。

第 1 步：引入必要的类。

```
scala> import org.apache.spark.ml.linalg.{Vector,Vectors}
scala> import org.apache.spark.ml.clustering.{KMeans,KMeansModel}
```

第 2 步：创建数据集。为了便于生成相应的 DataFrame，这里定义一个名为 Iris 的 case class，作为 DataFrame 每一行（一个数据样本）的数据类型。数据读入 RDD[Iris]的结构中，并通过 RDD 的隐式转换 toDF()方法完成 RDD 到 DataFrame 的转换。

```
scala> case class Iris(features: org.apache.spark.ml.linalg.Vector)
scala> val rawData = spark.sparkContext.
           textFile("file:///usr/local/spark/iris.data")
scala> val df = rawData.
     | map(p => Iris(Vectors.dense(p(0).toDouble,p(1).toDouble,p(2).toDouble, p(3).
toDouble))).toDF()
```

第 3 步：数据构建好后，即可创建 KMeans 聚类器模型，并进行参数设置。

```
scala> val kmeansmodel = new KMeans().setK(3).
     | setFeaturesCol("features").setPredictionCol("prediction").fit(df)
```

KMeans 参数含义如表 7-6 所示。

表 7–6 KMeans 对象参数含义

参数	含义
featuresCol	指明 DataFrame 中用于存储训练 KMeans 模型的特征列的名称，默认为“features”
predictionCol	指明 DataFrame 中用于存储 KMeans 模型的预测结果列的名称，默认为“prediction”
k	KMeans 模型形成的簇的个数，默认为 2
maxIter	KMeans 模型训练时最大的迭代次数，超过该迭代次数，即使残差尚未收敛，训练过程也不再继续，默认为 20
Seed	用于 KMeans（初始化）过程中产生随机数的种子，默认值是使用类名的 Long 型散列值
tol	KMeans 模型训练时的残差收敛阈值，默认为 10^{-4}
initMode	KMeans 模型训练时寻找初始质心的方法，默认为“k-means||”（即 KMeans++的并行化版本）
InitSteps	使用 K-Means||方法进行初始化时的步数，默认为 2

第 4 步：通过 transform()方法将存储在 df 中的数据集进行整体处理，生成带有预测簇标签的数据集。

```
scala> val results = kmeansmodel.transform(df)
scala> results.collect().foreach(
     | row =>{ println( row(0) + " => cluster " + row(1))})
[53.0,46.0,49.0,44.0] is predicted as cluster 2
[52.0,46.0,57.0,44.0] is predicted as cluster 0
[52.0,46.0,55.0,44.0] is predicted as cluster 0
[52.0,46.0,54.0,44.0] is predicted as cluster 0
[53.0,46.0,48.0,44.0] is predicted as cluster 2
[53.0,46.0,52.0,44.0] is predicted as cluster 1
…… ……
```

第 5 步：可以通过 KMeansModel 类自带的 clusterCenters 属性获取到模型的所有聚类中心情况。

```
scala> kmeansmodel.clusterCenters.foreach(
     | center => {
     |   println("Clustering Center:"+center)
     | })
Clustering Center:[5.883606557377049,2.740983606557377,4.388524590163936,1.4344262295081964]
Clustering Center:[6.853846153846153 5,3.076923076923076,5.715384615384614,2.053846153846153]
```

```
Clustering Center:[5.005999999999999,3.4180000000000006,1.4640000000000002,0.2439999999999999]
```

第 6 步：KMeansModel 类也提供了计算集合内误差平方和（Within Set Sum of Squared Error，WSSSE）的方法来度量聚类的有效性。在 K 值未知的情况下，可利用该值选取合适 K 值。

```
scala> kmeansmodel.computeCost(df)
res15: Double = 78.94084142614622
```

7.7.2 GMM 聚类算法

高斯混合模型（Gaussian Mixture Model, GMM）是一种概率式的聚类方法，属于生成式模型，它假设所有的数据样本都是由某一个给定参数的多元高斯分布所生成的。具体地，给定类个数 K，对于给定样本空间中的样本 $\boldsymbol{x}$，一个高斯混合模型的概率密度函数可以由 K 个多元高斯分布组合成的混合分布表示：

$$p(\boldsymbol{x})=\sum\nolimits_{i=1}^{K}w_i\cdot p(\boldsymbol{x}\mid\boldsymbol{\mu}_i,\Sigma_i)\tag{7-13}$$

其中，$p(\boldsymbol{x}\mid\mu,\Sigma)$ 是以 μ 为均值向量，Σ 为协方差矩阵的多元高斯分布的概率密度函数。可以看出，高斯混合模型由 K 个不同的多元高斯分布共同组成，每一个分布被称为高斯混合模型中的一个成分(Component)，而 w_i 为第 i 个多元高斯分布在混合模型中的权重，且有 $\sum\nolimits_{i=1}^{K}w_i=1$ 。

假设存在一个高斯混合模型，那么样本空间中的样本的生成过程是以 $w_1,w_2,\cdots,w_K$ 作为概率选择出一个混合成分，根据该混合成分的概率密度函数，采样产生出相应的样本。实际上，权重可以直观理解成相应成分产生的样本占总样本的比例。利用 GMM 进行聚类的过程便是利用 GMM 生成数据样本的“逆过程”：给定聚类簇数 K，通过给定的数据集，以某一种参数估计的方法，推导出每一个混合成分的参数（即均值向量 μ、协方差矩阵 Σ 和权重 w），每一个多元高斯分布成分即对应于聚类后的一个簇。

高斯混合模型在训练时使用了极大似然估计法，最大化以下对数似然函数：

$$L=\log\prod\nolimits_{j=1}^{m}p(\boldsymbol{x})\tag{7-14}$$

$$L=\sum\nolimits_{j=1}^{m}\log\left(\sum\nolimits_{i=1}^{K}w_i\cdot p(\boldsymbol{x}\mid\boldsymbol{\mu}_i,\Sigma_i)\right)\tag{7-15}$$

L 无法直接通过解析方式求得解，故可采用“期望-最大化（Expectation-Maximization，EM）”方法求解。具体过程如下：

（1）根据给定的 K 值，初始化 K 个多元高斯分布以及其权重；

（2）根据贝叶斯定理，估计每个样本由每个成分生成的后验概率（EM 方法中的 E 步）；

（3）根据均值，协方差的定义以及（2）中求出的后验概率，更新均值向量、协方差矩阵和权重（EM 方法的 M 步）；

（4）重复（2）和（3），直到似然函数增加值已小于收敛阈值，或达到最大迭代次数。

当参数估计过程完成后，对于每一个样本点，根据贝叶斯定理计算出其属于每一个簇的后验概率，并将样本划分到后验概率最大的簇上去。相对于 KMeans 等直接给出样本点的簇划分的聚类方法，GMM 这种给出样本点属于每个簇的概率的聚类方法，被称为软聚类（Soft Clustering / Soft Assignment）。

下面给出具体实验步骤。

第 1 步：引入需要的包。高斯混合模型在 org.apache.spark.ml.clustering 包下，具体实现分为两个类：用于抽象 GMM 的超参数并进行训练的 GaussianMixture 类和训练后的模型 GaussianMixtureModel 类。

```
scala> import  org.apache.spark.ml.clustering.{GaussianMixture,GaussianMixtureModel}
```

```
scala> import org.apache.spark.ml.linalg.Vectors
```

第 2 步：创建数据集。为了便于生成相应的 DataFrame，这里定义一个名为 Iris 的 case class 作为 DataFrame 每一行（一个数据样本）的数据类型。数据读入 RDD[Iris]的结构中，并通过 RDD 的隐式转换 toDF()方法完成 RDD 到 DataFrame 的转换。

```
scala> case  class  Iris(features: org.apache.spark.ml.linalg.Vector)
scala> val  rawData = spark.sparkContext.textFile("file:///usr/local/spark/iris.data")
scala> val  df = rawData.
     | map(p=>Iris(Vectors.dense(p(0).toDouble,p(1).toDouble,p(2).toDouble, p(3).
toDouble))).
     |  toDF()
```

第 3 步：数据构建好后，即可创建一个 GaussianMixture 类，设置相应的超参数，并调用 fit()方法来训练一个 GMM 模型 GaussianMixtureModel。

```
scala> val  gm = newGaussianMixture().setK(3).
     |    setPredictionCol("Prediction").
     |    setProbabilityCol("Probability")
scala> val  gmm = gm.fit(df)
```

这里建立了一个简单的 GaussianMixture 对象并设定模型参数。设定其聚类数目为 3，其他参数取默认值。参数含义如表 7-7 所示。

表 7-7　GaussianMixture 对象参数含义

参数	含义
featuresCol	指明 DataFrame 中用于存储训练 GMM 模型的特征列的名称，默认为“features”
predictionCol	指明 DataFrame 中用于存储 GMM 模型的预测结果列的名称，默认为“prediction”
ProbabilityCol	指明 DataFrame 中用于存储 GMM 模型中每个样本的类条件概率向量（属于每一个簇的概率）的列名称，默认为“probability”
k	GMM 模型中独立高斯分布的个数，亦即其他聚类方法中的簇的个数，默认为 2
maxIter	GMM 模型训练时最大的迭代次数，超过该迭代次数，即使残差尚未收敛，训练过程也不再继续，默认为 100
Seed	用于 GMM 训练过程中产生随机数的种子，默认值是使用类名的 Long 型散列值
tol	GMM 模型训练时的残差收敛阈值，默认为 10^{-2}

第 4 步：调用 transform()方法处理数据集并进行打印。除了可以得到样本的聚簇归属预测外，GMM 模型还可以得到样本属于各个聚簇的概率（"Probability"列）。

```
scala> val  result = gmm.transform(df)
scala> result.show(150, false)
+-----------------+----------+------------------------------------------------
------------+
|features         |Prediction|Probability                                    |
+-----------------+----------+------------------------------------------------
------------+
|[5.1,3.5,1.4,0.2]|0
|[0.9999999999999951,4.682229962936943E-17,4.868372929920407E-15]  |
|................|..
|............................................................|
|[5.6,2.8,4.9,2.0]|1
|[8.920203149708086E-16,0.5988576194515217,0.4011423805484774]     |
|................|
|........................................................      |
```

```
|[6.3,2.7,4.9,1.8]|2
|[5.703158630226758E-16,0.022033640207248576,0.9779663597927509]  |
+------------+---------+----------------------------------------------
------------+
```

第5步：得到模型后即可查看模型的相关参数。与KMeans方法不同，GMM不直接给出聚类中心，而是给出各个混合成分（多元高斯分布）的参数。GaussianMixtureModel类的weights成员获取到各个混合成分的权重，gaussians成员获取到各个混合成分。其中，GMM的每一个混合成分都使用一个MultivariateGaussian类（位于org.apache.spark.ml.stat.distribution包中）来存储，可以通过gaussians成员来获取到各个混合成分的参数（均值向量和协方差矩阵）。

```
scala> for (i <- 0 until gmm.getK) {
     | println("Component %d : \n weight: %f \n mu vector: \n %s \n sigma matrix: \n %s
\n " format
     | (i, gmm.weights(i), gmm.gaussians(i).mean, gmm.gaussians(i).cov))
     | }
Component 0 :
weight: 0.000000
mu vector:
 [53.6123658524116,46.00000000000003,53.159257367625244,44.000000000000014]
 sigma matrix:
 1.2884638486258382                 -1.5278740578503713E-12    -0.24511587303187207
-3.819685144625928E-13
 -1.5278740578503713E-12  -1.1459055433877785E-12  0.0            0.0
 -0.24511587303187207        0.0                          11.082204048211063
3.819685144625928E-13
 -3.819685144625928E-13  0.0          3.819685144625928E-13  0.0

 Component 1 :
 weight:  0.000000
 mu vector:
 [54.671992578488485,45.99999999999998,55.27821158149735,43.99999999999999]
 sigma matrix:
 0.250519783235654                  3.3048476023677734E-13      0.1871664473684818
3.3048476023677734E-13
 3.3048476023677734E-13       1.982908561420664E-12            1.3219390409471094E-12
3.3048476023677734E-13
 0.1871664473684818      1.3219390409471094E-12  1.757263948489472     0.0
 3.3048476023677734E-13               3.3048476023677734E-13             0.0
3.3048476023677734E-13

 Component 2 :
 weight:  1.000000
 mu vector:
 [53.3866666666666,46.0,52.5666666666667,44.0]
 sigma matrix:
 0.7038222222228069  0.0              -0.539111111111318   0.0
 0.0            0.0              -3.880510727564494E-13  0.0
 -0.539111111111318  -3.880510727564494E-13  8.512222222221705     0.0
 0.0            0.0              0.0              0.0
```

7.8 协同过滤算法

协同过滤推荐（Collaborative Filtering Recommendation）是在信息过滤和信息系统中一项很受欢

迎的技术。它基于一组兴趣相同的用户或项目进行推荐，根据相似用户（与目标用户兴趣相似的用户）的偏好信息，产生对目标用户的推荐列表；或者综合这些相似用户对某一信息的评价，形成系统对该指定用户对此信息的喜好程度预测。本节简要介绍协同过滤算法的原理，并给出算法实例。

7.8.1 推荐算法的原理

协同过滤算法主要分为基于用户的协同过滤算法（User-based CF）和基于物品的协同过滤算法（Item-based CF）。基于用户的协同过滤，通过不同用户对物品的评分来评测用户之间的相似性，并基于用户之间的相似性做出推荐。基于物品的协同过滤，通过用户对不同物品的评分来评测物品之间的相似性，并基于物品之间的相似性做出推荐。MLlib 当前支持基于模型的协同过滤，其中，用户和物品通过一小组隐语义因子进行表达，并且这些因子也用于预测缺失的元素。

在推荐过程中，用户的反馈分为显性和隐性之分。显性反馈行为包括用户明确表示对物品喜好的行为，隐性反馈行为指的是那些不能明确反应用户喜好的行为。在现实生活中的很多场景中，常常只能接触到隐性的反馈。例如，页面浏览、点击、购买、喜欢、分享等。基于矩阵分解的协同过滤的标准方法，一般将用户物品矩阵中的元素作为用户对物品的显性偏好。

7.8.2 ALS 算法

ALS 是 Alternating Least Squares 的缩写，即交替最小二乘法。该方法常用于基于矩阵分解的推荐系统中。例如，将用户（User）对物品（Item）的评分矩阵分解为两个矩阵：一个是用户对物品隐含特征的偏好矩阵，另一个是物品所包含的隐含特征的矩阵。在这个矩阵分解的过程中，评分缺失项得到了填充，即可以基于填充的评分来给用户推荐物品。

具体而言，将用户-物品的评分矩阵 R 分解成两个隐含因子矩阵 P 和 Q，从而将用户和物品都投影到一个隐含因子的空间中去。即对于 $R(m\times n)$的矩阵，ALS 旨在找到两个低维矩阵 $P(m\times k)$和矩阵 $Q(n\times k)$，来近似逼近 $R(m\times n)$：

$$R_{m\times n} \approx P_{m\times k}Q_{n\times k}^{\mathrm{T}} \tag{7-16}$$

其中，$k<<\min(m,n)$。这里相当于降维了，矩阵 P 和 Q 也称为低秩矩阵。

为了使低秩矩阵 P 和 Q 尽可能地逼近 R，可以最小化下面的损失函数 L 来完成：

$$L(P,Q)=\Sigma_{u,i}\left(r_{ui}-p_u^{\mathrm{T}}q_i\right)^2+\lambda\left(|\,p_u\,|^2+|\,q_i\,|^2\right) \tag{7-17}$$

其中，p_u 表示用户 u 的偏好的隐含特征向量，q_i 表示物品 i 包含的隐含特征向量，r_{ui} 表示用户 u 对物品 i 的评分，向量 p_u 和 q_i 的内积 $p_u^{\mathrm{T}}q_i$ 是用户 u 对物品 i 评分的近似。最小化该损失函数使得两个隐因子矩阵的乘积尽可能逼近原始的评分。同时，损失函数中增加了 L2 规范化项（Regularization Term），对较大的参数值进行惩罚，以减小过拟合造成的影响。

ALS 是求解 $L(P,Q)$的著名算法，基本思想是：固定其中一类参数，使其变为单类变量优化问题，利用解析方法进行优化；再反过来，固定先前优化过的参数，再优化另一组参数；此过程迭代进行，直到收敛。具体求解过程是：

（1）固定 Q，对 p_u 求偏导数 $\frac{\partial L(P,Q)}{\partial p_u}=0$，得到求解 p_u 的公式：

$$p_u=\left(Q^{\mathrm{T}}Q+\lambda I\right)^{-1}Q^{\mathrm{T}}r_u \tag{7-18}$$

（2）固定 P，对 q_i 求偏导数 $\frac{\partial L(P,Q)}{\partial q_i}=0$，得到求解 q_i 的公式：

$$q_i=\left(P^{\mathrm{T}}P+\lambda I\right)^{-1}P^{\mathrm{T}}r_i \tag{7-19}$$

实际运行时，程序会首先随机对 P、Q 进行初始化，随后根据以上过程，交替对 P、Q 进行优化直到收敛。一直收敛的标准是其均方根误差（Root Mean Squared Error，RMSE）小于某一预定义的阈值。

spark.ml 包提供了交替最小二乘法 ALS 来学习隐性语义因子并进行推荐。下面的例子采用 Spark 自带的 MovieLens 数据集，在 Spark 的安装目录下可以找到该文件：

/usr/local/spark/data/mllib/als/sample_movielens_ratings.txt

其中，每行包含一个用户、一个电影、一个该用户对该电影的评分以及时间戳。这里使用默认的 ALS.train()方法来构建推荐模型，并进行模型评估。下面给出具体实验步骤。

第 1 步：引入需要的包。

```
scala> import  org.apache.spark.ml.evaluation.RegressionEvaluator
scala> import  org.apache.spark.ml.recommendation.ALS
```

第 2 步：创建一个 Rating 类和 parseRating 函数。parseRating 把读取的 MovieLens 数据集中的每一行，并转化成 Rating 类的对象。

```
scala> case  class  Rating(userId: Int, movieId: Int, rating: Float, timestamp: Long)
definedclass Rating
scala> def  parseRating(str: String): Rating = {
     |  val  fields = str.split("::")
     |  assert(fields.size == 4)
     |  Rating(fields(0).toInt,  fields(1).toInt,  fields(2).toFloat,  fields(3).toLong)
     |  }
parseRating: (str: String)Rating
scala> val  ratings = spark.sparkContext.
 | textFile("file:///usr/local/spark/data/mllib/als/sample_movielens_ratings.txt").
 | map(parseRating).toDF()
ratings: org.apache.spark.sql.DataFrame = [userId: int, movieId: int ... 2 more fields]
scala> ratings.show()
+------+-------+------+----------+
|userId|movieId|rating| timestamp|
+------+-------+------+----------+
|     0|      2|   3.0|1424380312|
|     0|      3|   1.0|1424380312|
|     0|      5|   2.0|1424380312|
|     0|      9|   4.0|1424380312|
|     0|     11|   1.0|1424380312|
|     0|     12|   2.0|1424380312|
|     0|     15|   1.0|1424380312|
|     0|     17|   1.0|1424380312|
|     0|     19|   1.0|1424380312|
|     0|     21|   1.0|1424380312|
|     0|     23|   1.0|1424380312|
|     0|     26|   3.0|1424380312|
|     0|     27|   1.0|1424380312|
|     0|     28|   1.0|1424380312|
|     0|     29|   1.0|1424380312|
|     0|     30|   1.0|1424380312|
|     0|     31|   1.0|1424380312|
```

```
|     0|     34|   1.0|1424380312|
|     0|     37|   1.0|1424380312|
|     0|     41|   2.0|1424380312|
+------+-------+------+----------+
only showing top 20 rows
```

第 3 步：把 MovieLens 数据集划分训练集和测试集，其中，训练集占 80%，测试集占 20%。

```
scala>val Array(training,test) = ratings.randomSplit(Array(0.8,0.2))
training:  org.apache.spark.sql.Dataset[org.apache.spark.sql.Row]  =  [userId:  int, movieId: int... 2 more fields]
test: org.apache.spark.sql.Dataset[org.apache.spark.sql.Row] = [userId: int, movieId: int ... 2 more fields]
```

第 4 步：使用 ALS 来建立推荐模型。这里构建两个模型，一个是显性反馈，另一个是隐性反馈。

```
scala> val alsExplicit = new-ALS().
     | setMaxIter(5).setRegParam(0.01).
     | setUserCol("userId").setItemCol("movieId").setRatingCol("rating")
alsExplicit: org.apache.spark.ml.recommendation.ALS = als_05fe5d65ffc3
scala> val alsImplicit = new-ALS().
     | setMaxIter(5).setRegParam(0.01).
     | setImplicitPrefs(true)
     | setUserCol("userId").setItemCol("movieId").setRatingCol("rating")
alsImplicit: org.apache.spark.ml.recommendation.ALS = als_7e9b959fbdae
```

ALS 各参数含义如表 7-8 所示。

表 7-8 ALS 对象参数含义

参数	含义
alpha	是一个针对于隐性反馈 ALS 版本的参数，这个参数决定了偏好行为强度的基准，默认为 1.0
checkpointInterval	用来设置检查点的区间（>=1）或者使检查点不生效（-1）的参数，默认为 10。比如说 10 就意味着缓存中每隔 10 次循环进行一次检查
implicitPrefs	决定了是用显性反馈 ALS 的版本还是用适用隐性反馈数据集的版本，默认是 false，即用显性反馈
itemCol	用来设置物品 id 列名的参数，id 列一定要是 integer 类型，其他数值类型也是支持的，但只要他们落在 integer 域内，就会被强制转化成 integer，默认为“item”
maxIter	最大迭代次数，默认为 10
nonnegative	决定是否对最小二乘法使用非负的限制，默认为 false
numItemBlocks	物品的分块数，默认为 10
numUserBlocks	用户的分块数，默认为 10
predictionCol	用来设置预测列名的参数，默认为“prediction”
rank	矩阵分解的秩，即模型中隐语义因子的个数，默认为 10
ratingCol	用来设置评分列名的参数，默认为“rating”
regParam	正则化参数（>=0），默认为 0.1
seed	随机数种子，默认为 1994790107
userCol	用来设置用户 id 列名的参数，id 列一定要是 integer 类型，其他数值类型也是支持的。但只要它们落在 integer 域内，就会被强制转化成 integer，默认为“user”

可以调整这些参数，不断优化结果，使均方差变小。例如，imaxIter 越大，regParam 越小，均方差会越小，推荐结果越优。

第 5 步：把推荐模型放在训练数据上训练。

```
scala> val modelExplicit = alsExplicit.fit(training)
modelExplicit: org.apache.spark.ml.recommendation.ALSModel = als_05fe5d65ffc3
scala> val modelImplicit = alsImplicit.fit(training)
```

```
modelImplicit: org.apache.spark.ml.recommendation.ALSModel = als_7e9b959fbdae
```

第 6 步：对测试集中的用户-电影进行预测，得到预测评分的数据集。

```
scala> val  predictionsExplicit= modelExplicit.transform(test).na.drop()
predictionsExplicit: org.apache.spark.sql.DataFrame = [userId: int, movieId: int ... 3 more fields]
scala> val  predictionsImplicit= modelImplicit.transform(test).na.drop()
predictionsImplicit: org.apache.spark.sql.DataFrame = [userId: int, movieId: int ... 3 more fields]
```

测试集中如果出现训练集中没有出现的用户，则此次算法将无法进行推荐和评分预测。因此 **na.drop()将删除 modelExplicit.transform(test)返回结果的 DataFrame 中任何出现空值或 NaN 的行。**

第 7 步：把结果输出，对比一下真实结果与预测结果。

```
scala> predictionsExplicit.show()
+------+-------+------+----------+------------+
|userId|movieId|rating| timestamp| prediction|
+------+-------+------+----------+------------+
|    13|     31|   1.0|1424380312|  0.86262053|
|     5|     31|   1.0|1424380312|-0.033763513|
|    24|     31|   1.0|1424380312|   2.3084288|
|    29|     31|   1.0|1424380312|   1.9081671|
|     0|     31|   1.0|1424380312|   1.6470298|
|    28|     85|   1.0|1424380312|   5.7112412|
|    13|     85|   1.0|1424380312|   2.4970412|
|    20|     85|   2.0|1424380312|   1.9727222|
|     4|     85|   1.0|1424380312|   1.8414592|
|     8|     85|   5.0|1424380312|   3.2290685|
|     7|     85|   4.0|1424380312|   2.8074787|
|    29|     85|   1.0|1424380312|   0.7150749|
|    19|     65|   1.0|1424380312|   1.7827456|
|     4|     65|   1.0|1424380312|   2.3001173|
|     2|     65|   1.0|1424380312|   4.8762875|
|    12|     53|   1.0|1424380312|   1.5465991|
|    20|     53|   3.0|1424380312|    1.903692|
|    19|     53|   2.0|1424380312|   2.6036916|
|     8|     53|   5.0|1424380312|   3.1105173|
|    23|     53|   1.0|1424380312|   1.0042696|
+------+-------+------+----------+------------+
only showing top 20 rows
scala> predictionsImplicit.show()
+------+-------+------+----------+-----------+
|userId|movieId|rating| timestamp| prediction|
+------+-------+------+----------+-----------+
|    13|     31|   1.0|1424380312| 0.33150947|
|     5|     31|   1.0|1424380312|-0.24669354|
|    24|     31|   1.0|1424380312|-0.22434244|
|    29|     31|   1.0|1424380312| 0.15776125|
|     0|     31|   1.0|1424380312| 0.51940984|
|    28|     85|   1.0|1424380312| 0.88610375|
|    13|     85|   1.0|1424380312| 0.15872183|
|    20|     85|   2.0|1424380312| 0.64086926|
|     4|     85|   1.0|1424380312|-0.06314563|
|     8|     85|   5.0|1424380312|  0.2783457|
|     7|     85|   4.0|1424380312|  0.1618208|
|    29|     85|   1.0|1424380312|-0.19970453|
|    19|     65|   1.0|1424380312| 0.11606887|
```

```
|     4|     65|   1.0|1424380312|0.068018675|
|     2|     65|   1.0|1424380312| 0.28533924|
|    12|     53|   1.0|1424380312| 0.42327875|
|    20|     53|   3.0|1424380312| 0.17345423|
|    19|     53|   2.0|1424380312| 0.33321634|
|     8|     53|   5.0|1424380312| 0.10090684|
|    23|     53|   1.0|1424380312| 0.06724724|
+------+-------+------+----------+-----------+
only showing top 20 rows
```

第 8 步：通过计算模型的均方根误差（RMSE，Root Mean Squared Error）来对模型进行评估。均方根误差越小，模型越准确。

```
scala> val  evaluator = new-RegressionEvaluator().
     | setMetricName("rmse").setLabelCol("rating").
     | setPredictionCol("prediction")
evaluator: org.apache.spark.ml.evaluation.RegressionEvaluator = regEval_bc9d91ae7b1a
scala> val  rmseExplicit = evaluator.evaluate(predictionsExplicit)
rmseExplicit: Double = 1.6995189118765517
scala> val  rmseImplicit = evaluator.evaluate(predictionsImplicit)
rmseImplicit: Double = 1.8011620822359165
//打印出两个模型的均方根误差
scala> println(s"Explicit:Root-mean-square error = $rmseExplicit")
Explicit:Root-mean-square error = 1.6995189118765517
scala> println(s"Implicit:Root-mean-square error = $rmseImplicit")
Implicit:Root-mean-square error = 1.8011620822359165
```

可以看到打分的均方差值为 1.69 和 1.80 左右。由于本例的数据较少，预测的结果和实际相比有一定的差距。

7.9 模型选择和超参数调整

在机器学习中非常重要的任务就是模型选择，或者使用数据来找到具体问题的最佳的模型和参数，这个过程也叫做调优（Tuning）。调优可以在独立的评估器中完成（如逻辑斯蒂回归），也可以在包含多样算法、特征工程和其他步骤的流水线（Pipeline）中完成。用户应该一次性调优整个流水线，而不是独立地调整流水线中的每个组成部分。

7.9.1 模型选择工具

MLlib 支持两个模型选择工具，即交叉验证（CrossValidator）和训练-验证切分（TrainValidationSplit）。使用这些工具要求包含如下对象：

（1）待调优的算法或流水线；

（2）一系列参数表（ParamMaps），是可选参数，也叫做“参数网格”搜索空间；

（3）评估模型拟合程度的准则或方法。

模型选择工具工作原理如下：

（1）将输入数据划分为训练数据和测试数据；

（2）对于每个（训练,测试）对，遍历一组 ParamMaps。用每一个 ParamMap 参数来拟合估计器，得到训练后的模型，再使用评估器来评估模型表现；

（3）选择性能表现最优模型对应参数表。

更具体地，交叉验证 CrossValidator 将数据集切分成 *k* 折叠数据集合，并被分别用于训练和测试。例如，*k*=3 时，CrossValidator 会生成 3 个（训练数据,测试数据）对，每一个数据对的训练数据占 2/3，测试数据占 1/3。为了评估一个 ParamMap，CrossValidator 会计算这 3 个不同的（训练,测试）"数据集对"在 Estimator 拟合出的模型上的平均评估指标。在找出最好的 ParamMap 后，CrossValidator 会使用这个 ParamMap 和整个的数据集，来重新拟合 Estimator。也就是说，通过交叉验证找到最佳的 ParamMap，利用此 ParamMap 在整个训练集上可以训练（fit）出一个泛化能力强，误差相对小的的最佳模型。

交叉验证的代价比较高昂，为此，Spark 也为超参数调优提供了训练-验证切分 TrainValidationSplit。TrainValidationSplit 创建单一的（训练,测试）数据集对。它使用 trainRatio 参数将数据集切分成两部分。例如，当设置 trainRatio=0.75 时，TrainValidationSplit 将会将数据切分 75%作为数据集，25%作为验证集，来生成训练、测试集对，并最终使用最好的 ParamMap 和完整的数据集来拟合评估器。相对于 CrossValidator 对每一个参数进行 *k* 次评估，TrainValidationSplit 只对每个参数组合评估一次，因此它的评估代价没有这么高。但是，当训练数据集不够大的时候其结果相对不够可信。

7.9.2 用交叉验证选择模型

使用 CrossValidator 的代价可能会异常的高。然而，对比启发式的手动调优，这是一种选择参数的行之有效的方法。下面通过一个实例来演示如何使用 CrossValidator 从整个网格的参数中选择合适的参数。

第 1 步：导入必要的包。

```
scala> import  org.apache.spark.ml.linalg.{Vector,Vectors}
scala> import  org.apache.spark.ml.feature.{HashingTF, Tokenizer}
scala> import  org.apache.spark.ml.tuning.{CrossValidator, ParamGridBuilder}
scala> import  org.apache.spark.sql.Row
scala> import  org.apache.spark.ml.evaluation.MulticlassClassificationEvaluator
scala> import  org.apache.spark.ml.feature.{IndexToString, StringIndexer, VectorIndexer}
scala> import org.apache.spark.ml.classification.{LogisticRegression,LogisticRegressionModel}
scala> import  org.apache.spark.ml.{Pipeline,PipelineModel}
```

第 2 步：读取 Iris 数据集，分别获取标签列和特征列，进行索引、重命名，并设置机器学习工作流。交叉验证在把原始数据集分割为训练集与测试集。值得注意的是，只有训练集才可以用在模型的训练过程中，测试集则作为模型完成之后用来评估模型优劣的依据。此外，训练集中样本数量必须足够多，一般至少大于总样本数的 50%，且两组子集必须从完整集合中均匀取样。

```
scala> case  class  Iris(features: org.apache.spark.ml.linalg.Vector, label: String)
scala> val  data = spark.sparkContext.
     |  textFile("file:///usr/local/spark/iris.data").
     |  map(_.split(",")).
     |  map(p => Iris(Vectors.dense(p(0).toDouble,p(1).toDouble,p(2).toDouble, p(3).
toDouble), p(4).toString())).
     |  toDF()
scala> val  Array(trainingData, testData) = data.randomSplit(Array(0.7, 0.3))
scala> val  labelIndexer = new StringIndexer().
     | setInputCol("label").setOutputCol("indexedLabel").fit(data)
```

```
scala> val  featureIndexer = new VectorIndexer().
     |  setInputCol("features").setOutputCol("indexedFeatures").fit(data)
scala> val lr = new LogisticRegression().
     | setLabelCol("indexedLabel").
     | setFeaturesCol("indexedFeatures").setMaxIter(50)
scala> val  labelConverter = new IndexToString().
     | setInputCol("prediction").setOutputCol("predictedLabel").
     | setLabels(labelIndexer.labels)
scala> val  lrPipeline = new Pipeline().
     |   setStages(Array(labelIndexer, featureIndexer, lr, labelConverter))
```

第 3 步：使用 ParamGridBuilder 方法构造参数网格。其中，regParam 参数是式（7-8）中的 γ，定义规范化项的权重。elasticNetParam 参数是 α，称为 Elastic net 参数，取值介于 0 和 1 之间。elasticNetParam 设置 2 个值，regParam 设置 3 个值。最终将有 3×2 = 6 个不同的模型将被训练。

```
scala> val  paramGrid = new ParamGridBuilder().
     |  addGrid(lr.elasticNetParam, Array(0.2,0.8)).
     |  addGrid(lr.regParam, Array(0.01, 0.1, 0.5)).
     | build()
paramGrid: Array[org.apache.spark.ml.param.ParamMap] =
Array({
       logreg_cd4ae130834c-elasticNetParam: 0.2,
       logreg_cd4ae130834c-regParam: 0.01
}, {
       logreg_cd4ae130834c-elasticNetParam: 0.2,
       logreg_cd4ae130834c-regParam: 0.1
}, {
       logreg_cd4ae130834c-elasticNetParam: 0.2,
       logreg_cd4ae130834c-regParam: 0.5
}, {
       logreg_cd4ae130834c-elasticNetParam: 0.8,
       logreg_cd4ae130834c-regParam: 0.01
}, {
       logreg_cd4ae130834c-elasticNetParam: 0.8,
       logreg_cd4ae130834c-regParam: 0.1
}, {
       logreg_cd4ae130834c-elasticNetParam: 0.8,
       logreg_cd4ae130834c-regParam: 0.5
})
```

第 4 步：构建针对整个机器学习工作流的交叉验证类，定义验证模型、参数网格，以及数据集的折叠数，并调用 fit()方法进行模型训练。其中，对于回归问题评估器可选择 RegressionEvaluator，二值数据可选择 BinaryClassificationEvaluator，多分类问题可选择 MulticlassClassificationEvaluator。评估器里默认的评估准则可通过 setMetricName 方法重写。

```
scala> val  cv = new CrossValidator().
      | setEstimator(lrPipeline).
      | setEvaluator(new MulticlassClassificationEvaluator().
      | setLabelCol("indexedLabel").setPredictionCol("prediction")).
      | setEstimatorParamMaps(paramGrid).setNumFolds(3)
scala> val  cvModel = cv.fit(trainingData)
```

第 5 步：调动 transform 方法对测试数据进行预测，并打印结果及精度。

```
scala> val  lrPredictions=cvModel.transform(testData)
scala> lrPredictions.
```

```
       | select("predictedLabel", "label", "features","probability").
       | show(20)
scala> lrPredictions.
       | select("predictedLabel", "label", "features", "probability").
       | collect().
       | foreach{
       | case Row(predictedLabel: String, label:String,features:Vector, prob:Vector)=>
println(s"($label, $features)-->prob=$prob, predicted Label=$predictedLabel")
       | }
scala> val evaluator = new MulticlassClassificationEvaluator().
       | setLabelCol("indexedLabel").setPredictionCol("prediction")
scala> val lrAccuracy = evaluator.evaluate(lrPredictions)
```

第 6 步：可以获取最优的逻辑斯蒂回归模型，并查看其具体的参数。

```
scala> val bestModel= cvModel.bestModel.asInstanceOf[PipelineModel]
scala> val lrModel = bestModel.stages(2).asInstanceOf[LogisticRegressionModel]
scala> println("Coefficients: " + lrModel.coefficientMatrix + "Intercept: "+lrModel.
interceptVector+ "numClasses: "+lrModel.numClasses+"numFeatures: "+lrModel.numFeatures)
scala> lrModel.explainParam(lrModel.regParam)
scala> lrModel.explainParam(lrModel.elasticNetParam)
```

7.10 本章小结

Spark 在机器学习方面的发展非常快，目前已经支持了主流的统计和机器学习算法。MLlib 以计算效率高而著称，是一个非常优秀的基于分布式架构的开源机器学习库，得到了业界的认可并被广泛使用。

MLlib 能有效简化机器学习的工程实践工作，并可方便扩展到大规模的数据集上进行模型训练和预测。MLlib 包括分类、回归、聚类、协同过滤、降维等通用的学习算法和工具，同时，还包括底层的优化原语和高层的管道 API。本章首先介绍了 MLlib 的基本数据类型，机器学习流水线 Pipeline 的概念和工作过程。其次，本章对典型的机器学习算法和操作符进行了详细的介绍，包括特征提取、转换和选择操作符，以及分类算法、聚类算法、协同过滤等算法。本章演示了逻辑斯蒂回归、决策树、K 均值、高斯混合模型聚类、交替最小二乘法等经典机器学习算法在 MLlib 中的使用方法。最后，还介绍了模型选择和超参数调优的具体方法。

7.11 习题

1. 与 MapReduce 框架相比，为何 Spark 更适合进行机器学习各算法的处理？

2. 简述流水线（Pipeline）几个部件及主要作用，使用 Pipeline 来构建机器学习工作流有什么好处？

3. 基于 RDD 的机器学习 API 和基于 DataFrame 的机器学习 API 有什么不同点？请思考基于 DataFrame 进行机器学习的优点。

4. 简述协同过滤算法中交替最小二乘法的流程，思考其实现的方法。

5. 什么是过拟合？举例说明 MLlib 各算法是怎样避免学习结果出现过拟合的？

6. 利用随机森林算法（Random Forests）对 Iris 数据集进行分类，了解其原理并与决策树算法的分类效果进行比较。

7. 在 UCI 机器学习数据库（http://archive.ics.uci.edu/ml/）中自选一个数据集，将其载入到一个 DataFrame 中，并根据数据集特征进行预处理。

8. 根据 UCI 数据库上建议的问题类型使用相应的算法，观察结果，体会使用 MLlib 进行机器学习任务的全过程。

9. 机器学习中参数优化的方法有哪些，MLlib 是如何进行参数调优的？

10. 配置 3～4 台的 Spark 集群，并利用 MLlib 在大数据集上进行学习。观察其与单机性能上的差异，并思考如何衡量一个并行化机器学习算法的效率。

实验 6 Spark 机器学习库 MLlib 编程实践

一、实验目的

（1）通过实验掌握基本的 MLlib 编程方法。

（2）掌握用 MLlib 解决一些常见的数据分析问题，包括数据导入、成分分析和分类和预测等。

二、实验平台

操作系统：Ubuntu16.04。

JDK 版本：1.7 或以上版本。

Spark 版本：2.1.0。

数据集：下载 Adult 数据集（http://archive.ics.uci.edu/ml/datasets/Adult），该数据集也可以直接到本教材官网的“下载专区”的“数据集”中下载。数据从美国 1994 年人口普查数据库抽取而来，可用来预测居民收入是否超过 50K$/year。该数据集类变量为年收入是否超过 50k$，属性变量包含年龄、工种、学历、职业、人种等重要信息。值得一提的是，14 个属性变量中有 7 个类别型变量。

三、实验内容和要求

1. 数据导入

从文件中导入数据，并转化为 DataFrame。

2. 进行主成分分析（PCA）

对 6 个连续型的数值型变量进行主成分分析。PCA（主成分分析）是通过正交变换把一组相关变量的观测值转化成一组线性无关的变量值，即主成分的一种方法。PCA 通过使用主成分把特征向量投影到低维空间，实现对特征向量的降维。请通过 setK()方法将主成分数量设置为 3，把连续型的特征向量转化成一个 3 维的主成分。

3. 训练分类模型并预测居民收入

在主成分分析的基础上，采用逻辑斯蒂回归，或者决策树模型预测居民收入是否超过 50K；对 Test 数据集进行验证。

4. 超参数调优

利用 CrossValidator 确定最优的参数，包括最优主成分 PCA 的维数、分类器自身的参数等。

四、实验报告

《Spark 编程基础》实验报告

题目：	姓名：	日期：

实验环境：

实验内容与完成情况：

出现的问题：

解决方案（列出遇到的问题和解决办法，列出没有解决的问题）：

参考文献

[1] 林子雨．大数据技术原理与应用．2 版[M]．北京：人民邮电出版社，2017.

[2] 陆嘉恒．Hadoop 实战．2 版[M]．北京：机械工业出版社，2012.

[3] Tom White．Hadoop 权威指南（中文版）[M]．周傲英，等，译．北京：清华大学出版社，2010.

[4] 维克托·迈尔-舍恩伯格，肯尼思·库克耶．大数据时代：生活、工作与思维的大变革[M]．盛杨燕，等，译．杭州：浙江人民出版社，2013.

[5] 蔡斌，陈湘萍．Hadoop 技术内幕——深入解析 Hadoop Common 和 HDFS 架构设计与实现原理[M]．北京：机械工业出版社，2013.

[6] 于俊，向海，代其锋，马海平．Spark 核心技术与高级应用[M]．北京：机械工业出版社，2016.

[7] 王道远．Spark 快速大数据分析[M]．北京：人民邮电出版社，2015.

[8] 鸟哥．鸟哥的 Linux 私房菜基础学习篇．3 版[M]．北京：人民邮电出版社，2016.

[9] 王飞飞，崔洋，贺亚茹．MySQL 数据库应用从入门到精通．2 版[M]．北京：中国铁道出版社，2016.

[10] Cay S. Horstmann．快学 Scala[M]．高宇翔，译．北京：电子工业出版社，2016.

[11] M. Zaharia. An architecture for fast and general data processing on large clusters. Morgan & Claypool, 2016.

[12] Dean Wampler, Alex Payne. Scala 程序设计．2 版[M]．王渊，陈明，译．北京：人民邮电出版社，2016.

[13] Martin Odersky, Lex Spoon, Bill Venners. Scala 编程[M]．黄海旭，高宇翔，译．北京：电子工业出版社，2010.

[14] Alvin Alexander. Scala 编程实战[M]．马博文，等，译．北京：机械工业出版社，2016.

[15] 周志华．机器学习[M]．北京：清华大学出版社，2016.

[16] Leskovec J, Rajaraman A, Ullman J D. Mining of massive datasets[M]. Cambridge: Cambridge University Press, 2014.

[17] Hu Y, Koren Y, Volinsky C. Collaborative filtering for implicit feedback datasets[C]//Data Mining, 2008. ICDM'08. Eighth IEEE International Conference on. Ieee, 2008: 263-272.

[18] Quinlan J R. Induction of decision trees[J]. Machine learning, 1986, 1(1): 81-106.

[19] Dhillon I S, Guan Y, Kulis B. Kernel k-means: spectral clustering and normalized cuts[C]//Proceedings of the tenth ACM SIGKDD international conference on Knowledge discovery and data mining. ACM, 2004: 551-556.

[20] Bahmani B, Moseley B, Vattani A, et al. Scalable K-Means++[J]. Proceedings of the VLDB Endowment, 2012, 5(7): 622-633.

[21] Jain A K. Data clustering: 50 years beyond K-Means[J]. Pattern recognition letters, 2010, 31(8): 651-666.

[22] Koren Y, Bell R M, Volinsky C, et al. Matrix Factorization Techniques for Recommender Systems[J]. IEEE Computer, 2009, 42(8): 30-37.